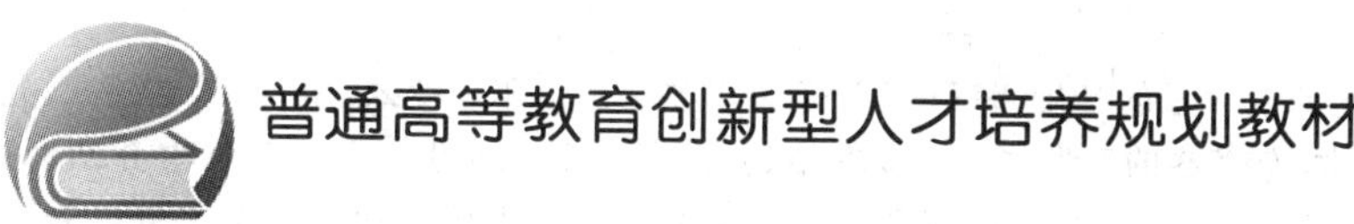

传感器技术

主　编　陈显平

副主编　张　平　杨道国　檀春健

北京航空航天大学出版社

内容简介

本书共9章：第1章为传感器及测量的基础知识；第2～8章分别介绍电阻应变式、电容式、电感式、光电式、压电式、热电式和各种半导体传感器的工作原理、基本结构、测量电路及应用；第9章集中介绍厚膜、MEMS、模糊和生物传感器等现代传感器的定义、原理及应用。书中所举应用例子均为典型案例或最新应用；主要知识点均采用了图文结合，使其更容易被理解和掌握；每章后都列出了相关参考文献及推荐书目，供读者深入学习。

本书可作为仪器科学、测控技术、机电一体化、电子、电气工程及自动化等相关专业学生的教材或参考书，也可供相关研究与工程技术人员参考或作为培训教材。

本书配有教学课件供读者参考，请发邮件至 goodtextbook@126.com 或致电(010)82317037 申请索取。

图书在版编目(CIP)数据

传感器技术 / 陈显平主编. -- 北京 ：北京航空航天大学出版社，2015.2

ISBN 978-7-5124-1661-1

Ⅰ.①传… Ⅱ.①陈… Ⅲ.①传感器—教材 Ⅳ.①TP212

中国版本图书馆 CIP 数据核字(2014)第 309679 号

传感器技术

主　编　陈显平

副主编　张　平　杨道国　檀春健

责任编辑　王慕冰

*

北京航空航天大学出版社出版发行

北京市海淀区学院路37号(邮编100191)　http://www.buaapress.com.cn

发行部电话：(010)82317024　传真：(010)82328026

读者信箱：goodtextbook@126.com　邮购电话：(010)82316936

北京兴华昌盛印刷有限公司印装　各地书店经销

*

开本：787×1 092　1/16　印张：13.75　字数：352千字

2015年2月第1版　2015年2月第1次印刷　印数：3 000册

ISBN 978-7-5124-1661-1　定价：28.00元

前　言

传感器技术是当今世界令人瞩目的迅猛发展起来的高新技术之一，也是当代科学技术发展的一个重要标志，它与通信技术、计算机技术共同构成现代信息产业，是信息产业的三大支柱之一。同时，传感器既是新技术革命和信息社会的重要技术基础，也是现代科技的开路先锋。如果说计算机是人类大脑的延伸，那么传感器就是人类五官的拓展。

21 世纪是人类全面进入信息电子化的时代，随着人类探知领域和空间的扩展，人们需要获得的电子信息种类日益增加，需要信息传递的速度加快，信息处理的能力增强，因此要求与此相对应的信息采集技术——传感技术，必须跟上信息化的发展需要。它是人类探知自然界信息的触觉，为人类认知和控制相应的对象提供条件和依据。作为现代信息技术三大核心技术之一的传感器技术，将是 21 世纪世界各国在高新技术发展方面争夺的一个重要领域。

传感技术的迅速发展和普遍应用，对高等学校的传感器技术基础教育提出了新的要求。特别是对于工科学生来说，除了掌握传感器的基础知识，能用对应传感器进行相应的数据测量外，还应对传感器的基本工作原理及其在各个领域的应用有一定了解。本书就是为工科学生学习和掌握传感器技术的工作原理、结构和具体应用等而设置的一门技术基础课。其任务是使学生从基础理论的角度出发，再通过实验的实践环节来掌握传感器的基本工作原理、基本结构和测量电路等知识，起到良好的指导性作用。

本书力求讲透基本原理，做到基础性和先进性的统一。它作为本科学生学习传感器技术的入门教材，首先重点介绍传感器的基本工作原理、基本结构、测量电路（或补偿电路）和具体应用（最近几年的最新应用），使学生在实践中能做到举一反三，为以后学习、应用新型传感器技术打下坚实的基础；与此同时，兼顾内容的系统性和先进性，注意追踪传感器及应用技术的新水平和发展趋势。其次，强调易读性，凡是介绍传感器工作原理时，都通过图来进行讲解，使学生从感性和理论上进行双重理解。另外，在传感器应用部分，列举了我们生活中可接触到（基于最新的具体应用）的或者传感器在未来的应用提案，不仅有利于提高学生的学习兴趣，还使学生大体上了解到传感器的应用趋势。

本书的第 1 章主要介绍传感器和测量的基础知识；第 2～7 章分别介绍基于不同效应的电阻应变式、电容式、电感式、光电式、压电式及热电式传感器的工作原理、基本结构、测量电路及应用等内容；第 8 章主要介绍基于半导体材料的霍尔传感器、气敏传感器和湿敏传感器的效应、分类、相关特性及应用等内容；第 9 章集中介绍厚膜、MEMS、模糊和生物传感器等几种现代传感器的定义、原理和应用等。

编　者

2014 年 9 月 16 日

目　录

第1章　传感器及测量的基础知识

现代信息产业的三大支柱是传感器、通信技术和计算机技术，它们分别构成了信息系统的"感官"、"神经"和"大脑"。而作为信息技术三大基础之一的传感器是当前各发达国家竞相发展的高技术，也是进入21世纪以来优先发展的十大顶尖技术之一。传感器是信息系统的源头，在某种程度上是决定系统特性和性能指标的关键部件。

1.1　传感器概述

1.1.1　传感器的发展现状及趋势

1. 发展现状

近年来，我国传感器的发展已经取得了很大的进步，在一些高端产品领域，如光电传感器、红外线传感器、速度传感器和气体绝缘组合电器(GIS，Gas Insulated Switchgear)传感器等，国内企业已经突破相关技术门槛，正处于推广前期，一旦成功突破市场，行业又将迎来一次高速增长。

由于传感器具有较强的专业性，除国际一线厂商具有较为全面的传感器种类，其余公司基本集中于某一细分领域，例如有的公司主要生产适用于电力行业的传感器，有的公司主要为汽车行业和电子消费领域生产传感器，而有的厂家只生产一种或几种传感器。这种现状使得一些需求客户在采购传感器时非常麻烦，如有些需要采购多种传感器就需要联系多个传感器厂家，不同厂家在产品型号的匹配上也会产生麻烦。

目前，我国高端传感器领域正处于技术攻关阶段，即市场门槛即将突破的时期。国内部分企业引进国外先进技术，在接近传感器、光电传感器、红外传感器、速度传感器和加速度传感器等领域取得了一定的突破，但尚未形成规模，不过相信在国家政策的支持和推动下，我国的传感器行业将获得快速成长。

2014年6月27日，在NPD DisplaySearch最新出版的《触控传感器市场和演变报告》(*Touch Sensor Market and Evolution Report*)中，预测了传感器的总出货面积将从2014年的1 800万平方米增至2015年的2 330万平方米；其中包含了各种主要的传感器结构与技术，像投射电容式、In-cell面板嵌入式、On-cell面板嵌入式和电阻式。另外，以塑料薄膜为基板的各种传感器结构，其总比重也大于以玻璃为基板的结构。

图1-1所示是各类型触控传感器面积产量预测，从图中不难看出触控传感器的产量都有一定的增长。

2. 发展趋势

目前，信息传输与处理技术已取得突破性进展，然而传感器的发展相对滞后。在今天的信

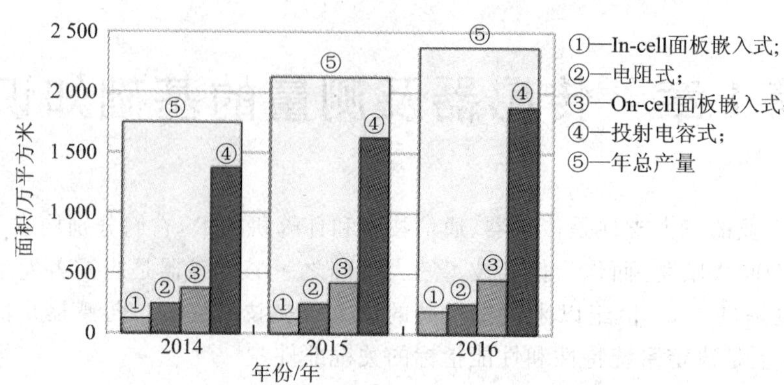

图 1-1　2014—2016 年各类型触控传感器面积产量预测

息时代，各种控制系统自动化程度、复杂性以及环境适应性(如高温、高速、野外、地下、高空等)要求越来越高，需要获取的信息量越来越多，它不仅对传感器测量精度、响应速度、可靠性提出了很高的要求，而且需要信号远距离传输。显然，传统的传感器已很难满足要求，发展集成化、微型化、智能化、网络化、虚拟化传感器将成为传感器技术的主流方向。

(1) 传感器集成化

传感器的集成化分为两种情况。一是具有同样功能的传感器集成化，即将同一类型的单个元件用集成工艺在同一平面上排列起来，形成一堆线性传感器，从而使一个点的测量变成一个面和空间的测量。如利用电荷耦合器件形成的固体图像传感器来进行的文字或图形识别。二是不同功能的传感器集成化，即将具有不同功能的传感器一体化，组成一个器件，从而使一个传感器可以同时测量不同种类的多个参数。如日本丰田研究所开发出同时检测 Na^+、K^+ 和 H^+ 等多离子传感器，通过它，仅用一滴血液即可同时快速检测出其中 Na^+、K^+ 和 H^+ 等离子成分及其浓度，用于医院临床诊断非常方便。

除了传感器自身的集成化外，还可以把传感器和相应的测量电路(包括放大、运算、温度补偿等)集成化，这有助于减小干扰、提高灵敏度和方便使用。

(2) 传感器微型化

微机电系统(又称 MEMS)是一种轮廓尺寸在毫米量级，组成元件尺寸在微米量级的可运动的微型机电装置。MEMS 技术借助于集成电路的制造技术来制造机械装置，可制造出微型齿轮、微型电机、泵、阀门、各种光学镜片及各种悬臂梁，而它们的尺寸仅有 30～100 μm。微机电系统与微电子技术的结合，为实现信号检测、信号处理、控制及执行机构集于一体的微型集成传感器提供了可能，采取这种技术可以制成力、加速度、光学、化学等微型集成传感器，它们在生物、医学、通信、交通运输、军事、航天及核能利用等领域有非常重要的应用价值。

(3) 传感器智能化

“电五官”与“电脑”结合，就是传感器的智能化。智能化传感器不仅具有信号检测、转换功能，而且还具有记忆、存储、解析、统计处理及自诊断、自校准、自适应等功能。

(4) 传感器网络化

网络传感器是包括数字化传感器、网络接口和处理单元的新一代智能传感器，其网络不仅仅局限于传感器总线，还包括现场总线、局域网和因特网。数字传感器首先将被测参数转换成数字量，再送给微处理器进行数据处理，最后将测量结果传输给网络，以便实现各传感器之间、

传感器与执行器之间、传感器与系统之间的数据交换及资源共享。

(5) 传感器虚拟化

虚拟传感器是传感器、计算机和软件的有机结合，构成软硬结合、实虚共体的新型传感器。这种传感器基于计算机平台且完全通过软件开发而成，利用软件建立传感器模型、标定参数及标定模型，以实现最佳性能指标。美国 B&K 公司开发的 TEDS 型虚拟传感器，每只传感器都有唯一的产品序列号并附带一张软盘，软盘上存储有该传感器进行标定的有关数据。

1.1.2　传感器的地位与作用

1. 传感器的地位

随着社会的进步及科学技术的发展，特别是近 20 年来，电子技术日新月异，计算机的普及和应用把人类带到了信息时代。信息技术对社会发展、科学进步起到了决定性的作用。现代信息技术的基础包括信息采集、信息传输与信息处理，如图 1－2 所示。

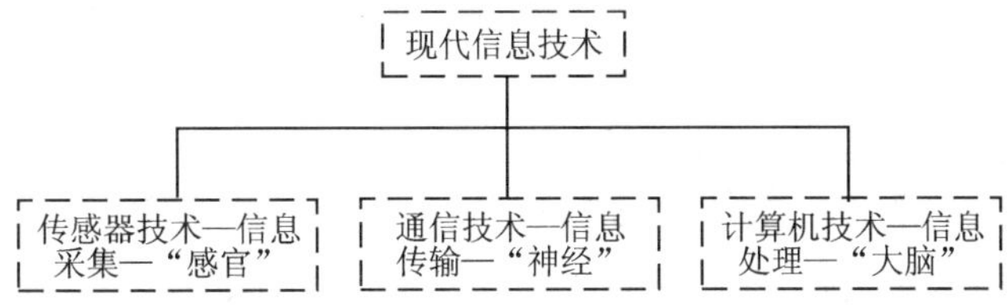

图 1－2　现代信息技术

传感器技术是构成现代信息技术的三大支柱之一，人们利用信息的过程中，首先要解决的问题是获取准确可靠的信息，而传感器是获取自然和生产领域中信息的主要途径与手段。

在现代工业生产尤其是自动化生产过程中，要用各种传感器来检测、监视和控制生产过程中的各个参数，使设备工作在正常状态或最佳状态，并使产品达到最好的质量。因此，没有种类众多的优良传感器，现代化生产也就失去了基础。

2. 传感器的作用

传感器的作用就是测量。没有传感器，就不能实现测量；没有测量，也就没有科学技术。它主要表现在以下几个方面。

(1) 信息的收集

科学研究中的计量测量、产品制造与销售中所需要的计量都要由测量获得准确的定量数据；在航空航天技术领域，仅“阿波罗”10 号飞船就有 3 000 多个参量需要监测。

在兵器领域中，现代引信实质就是完成引爆战斗部任务的传感器系统，为了更好地解决安全、可靠和通用性问题，同时增强功能，目前采用几个传感器分别监测环境和目标信息。各国竞相研制的重要新型精确打击武器——目标敏感弹，更是以传感器为技术核心来获取各种信息制导炮弹。各种炮弹也是如此。

在工业生产中，传感器采集各种信息，起到工业耳目的作用。例如，冶金工业中连续铸造生产过程中的钢包液位检测、高炉铁水硫磷含量分析，均由各种传感器为操作人员提供可靠的数据。此外，用于工厂自动化柔性制造系统（FMS）中的机械手或机器人可实现高精度在线实时测量，从而保证产品的产量和质量，其测量需要各种传感器来完成。

(2) 信息数据的转换

把以文字、符号、代码、图形等多种形式记录在纸或胶片上的信号数据转换成计算机、传真机等已处理的信号数据，或者读出记录在各种媒介质上的信息并进行交换。例如，磁盘和光盘的信息读出磁头就是一种传感器。

(3) 控制信息的采集

检测控制系统处于某种状态的信息，并由此控制系统的状态，或者跟踪系统变化的目标值。

1.1.3 传感器的定义及命名方式

1. 传感器的定义

最广义地来说，传感器是一种以一定的精确度把被测量转换为与之有确定对应关系的、便于应用的某种物理量（主要是电量）的测量装置。国际电工委员会（IEC，International Electrotechnical Committee）的定义为：传感器是测量系统中的一种前置部件，它将输入变量转换成可供测量的信号。其包含以下几个方面的含义：

① 传感器是测量装置，能完成检测任务。

② 传感器的输入量是某一被测量，如物理量、化学量、生物量等。

③ 传感器的输出量是某种物理量，这种量要便于传输、转换、处理、显示等，这种量可以是气、光、电量，但主要是电量。

④ 输入与输出有对应关系，且应有一定的精确度。

2. 传感器的命名方式

一种传感器产品的名称应由主题词加四级修饰语构成，如表 1-1 所列。

表 1-1 传感器名称构成

主题词	第一级修饰语	第二级修饰语	第三级修饰语	第四级修饰语
传感器	被测量	转换原理	特征描述	主要技术指标
—	包括修饰被测量的定语	一般可后续“式”字	指强调的传感器结构、性能、材料特征、敏感元件及其他必要的性能特征，一般可后续“型”字	量程、精确度、灵敏度等

在有关传感器的统计表格、图书索引、检索及计算机汉字处理等特殊场合，应采用上述命名法所规定的顺序。例如：

传感器，绝对压力，应变[计]式，放大[型]，1～3 500 kPa；

传感器，加速度，压电式，±20 g。

在技术文件、产品样本、学术论文、教材及期刊的陈述句子中，产品名称应采用与上述相反的顺序。例如：

1～3 500 kPa，放大[型]，应变[计]式，绝对压力，传感器；

±20 g，压电式，加速度，传感器。

当传感器的产品名称简化表征时，除第一级修饰语外，其他各级可视产品的具体情况任选或省略。表 1-2 列举了典型传感器的命名构成和各级修饰语的示例，可供传感器命名时参考。

表 1-2　典型传感器的命名构成和各级修饰语的示例

主题词	第一级修饰语 被测量	第二级修饰语 转换原理	第三级修饰语 特征描述(传感器结构、性能、材料特征、敏感元件或辅助措施等)	第四级修饰语—技术指标	
				量程、精确度、灵敏度范围等*	单　位
传感器	速度	电位器[式]	直流输出	0～1 000	A(安[培])
	加速度	电阻[式]	交流输出	±5	℃(摄氏度)
	角速度	电流[式]	频率输出	−1～+500	m(米)
	冲击	电感[式]	数字输出	−430～+415	Hz(赫[兹])
	振动	电容[式]	双输出	0.5%	K(开[尔文])
	力	电涡流[式]	放大		N(牛[顿])
	重量(称重)	电热[式]	离散增量		Pa(帕[斯卡])
	压力	电磁[式]	积分		°(度)
	声压	电化学[式]	开关		rad/s(弧度·秒$^{-1}$)
	力矩	电离[式]	陀螺		
	姿态	压电[式]	涡轮		cm/s(厘米·秒$^{-1}$)
	位移	压阻[式]	齿轮转子		
	液位	应变计[式]	振动元件		%RH(相对湿度)
	流量	谐振[式]	波纹管		
	温度	伺服[式]	波丝管		mol/L(摩尔·升$^{-1}$)
	热流	磁阻[式]	膜盒		
	热通量	光电[式]	膜片		
	可见光	光化学[式]	离子敏感 FET		
	照度	光纤[式]	热丝		
	湿度	激光[式]	半导体		
	粘度	超声[式]	陶瓷		
	浊度	(核)辐射[式]	化合物		
	离子浓度	热电	固体电解质		
	电流	热释电	自源		
	磁场		粘贴		
	马赫数		非粘贴		
	射线		焊接		

注：* 仅指范围表达式。

1.1.4　传感器的组成与分类

1. 传感器的组成

传感器一般由敏感元件和转换元件组成。但是由于传感器输出信号一般都很微弱，需要由信号调节与转换电路将其放大或转换为容易传输、处理、记录和显示的形式。所以传感器可认为由敏感元件、转换元件、测量电路三部分组成，组成框图如图 1-3 所示。

实际上，有些传感器很简单，有些较为复杂，大多数是开环系统，也有些是反馈的闭环系统。最简单的传感器由一个敏感元件(兼转换元件)组成，它感受被测量时直接输出电量，如热电式传感器。有些传感器由敏感元件和转换元件组成，没有测量电路，如压电式加速度传感器。有些传感器，转换元件不止一个，需经过若干次转换。

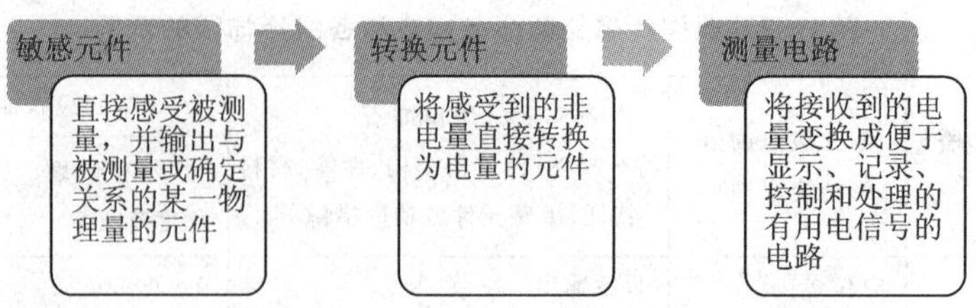

图 1-3　传感器的组成

2. 传感器的分类

传感器的种类极多，原理各异，检测对象门类繁多，因此其分类方法甚繁，至今尚无统一规定。人们通常是从不同角度做突出某一侧面的分类。目前广泛采用的分类方法如表 1-3 所列。

表 1-3　传感器的分类

分类方法	传感器种类	说　明
按输入量	位移传感器、速度传感器、温度传感器、压力传感器	传感器以被测物理量命名
按敏感材料	半导体传感器、陶瓷传感器、光导纤维传感器等	传感器以敏感材料命名
按使用领域	工业用、农用、医用、航空用、环境用、家庭电器用传感器等	传感器以使用领域命名
按工作原理	应变式传感器、电容式传感器、电感式传感器、压电式传感器、热电式传感器	传感器以工作原理命名
按使用科目	电容位移传感器、高温应变片传感器、固态图像传感器等	传感器以具体使用科目命名
按物理现象	结构型传感器	传感器依赖其结构参数变化实现信息转换
	特性型传感器	
按能量关系	能量转换型传感器	直接将被测量的能量转换为输出的能量
	能量控制型传感器	由外部供给传感器能量，而由被测量来控制输出量的能量
按输出信号	模拟式	输出为模拟量
	数字式	输出为数字量

除以上几种常用的分类法外，还有一些其他的分类法。例如，半导体光色传感器，除可按材料种类分类外，还可按结晶形态和结构特征分类。表 1-4 给出了按不同方法分类的各种半导体光色传感器的名称。

表 1-4　半导体光色传感器的分类

分类方法	传感器名称
按材料种类分类	Si、Ge、GaAs、InSb、HgCdTe、PbSnTe、InAs、PbS、PbSe、PbTe、CdS、CdSe 等光色传感器
按结晶形态分类	单晶半导体光色传感器、多晶半导体光色传感器、非晶半导体光色传感器
按结构特征分类	光电导； 光电二极管(PN 结、PIN 结、雪崩、肖特基势垒、异质结)； 光电晶体管(结型、MIS 型)； 固体像传感器(BBD、CCD、CID、红外 CCD、BBD、CCD 混合型、低照度 CCD)； 光纤传感器； 光电池

1.1.5　传感器的技术特点

传感器电子学是以各种材料的物理、化学和生物传感机理为理论基础，开发新功能材料，并使材料功能实用化的一门新学科。与其他学科相比，它具有以下特点：

(1) 内容离散

内容离散主要体现在传感器技术所涉及和利用的物理学、化学、生物学中的基础“效应”、“反应”和“机理”，不仅为数甚多，而且它们往往是彼此独立甚至完全不相关的。

(2) 产品多样

由于在现代科学研究和工农业生产中，需要测量的量(待测量)特别多，而且一种待测量往往可用几种传感器来检测，因此，传感器的产品种类极为繁多、庞杂。例如，仅线位移传感器，其种类就多达 18 种。

(3) 知识密集程度甚高，边缘学科色彩极浓

尽管传感器技术属于“工程学”中的一种(如日本就将其称为“传感器工程学”)，但由于它是以材料的电、磁、光、声、热、力等功能效应和功能形态变换原理为理论基础，并综合了物理、化学、生物、材料、精密机械、微细加工、试验测量等方面的知识和技术而形成的一门学科，因此具有引人注目的知识密集性和学科边缘性，所以它与许多基础科学和专业工程学的关系极为密切。例如，在研制结构型传感器时，运用了有关电场、磁场和力场的大量基本定律以及涉及材料学、工艺学、电工学等方面的许多基础知识。

(4) 在开发过程中，个人作用较大

虽然从整体来看，传感器技术内容丰富多样，涉及的知识面广，也不乏高深学问，但就某种具体的传感器而言，其基本原理往往是比较简单和独立的，尤其是物性型传感器更是如此。因此，在传感器的研制过程中，研制人员对元件工作原理的选择有较大的自由度，即设计一种能检测某种非电量的传感器，设计者可从众多相互独立的原理中，选用一种自认为最合适的原理。所以，从这种意义上说，传感器研制者个人的开发作用，往往较之大规模电路或大型系统设计者的作用大得多。

(5) 技术复杂，工艺高难

传感器的制造涉及许多高新技术，如集成技术、薄膜技术、超导技术、键合技术、高密封技术、特种加工技术，以及多功能化、智能化技术等。传感器的制造工艺难度大，要求极高，例如 IPhone 5S 的机身能做得很薄，而且摄像很清晰，这是商业科技应用的极致；欧盟的粒子对撞机(世界最大的粒子对撞机)中有 1 s 可拍下 4 000 万张图片的高性能摄像机。

(6) 功能特优，性能极好

功能特优体现在其功能的扩展性好，适应性强。具体地说，传感器不但具备人类“五官”所具有的视、听、触、嗅和味觉功能，而且还可检测人类“五官”不能感觉的信息；同时还能在人类无法忍受的高温、高压等恶劣环境下工作。性能好体现在传感器的量程宽、精度高、可靠性好，例如温度传感器的测温范围可低至－196 ℃以下，最高可达 1 800 ℃以上。

(7) 应用广泛

传感器和传感器技术的应用范围很广，从航天、航空、兵器、船舶、交通、冶金、机械、电子、化工、轻工、能源、煤炭、石油、医疗卫生、生物工程等领域，至农、林、牧、副、渔五业，甚至到人们的日常生活，几乎无处不在使用传感器，无处不需要传感器技术。

(8) 品种与数量间的矛盾突出

传感器作为商品,用户对其种类的要求通常很多,但对每一种类的需求量却甚少。这一突出矛盾,不但把传感器推上了高价商品的位置,而且为传感器的进一步发展增设了障碍——因为市场小既会直接动摇厂家投产的决心,也会使有关方面难于为基础研究拨出大量的资金。

无庸置疑,能否认清传感器技术的上述特点并妥善解决种类与数量之间的矛盾,特别是在开发过程中,能否取得有关部门的足够重视和大力支持,是一个国家的传感器事业能否顺利发展的关键。

1.1.6 传感器的重要意义

传感器是获取自然领域中信息的主要途径与手段。无论是在工业自动化、军事国防、宇宙开发,还是在海洋开发等尖端科学与工程领域中,都有传感器和传感器技术的身影,而且它正在以自己巨大的潜力,向着更加广泛的应用领域渗透。最近几年,在生物工程、医疗卫生、环境保护、安全防范、家用电器、网络家居等方面的传感器层出不穷,并在日新月异地发展。表 1-5 列出了几种具体应用的传感器数量。

表 1-5 几种具体应用的传感器数量

应用领域	数量/支	传感器类型
钢厂	20 000	湿度、温度、气体传感器等
石化厂	6 000	气体、电化学传感器等
飞机	3 600	迎角、接地、湿度传感器等
汽车	30～100	速度、加速度传感器等
手机	9	光线、方向、重力传感器等

从表 1-5 可以看出传感器的重要性,小到影响人们的生活,大到影响一个国家的发展。自传感器应用开始至今,世界就在不断地进行一场革命——传感器革命,而其重要意义在于以下几个方面:

- 以传感器为首的电子部件的用途偏向于智能手机和功能手机。电子部件的增长依赖于特定的应用产品,容易出现供需失衡等弊病。
- 传感器在社会基础设施领域的潜在需求高涨。为了对老化的基础设施进行最恰当的管理和维护,全球都存在希望利用传感器和 ICT(信息通信技术)的需求。
- 信息通信技术行业想利用更多的数字数据。利用传感器获得的数据会扩大运算需求和通信需求。

1.2 传感器的数学模型概述

1.2.1 静态模型

传感器的静态数学模型是在输入量为静态量时,即输入量对时间的各阶导数等于零时,其输出量与输入量关系的数学模型。如果不考虑迟滞和蠕变效应,传感器的静态数学模型一般

可用多项式表示，即

$$y = a_0 + a_1 x + a_2 x^2 + a_3 x^3 + \cdots + a_n x^n \tag{1-1}$$

式中：x——传感器的输入量；

y——传感器的输出量；

a_0——输入量 x 为零时的输出量，即零位输出量；

a_1——线性项的待定系数，即线性灵敏度；

$a_2, a_3, \cdots, a_n$——非线性项的待定系数。

式(1-1)中的各项系数决定了传感器静态特性曲线的具体形式。在研究传感器的线性特性时，可以不考虑零位输出量，即取 $a_0=0$，则式(1-1)由曲线和非线性项叠加而成。静态曲线过原点，一般可分为四种情况，如图 1-4 所示。

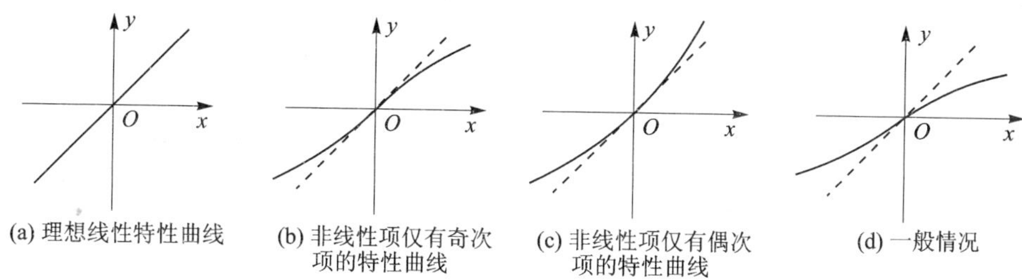

图 1-4　传感器静态特性曲线

(1) 理想线性特性

当 $a_2=a_3=\cdots=a_n=0$ 时，式(1-1)中的非线性项为零，静态特性曲线为理想的线性特性，如图 1-4(a)所示。此时

$$y = a_1 x \tag{1-2}$$

其静态特性曲线是一条过原点的直线，直线上所有点的斜率相等，传感器的灵敏度为

$$S = \frac{y}{x} = a_1 = \text{常数} \tag{1-3}$$

(2) 非线性项仅有奇次项

当 $a_2=a_4=\cdots=0$ 时，式(1-1)中非线性项的偶次项为零，仅有奇次非线性项，即

$$y = a_1 x + a_3 x^3 + a_5 x^5 + \cdots \tag{1-4}$$

此时的静态特性曲线关于原点对称，在原点附近有较宽的线性范围，如图 1-4(b)所示。这是比较接近理想线性的非线性特性。差动式传感器具有这种特性，可以消除电器元件中的偶次分量，显著改善非线性，并可使灵敏度提高一倍。

(3) 非线性项仅有偶次项

当 $a_3=a_5=\cdots=0$ 时，式(1-1)中非线性项的奇次项为零，仅有偶次非线性项，即

$$y = a_1 x + a_2 x^2 + a_4 x^4 + \cdots \tag{1-5}$$

此时的静态特性曲线过原点，但不具有对称性，线性范围较窄，如图 1-4(c)所示。设计传感器时很少采用这种特性。

(4) 一般情况

式(1-1)中的非线性项既有奇次项，又有偶次项，即

$$y = a_0 + a_1 x + a_2 x^2 + a_3 x^3 + \cdots + a_n x^n \tag{1-6}$$

此时的静态特性曲线过原点，也不具有对称性，如图 1－4(d)所示。

1.2.2 动态模型

动态模型指的是传感器在准动态信号或动态信号(输入信号随时间变化而变化的量)作用下，描述其输出和输入信号的一种数学关系。一般用常系数线性微分方程来描述，其输出量 y 与输入量 x 之间的关系为

$$a_n\frac{\mathrm{d}^n y(t)}{\mathrm{d}t^n}+a_{n-1}\frac{\mathrm{d}^{n-1} y(t)}{\mathrm{d}t^{n-1}}+\cdots+a_1\frac{\mathrm{d}y(t)}{\mathrm{d}t}+a_0 y(t)=$$

$$b_m\frac{\mathrm{d}^m x(t)}{\mathrm{d}t^m}+b_{m-1}\frac{\mathrm{d}^{m-1} x(t)}{\mathrm{d}t^{m-1}}+\cdots+b_1\frac{\mathrm{d}x(t)}{\mathrm{d}t}+b_0 x(t) \tag{1-7}$$

设 x、y 的初始条件为零，对式(1－7)等号两边进行拉氏变换，可得

$$a_n s^n Y(s)+a_{n-1}s^n Y(s)+\cdots+a_1 sY(s)+a_0 Y(s)=$$

$$b_m s^m X(s)+b_{m-1}s^{m-1}X(s)+\cdots+b_1 sX(s)+b_0 X(s) \tag{1-8}$$

$$H(s)=\frac{Y(s)}{X(s)}=\frac{b_m s^m+b_{m-1}s^{m-1}+\cdots+b_1 s+b_0}{a_n s^n Y(s)+a_{n-1}s^{n-1}+\cdots+a_1 s+a_0} \tag{1-9}$$

传递函数是拉氏变换算子 s 的有理分式，所有系数 $a_0,a_1,\cdots,a_n;b_0,b_1,\cdots,b_m$ 都是实数，这是由传感器的结构参数决定的。分子的阶次 m 不能大于分母的阶次 n，这是由物理条件决定的。分母的阶次用来代表传感器的特征。

$n=0$ 时，称为零阶传感器；$n=1$ 时，称为一阶传感器；$n=2$ 时，称为二阶传感器；n 更大时，称为高阶传感器。

稳定的传感器系统，其所有极点都位于复平面的左半平面，零点与极点可能是实数，也可能是共轭复数。

1.2.3 传感器静态特性

传感器在稳态信号作用下，其输出-输入的关系特性称为静态特性。静态特性所描述的传感器的输入、输出关系式中不含有时间变量。衡量传感器静态特性的重要指标是线性度、灵敏度、重复性、迟滞、零点漂移和温度漂移等技术指标，传感器本身特点、被测量及外界条件都可能影响这些技术指标。

(1) 线性度

线性度又称非线性误差，表征传感器输出-输入校准曲线(或平均校准曲线)与所选定的作为工作直线的拟合直线之间的偏离程度。如图 1－5 所示，即是校准曲线与拟合直线偏差的最大值与传感器的标称输出范围(全量程)的百分比：

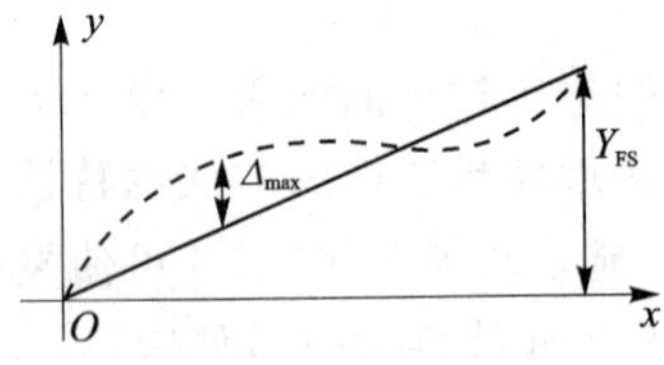

图 1－5 线性度

$$E=\pm\Delta_{max}/Y_{FS}\times100\% \tag{1-10}$$

式中：Δ_{max}——输出量和输入量实际曲线与拟合直线之间的最大偏差；

Y_{FS}——输出满量程值。

从线性度的定义可以看出，确定拟合直线的方法不同，会得到不同的线性度。一般可以采用各实际标定点的输出值对应偏差平方和为最小的拟合直线，即最小二乘法拟合的直线。该

直线能保证传感器校准数据的残差平方和为最小。常采用的拟合方法还有端点直线法、端点平移直线法、平均法。

(2) 灵敏度

传感器的灵敏度是其在稳态下输出增量 Δy 与输入增量 Δx 的比值,如图 1－6 所示。对于线性传感器,其灵敏度就是它的静态特性的斜率,如图 1－6(a)所示,即

$$S_{\Delta} = \frac{\Delta y}{\Delta x} \tag{1-11}$$

对于非线性传感器,其灵敏度是一个变量,可以用 $\mathrm{d}y$ 与 $\mathrm{d}x$ 的比值表示传感器在某一点的灵敏度,如图 1－6(b)所示,即

$$S_{\mathrm{d}} = \frac{\mathrm{d}y}{\mathrm{d}x} \tag{1-12}$$

一般都希望传感器有较高的灵敏度,且在满量程范围内恒定不变,即传感器的输出与输入特性为直线。但在实际中,传感器的灵敏度一般都为变量,会随着工作区间而改变,或随工作点而改变,或随电源电压而改变。

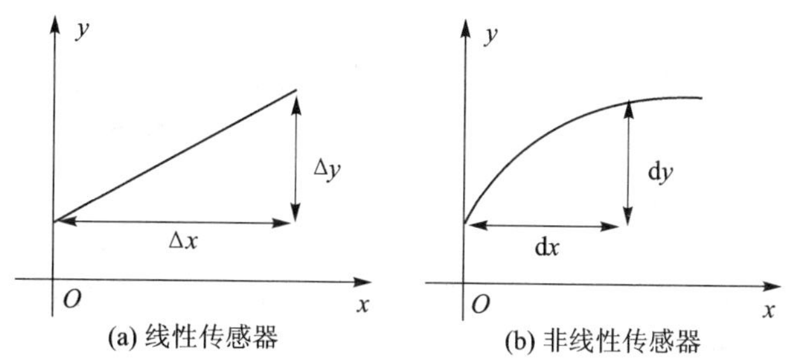

(a) 线性传感器　(b) 非线性传感器

图 1－6　灵敏度

(3) 重复性

重复性表示传感器在输入量按同一方向作全量程多次测试时,所得特性曲线不一致性的程度。多次按相同输入条件测试的输出特性曲线越重合,其重复性越好,其重复性误差也越小。

在数值上用测量值正、反行程标准偏差最大值的 2 倍或 3 倍与满量程 Y_{FS} 的百分比表示,如图 1－7 所示,即

$$E_x = \pm \frac{(2 \sim 3)\Delta_{\max}}{Y_{\mathrm{FS}}} \times 100\% \tag{1-13}$$

式中:E_x——重复性;

$\Delta_{\max}$——最大正、反行程重复性偏差,$\Delta m_{\max} = \{\Delta m_1 \cdots \Delta m_i \cdots \Delta m_n\}$。

重复性误差一般属于随机误差性质,反映的是测量结果偶然误差大小,而不表示与真值之间的差别,有时重复性很好但可能偏离真值。重复性误差可以通过校准测得。

(4) 迟　滞

迟滞性是传感器在正向行程(输入量增大)和反向行程(输入量减小)期间,输入-输出特性曲线不重合的程度,如图 1－8 所示。其数值用最大偏差与满量程输出值的百分比表示:

$$E = \pm \frac{\Delta_{\max}}{Y_{\mathrm{FS}}} \times 100\% \tag{1-14}$$

式中:$\Delta_{\max}$——输出值在正、反行程间的最大偏差;

E——传感器的迟滞。

迟滞是传感器静态下的一个重要性能指标，反映了传感器机械机构和制造工艺上的缺陷，如轴承摩擦、灰尘积塞、间隙、螺钉松动、元件腐蚀等，其大小一般由实验确定。

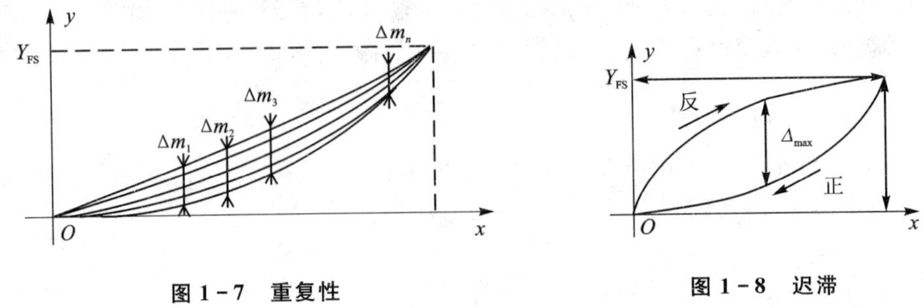

图 1-7　重复性　　　　**图 1-8　迟滞**

(5) 分辨率

传感器的分辨率是在规定测量范围内能检测输入量的最小变化量 Δx_{min}，有时也用该值相对满量程输入值的百分数（$\Delta x_{min}/x_{FS}$）×100%）表示。

(6) 稳定性

稳定性有短期稳定性和长期稳定性之分，而传感器常用长期稳定性描述其稳定性。传感器的稳定性是指在室温条件下，经过相当长的时间间隔，传感器的输出与起始标定时的输出之间的差异。

(7) 漂　移

传感器的漂移是指在外界干扰的情况下，在一定时间间隔内，输出量发生与输入量无关的变化，包括零点漂移和灵敏度漂移等。

零点漂移是指在无输入信号时，定时进行读数，其输出量偏离零值的大小。零点漂移或灵敏度漂移又可分为时间漂移和温度漂移。时间漂移是指在规定的条件下，零点或灵敏度随时间的变化发生缓慢的变化。温度漂移是指当环境温度变化时，传感器输出值的偏离程度。漂移一般可通过串联或并联可调电阻来消除。

1.2.4　传感器动态特性

传感器的动态特性是传感器在测量中非常重要的问题，它是传感器对输入激励的输出响应特性。由于在快速变化的输入信号情况下，要有较好的动态特性，不仅要求传感器能精确地测量信号的幅值大小，而且需要能测量出信号变化过程的波形，即要求传感器能迅速准确地响应信号幅值变化和无失真地再现被测信号随时间变化的波形。因此，有良好的静态特性的传感器，未必就具有良好的动态特性。

研究传感器的动态特性主要是为了从测量误差角度分析产生动态误差的原因以及提出改善措施。具体研究时，通常从时域和频域两方面采用瞬态响应法和频率响应法来分析。

1. 时域特性

传感器的时域特性是研究传感器对所加激励信号的瞬态响应特性。常用的激励信号有阶跃函数、脉冲函数和斜坡函数等。下面以传感器的单位阶跃响应对传感器的动态性能进行分析。

(1) 一阶传感器的单位阶跃响应

一阶传感器的微分方程为

$$a_1 \frac{\mathrm{d}y}{\mathrm{d}t} + a_0 y = b_0 x \tag{1-15}$$

工程上一般将式(1-15)改写为下列形式：

$$\tau \frac{\mathrm{d}y}{\mathrm{d}t} + y = Kx \tag{1-16}$$

式中：$\tau = a_1/a_0$——时间常数(秒)；

$K = b_0/a_0$——静态灵敏度。

对式(1-16)等号两边取拉普拉斯变换(简称拉氏变换)得

$$H(s) = \frac{Y(s)}{X(s)} = \frac{K}{\tau s + 1} \tag{1-17}$$

在线性传感器中灵敏度 K 为常数，在动态特性分析中，K 只起使输出量增加 K 倍的作用。因此，在讨论时取 $K=1$。

对初始状态为零的一阶传感器，当输入一个单位阶跃信号时，$X(s)=1/s$，传感器输出的拉氏变换为

$$Y(s) = H(s)X(s) = \frac{1}{\tau s + 1} \cdot \frac{1}{s} \tag{1-18}$$

则一阶传感器的单位阶跃响应为

$$y(t) = 1 - \mathrm{e}^{(-1/\tau)t} \tag{1-19}$$

一阶单位阶跃响应的响应曲线如图 1-9 所示。由图可见，一阶传感器存在惯性，输出信号初始上升斜率为 $1/\tau$。若传感器保持初始响应速度不变，则经历 τ 时刻输出即可达到稳态值。

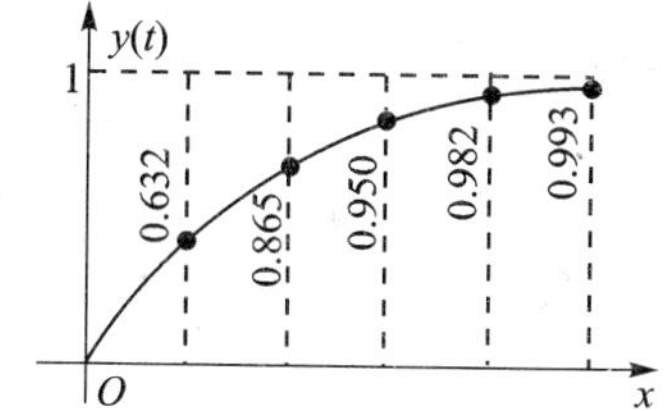

图 1-9　一阶传感器单位阶跃响应曲线

理论上，传感器的响应只有在 t 趋于无穷大时才能达到稳态值；实际上，$t=4\tau$ 时，其输出值已达到稳态值的 98.2%，即与稳态响应输出误差小于 2%，可以认为已达到稳态。显然，时间常数 τ 越小，响应速度越快，即传感器的惯性越小。

(2) 二阶传感器的单位阶跃响应

典型的二阶传感器的微分方程为

$$a_0 \frac{\mathrm{d}^2 y(t)}{\mathrm{d}t^2} + a_1 \frac{\mathrm{d}y(t)}{\mathrm{d}t} + a_0 y(t) = a_0 x(t) \tag{1-20}$$

因此有传递函数：

$$H(s) = \frac{{\omega_n}^2}{s^2 + 2\xi{\omega_n}^2 s + {\omega_n}^2} \tag{1-21}$$

式中：ω_n——传感器的固有频率；

ξ——传感器的阻尼比。

在单位阶跃信号下，传感器输出的拉氏变换为

$$Y(s) = H(s)X(s) = \frac{{\omega_n}^2}{s(s^2 + 2\xi{\omega_n}^2 s + {\omega_n}^2)} \tag{1-22}$$

二阶传感器对单位阶跃信号的响应决定于阻尼比 ξ 和固有频率 ω_n。固有频率由传感器

结构参数决定，ω_n 越高，响应速度越快；当 ω_n 为常数时，传感器响应速度取决于阻尼比 ξ。

二阶传感器单位阶跃响应曲线如图 1-10 所示，阻尼比 ξ 直接影响传感器输出信号的振荡次数及超调量。

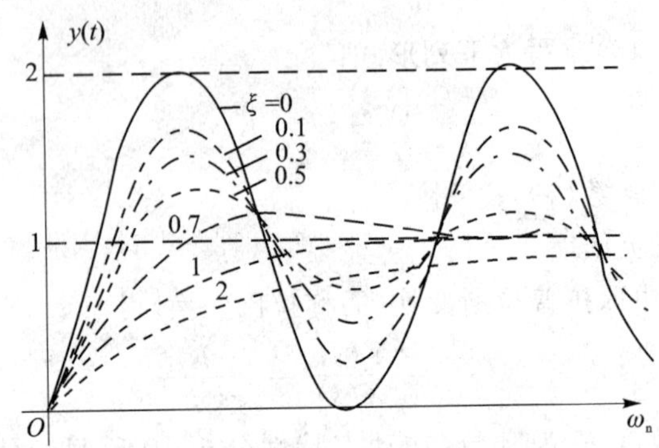

图 1-10 二阶传感器单位阶跃响应

① $\xi=0$，超调量为 100%，产生等幅振荡，达不到稳态。

② $\xi>1$，为过阻尼，无振荡，反应迟钝，动作缓慢，达到稳态所需的时间较长。

③ $0<\xi<1$，为欠阻尼，衰减振荡，达到稳态所需的时间随 ξ 的减小而加长。

④ $\xi=1$，为临界阻尼，无振荡、无超调，达到稳态输出所需的时间为最短。

工程中通常取 $\xi=0.6\sim0.8$，此时最大超调量为 2.5%～10%，其稳态响应时间也较短。

(3) 时域特性指标

二阶传感器阶跃响应的典型性能指标可由图 1-11 表示，各指标定义如下：

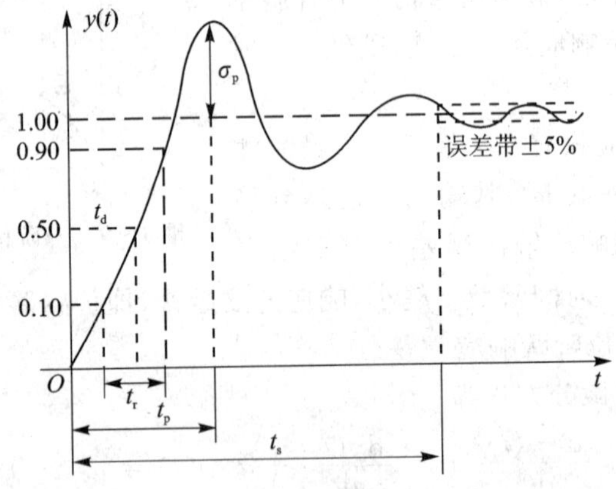

图 1-11 二阶传感器的动态性能指标

① 上升时间 t_r——输出量由稳态值的 10%上升到稳态值的 90%所需的时间。

② 响应时间 t_s——系统从阶跃输入开始到输出值进入稳态值所规定的范围内所需要的时间。

③ 峰值时间 t_p——响应曲线到达第一个峰值所需要的时间。

④ 超调量 σ_p——输出超过稳态值的最大值，常用相对于稳态值的百分比 σ_p 表示。

$$\sigma_p = \frac{y(t_p) - y(\infty)}{y(\infty)} \times 100\% \tag{1-23}$$

⑤ 延迟时间 t_d——阶跃响应达到稳态值的 50%所需的时间。

2. 频域特性

拉氏变换是广义的傅里叶变换，取 $s=\sigma+\mathrm{j}\omega$ 中的 $\sigma=0$，则 $s=\mathrm{j}\omega$，即拉氏变换局限于 s 平面(时域函数通过拉普拉斯变换到复频域中，也就是 s 域)的虚轴，则得到傅里叶变换：

$$Y(s)=\int_0^{\infty}y(t)\mathrm{e}^{-st}\mathrm{d}t \tag{1-24}$$

变换为

$$Y(\mathrm{j}\omega)=\int_0^{\infty}y(t)\mathrm{e}^{-st}\mathrm{d}t \tag{1-25}$$

$$X(\mathrm{j}\omega)=\int_0^{\infty}x(t)\mathrm{e}^{-st}\mathrm{d}t \tag{1-26}$$

$$H(s)=\frac{Y(s)}{X(s)}=\frac{b_m s^m+b_{m-1}s^{m-1}+\cdots+b_0}{a_n s^n+a_{n-1}s^{n-1}+\cdots+a_0} \tag{1-27}$$

$H(\mathrm{j}\omega)$为一复数，它可用代数形式及指数形式表示：

$$H(\omega)=\alpha+\mathrm{j}\beta=A(\omega)\mathrm{e}^{\mathrm{j}\varphi(\omega)} \tag{1-28}$$

其中：

$$A(\omega)=\left|\frac{y(\omega)}{x(\omega)}\right|=|H(\omega)| \tag{1-29}$$

$$\varphi(\omega)=\arg H(\omega) \tag{1-30}$$

可见，$H(\mathrm{j}\omega)$值是 ω 的函数，表示输出量幅值与输入量幅值之比，即动态灵敏度；$\varphi(\omega)$值也是 ω 的函数，表示输出超出输入的角度。

$$\varphi(\omega)=\mathrm{arc\ tan}[H_i(\omega)/H_R(\omega)] \tag{1-31}$$

传感器的相频特性表示输出超前输入的角度；通常输出总是滞后于输入，故总是负值。研究传感器的频域特性时主要用幅频特性。

1.2.5　传感器的标定

传感器的标定是指通过实验建立传感器输出与输入之间的关系并确定不同使用条件下的误差。传感器在使用前对其进行标定，以测定其各种性能指标；传感器在使用过程中定期进行检查，以判断其性能参数是否偏离初始标定的性能指标。传感器的标定分为静态标定和动态标定。

1. 静态标定

(1) 静态标定条件

传感器的静态特性是在静态标准条件下进行标定的。所谓静态标准条件，是指没有加速度、振动、冲击(除非这些参数本身就是被测物理量)及环境温度一般为室温(20±5)℃，相对湿度不大于 85%，大气压力为(101±7)kPa 的情况下。

(2) 标定仪器设备精度等级的确定

对传感器进行标定，是根据试验数据确定传感器的各项性能指标，实际上也是确定传感器的测量精度。所以在标定时，所用的测量器具精度等级应比被标定的传感器精度等级至少高一级。这样，标定的传感器的静态性能指标才是可靠的，确定的精度才是可信的。

(3) 静态标定的方法

对传感器进行标定，首先要创造一个静态标准条件，其次要选择与被标定传感器的精度要求相适应的一定等级的标准设备，然后才能对传感器进行静态特性标定。

传感器的标定步骤如下：

① 将传感器全量程标准输入量分成若干个间断点，取各点的值作为标准输入值。

② 由小到大一点一点地输入标准值，并记录与各输入相对应的输出值。

③ 由大到小一点一点地输入标准值，同时记录与各输入相对应的输出值。

④ 按步骤②和③所述过程，对传感器进行正反行程往复循环多次测试，将所得输出与输入数据用表格列出或画成曲线。

⑤ 对测试数据进行必要的分析和处理，以确定该传感器的静态性能指标。

2. 动态标定

传感器动态特性的标定需要对传感器进行动态分析，以确定传感器的动态特性参数，如时间常数、上升时间或工作频率、通频带等。各类传感器动态标定的方法不同，同一类传感器也有多种标定方法，但基本要求是相同的。在进行时域特性分析时，确定传感器对阶跃信号激励响应下的时域特性指标；在进行频域特性分析时，确定传感器对正弦信号激励响应下的频域特性指标，并由此标定传感器的动态特性。

1.3 测量基础知识

1.3.1 测量及分类

1. 测　量

测量是以确定被测对象的量值为目的的全部操作。在这一操作过程中，将待测量与同类标准量进行比较，以该标准量为测量单位，确定待测量是该单位量的多少倍，并以被测量与单位量的比值及单位和测量不确定度来表达测量结果。除了通过与标准量进行比较外，还可通过能量形式的一次或多次转换来确定被测量对标准量的倍数，可表示为

$$y = n \cdot x \tag{1-32}$$

式中：y——被测量；

n——比值，无量纲(一般含测量误差)；

x——标准量，即测量单位。

式(1-32)是理想状态下得到的关系，而实际上存在着不可避免的非线性和零位输出。

由测量所得到的被测量的值称为测量结果。测量结果有多种表示方式，如数值、曲线或图形等。根据式(1-32)可知，无论采用何种表示方式，测量结果应包括两部分：比值和测量单位。

2. 测量分类

测量方法就是将被测量与标准量进行比较，从而得出比值的方法。根据测量精度、测量方法、测量条件及被测对象在测量过程中所处的状态，可把测量的方法分为多种类型，如表1-6所列。

表 1-6　测量的分类

分类方法	种　类		特　点
按对测量结果精度的要求	工程测量		无需考虑测量结果误差的大小或测量值的可信程度；测量值较稳定
	精密测量		对测量仪器和设备的精度及敏感度要求较高；每次测量都存在测量误差且都不一样
按测量的方法	直接测量		测量过程简单、迅速；测量精度不高
	间接测量		测量过程复杂；测量所需时间较长；需进行计算才能得出最终的测量结果
	组合测量		一种特殊的精密测量方法；操作复杂；花费时间较长，但易达到较高精度
按测量技术分类	放大法	积累放大法	测量单个周期产生的误差较大；连续测量 50 个周期，相对误差降低到 0.2%
		机械放大法	通过机械部件的几何关系，使标准量在测量过程中得到放大
		电学放大法	将一些非电量转换为电信号，经放大后测量
		光学放大法	通过光学仪器形成放大的像，以增加观察的视角
	转换法		将待测量转换为另一种形式的物理量
	模拟法		利用相似性原理，对一些特殊的研究现象，人为地制造一个类似的模型来进行实验
	平衡法		被测量与标准量相比较
	补偿法		用于补偿待测物理量，使测量系统处于平衡
	干涉、衍射法		通过测量干涉条纹的数目或条纹的改变量，实现对相关物理量的测量

1.3.2　误差及分析

1. 测量误差的定义

测量时，由于仪器、实验条件、环境等因素的限制，测量不可能无限精确，被测量的测量值与客观真实值之间总会存在着一定的差异，这种差异就是测量误差。

误差＝测量值－真值

误差与错误不同，错误是应该而且可以避免的，而误差是不可能绝对避免的。测量的原理、所用的设备及设备的调整、对被测量的每次测量，都不可避免地存在误差。

2. 一般测量误差的表示方法

(1) 绝对误差

测量值(x)与被测量(x_0)客观真实值之间的差值称为绝对误差(Δx)简称误差，即

绝对误差 ＝ 测量值 － 真值

$$\Delta x = x - x_0 \tag{1-33}$$

绝对误差可正、可负，表示测量值偏离真值的程度。在被测量相同的情况下，绝对值的误差能够反映测量的准确度；但在被测量不同的情况下，绝对误差难以确切地表示测量值的准确程度。由于真值只是一个理想的概念，是无法得到的，所以在实际测量中，常用某一被测量多

次测量的平均值作为约定真值。

(2) 相对误差

对两个数量级不等的分量进行测量时,应使用相对误差来比较两次测量的准确程度。测量的绝对误差(Δx)与被测量的真实值(x_0)之比称为相对误差(ε)

$$相对误差=\frac{绝对误差}{真值}\times 100\%$$

$$\varepsilon=\frac{\Delta x}{x_0}\times 100\% \tag{1-34}$$

相对误差反映误差对真实值的影响程度和仪器的准确程度。相对误差可用绝对误差的绝对值与测量值之比来近似表达。

(3) 引用误差

引用误差是相对于仪表满量程的一种误差,一般用绝对误差除以满量程的百分数来表示,即

$$\gamma=\frac{\Delta x}{测量范围上限-测量范围下限}\times 100\% \tag{1-35}$$

式中:γ——引用误差;

Δx——绝对误差。

仪表的精度等级就是根据引用误差来确定的。如 0.5 级仪表引用误差的最大值不能超过±0.5%,1.0 级则不超过±1.0%。

(4) 基本误差

基本误差是仪表在规定的标准条件(即标定条件)下所用的引用误差。任何仪表都有一个正常的使用环境要求,这就是标准条件。如果仪表在这个条件下工作,则仪表所具有的引用误差为基本误差。测量仪表的精度等级就是由基本误差决定的。

(5) 附加误差

附加误差是指当仪表的使用条件偏离标准条件时出现的误差,如温度附加误差、压力附加误差、频率附加误差、电源电压波动附加误差等。

3. 误差的性质

(1) 系统误差

系统误差是由特定原因引起的,具有一定因果关系并确定规律变化的误差,即在一定的测量条件下,对同一个被测量进行多次重复测量时,误差值的大小和符号(正值或负值)保持不变;或者在条件变化时,按一定规律变化的误差。因此系统误差又称为规律误差。

系统误差来源主要有以下几个方面:

- 测量系统性能不完善;
- 检测设备和电路等安装、布置、调整不当;
- 因温度、气压等环境条件发生变化;
- 测量方法不完善或测量理论依据不完善,如仪表盘刻度不准确造成恒值误差。

通常情况下,系统误差可以通过实验的方法或引入修正值的方法计算、修正,也可以重新调整测量仪表的有关部件予以消除。

(2) 随机误差

随机误差又称偶然误差,是测量值与在重复性条件下对同一被测量进行无限次测量所得

的结果的平均值之差，是一种大小和符号都不确定的误差。因为测量只进行有限次数，所以可确定的只是随机误差的最佳估计值。

$$随机误差=误差-系统误差$$

在同一条件下对同一被测量重复测量时，各次测量结果服从某种统计分布，对这种误差的处理可依据概率论统计方法进行。

产生随机误差的原因有很多，如温度、噪声、地面振动、电磁场的微变及电源频率、电压等的偶然变化，都可能引起这种误差；观测者本身感官分辨能力的变化也是这种误差的来源。

(3) 疏失误差

疏失误差又称粗大误差，是测量过程中由于测量者的粗心大意而导致操作、读数、记录和计算机等方面的错误；使测量结果明显偏离正常值。粗大误差必须避免，含有粗大误差的测量数据应从测量结果中剔除。

4. 精　度

反映测量结果与真值接近程度的量，称为精度。精度与误差的大小相对应，可用误差的大小来表示精度的高低，误差小则精度高，误差大则精度低。

精度可分为以下三种：

① 准确度——反映测量结果中系统误差的影响(大小)程度。即测量结果偏离真值的程度。

② 精密度——反映测量结果中随机误差的影响(大小)程度。即测量结果的分散程度。

③ 精确度——反映测量结果中系统误差和随机误差综合的影响程度，其定量可用测量的不确定度或极限误差来表示。

对于具体的测量，精密度高的准确度不一定高，准确度高的精密度也不一定高，但精确度高，则精密度与准确度都高。因此，测量总是希望得到精确度高的结果。

课后习题

1. 什么是传感器？它由哪几个部分组成？分别起什么作用？
2. 传感器有哪些分类方式？它们分别包含的传感器有哪些？
3. 静态参数有哪些？各种参数代表什么意义？动态参数有哪些？应该如何选择？
4. 某位移传感器，在输入量变化 5 mm 时，输出电压变化为 300 mV，求其灵敏度。
5. 在测量传感器的灵敏度时，线性和非线性有什么不同？
6. 何为真值？某测量值为 2 000，真值为 1 997，则测量误差为多少？修正值为多少？
7. 请列举如今智能手机中应用到的传感器类型。
8. 提出一个传感器在生活中应用的新构想，列举其测量量和应用方向。

参考文献

[1] Shoko. oi. 触控传感器市场和演变报告[J]. NPD & DisplaySearch，2014.

[2] 胡向东，刘京诚. 传感技术[M]. 重庆：重庆大学出版社，2005.

[3] 朱蕴璞，孔德仁，王芳. 传感器原理及应用[M]. 北京：国防工业出版社，2005.
[4] 孟立凡，蓝金辉. 传感器原理及应用[M]. 2版. 北京：电子工业出版社，2011.
[5] 李艳红，李海华. 传感器原理及应用[M]. 北京：北京理工大学出版社，2010.
[6] 韩裕生，乔志花，张金. 传感器技术及应用[M]. 北京：电子工业出版社，2012.
[7] 潘炼. 传感器原理及应用[M]. 北京：电子工业出版社，2012.
[8] 宋强，常卫兵. 传感器的分类[J]. 维普期刊，2004，12(12)：128-128.
[9] 杨亲民. 传感器的分类、特点与发展[J]. 仪表材料，1986，17(1)：56-60.
[10] 杨亲民，肖瑞芸. 传感器的分类与传感器技术的特点[J]. 传感器世界，1997，5(5)：1-8.
[11] 万藕树. 传感器技术的特点与应用[J]. 天津商学院学报，1989，9(3)：10-14.
[12] 郭爱芳，王恒迪. 传感器原理及应用[M]. 西安：西安电子科技大学出版社，2007.
[13] 周真，苑惠娟，樊尚春. 传感器原理与应用[M]. 北京：清华大学出版社，2011.
[14] 栾桂冬，张金铎，金欢阳. 传感器原理及应用[M]. 西安：西安电子科技大学出版社，2002.
[15] 唐露新. 传感与检测技术[M]. 北京：科学出版社，2006.
[16] 张文娜，叶湘滨，熊飞丽，肖晶晶. 传感器技术[M]. 北京：清华大学出版社，2011.
[17] 戴焯. 传感器原理及应用[M]. 北京：北京理工大学出版社，2010.
[18] 钱显毅，唐国兴. 传感器原理与检测技术[M]. 北京：机械工业出版社，2011.
[19] 唐文彦. 传感器[M]. 北京：机械工业出版社，2006.
[20] 董大钧. 误差分析与数据处理[M]. 北京：清华大学出版社，2013.

推荐书单

张培仁. 传感器原理、检测及应用[M]. 北京：清华大学出版社，2012.

第 2 章　电阻应变式传感器

电阻式传感器的基本原理是将被测的非电量转化成电阻值的变化，再经过转换电路变成电量输出，从而实现非电量测量的一类传感器。可用于各种机械量和热工量的检测，主要用于测量力、扭矩、位移、加速度和温度等物理量。根据传感器组成材料变化或传感器原理变化，产生了各种各样的电阻式传感器，主要包括应变式传感器及压阻式传感器。因为其精度高，测量范围广，寿命长，结构简单，能在恶劣条件下工作，易于实现小型化，所以在许多行业尤其是自动测试和控制技术中得到了广泛的应用。

2.1　电阻应变式传感器基本理论

2.1.1　电阻应变式传感器的工作原理

传感器一般由敏感元件、传感器元件和测量电路三部分组成，以电阻应变计为转换元件的电阻应变式传感器，主要由弹性敏感元件、粘贴于其上的电阻应变片、输出电信号的电桥电路、补偿电阻和外壳组成，可根据具体测量要求设计成多种结构形式。其中感受被测物理量的弹性敏感元件是其关键部分，结构形式多样化，旨在提高感受被测物理量的灵敏性和稳定性。

电阻应变式传感器工作时，先由被测物理量（如载荷、位移、压力等）使得弹性元件产生弹性形变（应变），而粘贴在弹性元件表面的电阻应变片可以将感受到的弹性形变转变为电阻值的变化，电阻的变化转变为电信号的变化，再通过电桥电路及补偿电路输出电信号，通过测量此电量值达到测量非电量值的目的。

2.1.2　电阻应变片的工作原理

1856 年英国物理学家 W. Tomson 发现了金属材料的应变效应。所谓电阻应变效应，就是导体或半导体材料在外力作用下会产生机械形变，其电阻值也发生相应改变，这种现象称为电阻应变效应。电阻应变片的工作原理基于三个基本的转换环节：力→应变→电阻变化。下面以金属电阻应变片的工作原理来进行分析。

设有一根电阻丝，如图 2－1 所示，在为受力时的初始电阻 R 为

$$R=\rho\frac{L}{S}=\rho\frac{L}{\pi r^2} \tag{2-1}$$

式中：ρ——电阻丝的电阻率，单位为 $\Omega\cdot cm^2/m$；

S——电阻丝的横截面积，单位为 cm^2；

L——电阻丝的长度，单位为 m；

r——电阻丝的半径，单位为 cm。

当电阻丝在拉力 F 作用下被拉伸时，其长度 L 变化 ΔL，横截面积 S 变化 ΔS，电阻率 ρ 变

化 $\Delta\rho$(晶格发生变形等因素影响),从而引起电阻值 R 相对变化量 ΔR 的变化,对式(2-1)等号两边取对数有

$$\ln R=\ln L-\ln S+\ln\rho \tag{2-2}$$

然后,由多元函数微分得

$$\frac{\mathrm{d}R}{R}=\frac{\mathrm{d}L}{L}-2\frac{\mathrm{d}r}{r}+\frac{\mathrm{d}\rho}{\rho} \tag{2-3}$$

式中:$\frac{\mathrm{d}L}{L}$——电阻丝的轴向应变,$\frac{\mathrm{d}L}{L}=\varepsilon_x$;

$\frac{\mathrm{d}r}{r}$——电阻丝的径向应变,$\frac{\mathrm{d}r}{r}=\varepsilon_y$。

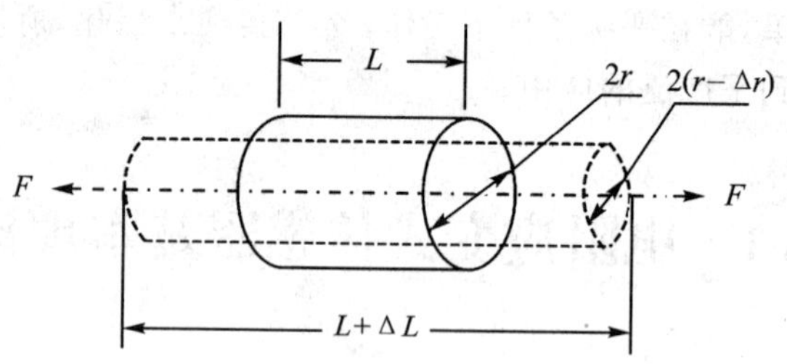

图 2-1 金属丝的应变效应

根据材料力学原理,在弹性限度范围内,电阻丝受拉力时,沿轴向伸长,沿径向缩短,则电阻丝轴向应变和径向应变的关系可表示为

$$\varepsilon_y=-\mu\varepsilon_x \tag{2-4}$$

式中:μ——电阻丝材料的泊松系数,$\mu=0\sim0.5$。负号表示两者变化方向相反。

将式(2-4)代入式(2-1)得

$$\frac{\mathrm{d}R}{R}=\frac{\mathrm{d}L}{L}-2\frac{\mathrm{d}r}{r}+\frac{\mathrm{d}\rho}{\rho}=(1+2\mu)\varepsilon_x+\frac{\mathrm{d}\rho}{\rho} \tag{2-5}$$

令

$$K_s=\frac{\mathrm{d}R/R}{\varepsilon_x}=(1+2\mu)+\frac{\mathrm{d}\rho}{\rho} \tag{2-6}$$

K_s 称为电阻丝的灵敏度系数,表示电阻丝产生单位变形时,电阻相对变化的大小。显然,K 越大,单位变形引起的电阻相对变化大,故越灵敏。

(1) 金属材料的应变电阻效应

$$\frac{\mathrm{d}\rho}{\rho}=C\frac{\mathrm{d}V}{V} \tag{2-7}$$

式中:C——由一定的材料和加工方式决定的常数;

V——金属应变片的体积。

$$\frac{\mathrm{d}V}{V}=\frac{\mathrm{d}L}{L}+\frac{\mathrm{d}(\pi r^2)}{r}=(1-2\mu)\varepsilon_x \tag{2-8}$$

将式(2-8)代入(2-7)得

$$\frac{\mathrm{d}R}{R}=(1+2\mu)\varepsilon_x+\frac{\mathrm{d}\rho}{\rho}=[(1+2\mu)+C(1-2\mu)]\varepsilon_x=K_m\varepsilon_x \tag{2-9}$$

式中:$K_m=(1+2\mu)+C(1-2\mu)$——金属应变片的应变灵敏度系数。

式(2-9)表明,金属应变片电阻的相对变化与其轴向应变成正比,称为金属应变片的应变

电阻效应。金属应变片的应变电阻效应主要以结构尺寸变化为主。

(2) 半导体材料的应变电阻效应

$$\frac{d\rho}{\rho} = \pi\sigma = \pi E\varepsilon_x \tag{2-10}$$

式中：σ——作用于应变片的轴向应力；

π——半导体应变片在受力方向上的压阻系数；

E——半导体应变片的弹性模量。

$$\frac{dR}{R} = (1+2\mu)\,\varepsilon_x + \frac{d\rho}{\rho} = (1+2\mu)\,\varepsilon_x + \pi E\varepsilon_x = K_s\,\varepsilon_x \tag{2-11}$$

式中：$K_s=(1+2\mu)+\pi E$——半导体应变片的应变电阻系数，称为半导体应变片的应变电阻效应。

半导体应变片的应变电阻效应主要基于压阻效应，使用半导体应变片时，采取温度补偿和非线性补偿措施。

由式(2-6)可以看出，电阻丝的灵敏度系数 K_s 受两个因素影响，如表 2-1 所列。

表 2-1　灵敏度系数 K_s 的影响因素

影响因素	原　因
$(1+2\mu)$	金属丝受拉伸后，材料的几何尺寸发生变化
注：对于某种材料来说，$(1+2\mu)$是常数	
$(dR/R)\Delta\varepsilon_x$	材料发生变形时，其自由电子的活动能力和数量均发生了变化
注：① $(dR/R)/\varepsilon_x$ 值可正可负，作为应变材料都选正值，否则会降低灵敏度； ② 对于金属材料，$(dR/R))/\varepsilon_x$ 的值是常数，但往往比$(1+2\mu)$小得多，可以忽略，故 $K_s=(1+2\mu)$； ③ 对于半导体材料，$(dR/R)/\varepsilon_x$ 的值要比$(1+2\mu)$大得多	

由于$(dR/R)/\varepsilon_x$ 目前还不能用解析式来表达，因此 K 只能靠实验求得。大量实验证明，对于每一种电阻丝，在一定的相对变化变形范围内，无论受拉或受压，金属材料的灵敏度系数将保持不变，且 K_s 值是恒定的。当超出某一范围时，K 值将发生变化。通常金属丝的 $K=1.7\sim3.6$，所以式(2-5)可表示为

$$\frac{\Delta R}{R} = K\varepsilon_x \tag{2-12}$$

可见，当金属丝受到外界应力的作用时，其电阻的变化与受到应力的大小成正比。

一般常用的应变片灵敏度系数大致如表 2-2 所列。

表 2-2　常用应变片灵敏度系数

应变片类型	灵敏度系数
金属导体	约 2 倍
注：其灵敏度系数不会超过 4～5 倍	
半导体材料	100～200
小结：① 半导体材料应变片的灵敏度系数值比金属材料的灵敏度系数值大几十倍； ② 根据选用的材料或掺杂程度的不同，半导体应变片的灵敏度系数可以做成正值或负值(拉伸时应变片的电阻值增加或减小)	

2.2 电阻应变片的结构、种类和特性

2.2.1 应变片的基本结构

1. 基本结构

金属丝式应变片由敏感栅(由电阻丝绕成)、基片、覆盖层和引线等组成,如图 2-2 所示。

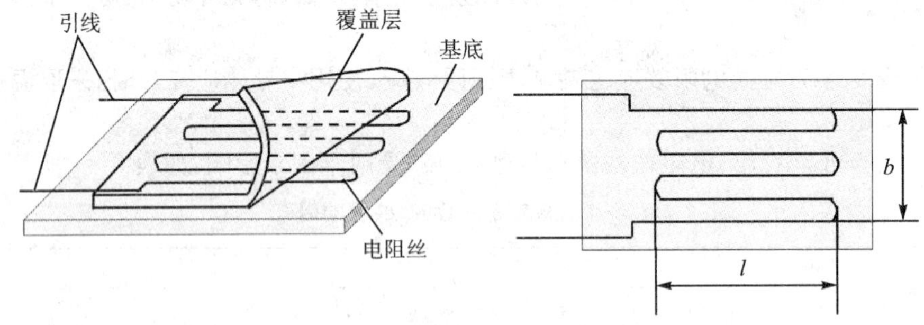

图 2-2 金属丝式应变片结构示意图

① 敏感栅:应变片中实现应变-电阻转换的转换元件。一般采用栅丝直径为 0.01～0.05 mm的金属(康铜、镍铬合金、贵金属)电阻丝绕成栅状,或用金属箔腐蚀成栅状。敏感栅的纵向轴线称为应变片轴线,l 为栅长,b 为栅宽。其电阻值一般在 100 Ω 以上。

② 基底:为保持敏感栅固定的形状、尺寸和位置,通常用粘结剂将其固结在纸质或胶质的基底上。应变片工作时,基底起着把试件应变准确地传递给敏感栅的作用。为此,基片必须很薄,一般为 0.02～0.04 mm。

③ 引线:它起着敏感栅与测量电路之间的过渡连接与引导作用。通常取直径为 0.1～0.15 mm 的低阻镀锡铜线,并用钎焊与敏感栅端连接。

④ 盖层:用纸、胶做成覆盖在敏感栅上的保护层,起着防潮、防腐、防损等作用。

⑤ 粘结剂:在制造应变片时,用它分别把盖层和敏感栅粘贴于基底;在使用应变片时,用它把应变片基底粘贴在试件表面的被测部位。因此,它也起着传递应变的作用。

2. 电阻应变片的材料

(1) 敏感栅材料

制造应变片时,对敏感栅材料的要求如下:

- 灵敏系数要大,并在较大应变范围内保持常数;
- 电阻率要大,即同样长度、同样横截面积的电阻丝中具有较大的电阻值;
- 电阻温度系数小,否则因环境温度的变化也会改变其阻值;
- 与铜线焊接性能好,与其他金属的接触电势比较小;
- 机械强度高,具有优良的机械加工性能。

目前,制造应变片敏感栅常用的材料有康铜、镍铬合金、铁铬铝合金、贵金属(铂、铂钨合金等)等,材料性能见表 2-3。

表 2－3　常用应变电阻材料及性能

材料名称	成分%元素	灵敏系数	电阻率/(μΩ·m)	电阻温度系数/(10^{-6}·℃$^{-1}$)	线膨胀系数/(10^{-6}·℃$^{-1}$)	最高使用温度/℃
康铜	60%Cu 40%Ni	1.9～2.1	0.45～0.52	－20～＋20	15	300(静态) 400(动态)
镍铬合金	80%Ni 20%Cr	2.1～2.3	0.9～1.1	110～150	14	450(静态) 800(动态)
卡玛 (6J22)	74%Ni 20%Cr 3%Al 3%Cr	2.4～2.6	1.24～1.42	－20～＋20	13.3	450(静态) 800(动态)
伊文 (6J23)	75%Ni 20%Cr 3%Al 2%Cr	2.4～2.6	1.24～1.42	－20～＋20	13.3	450(静态) 800(动态)
铁铬铝合金	70%Fe 25%Cr 5%Al	2.3～2.8	1.3～1.5	30～40	14	700(静态) 1 000(动态)
铂	100%Pt	4～6	0.09～0.11	3 900	8.9	800(静态) 100(动态)
铂钨 合金	92%Pt 8%W	3.5	0.68	227	8.3～9.2	800(静态) 100(动态)

(2) 应变片基底材料

应变片基底材料有纸和聚合物两大类，纸基逐渐被胶基(有机聚合物)取代，因为胶基各方面性能都优于纸基。胶基是由环氧树脂、酚醛树脂和聚酰亚胺等制成的胶膜，厚度为 0.03～0.05 mm。

对基底材料性能有如下要求：

- 机械强度高，绕性好；
- 粘贴性能好；
- 电绝缘性能好；
- 热稳定性和抗湿性好；
- 无滞后和蠕变。

(3) 引线材料

康铜丝敏感栅应变片的引线采用直径为 0.05～0.18 mm 的银铜丝，与敏感栅点焊相接。

其他类型敏感栅，多采用直径与上述相对较小的镍铬、卡玛、铁铬铝合金金属丝或扁带作线，与敏感栅点焊相接。

2.2.2 应变片的种类及特点

1. 应变片的种类

① 根据应变片敏感栅的材料分类，可将应变片分成金属应变片和半导体应变片两大类，具体如下所示：

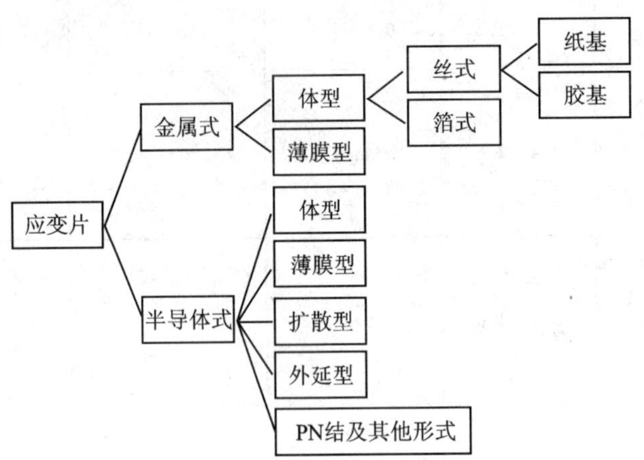

② 根据应变片基底材料和安装方法分类，具体如下所示：

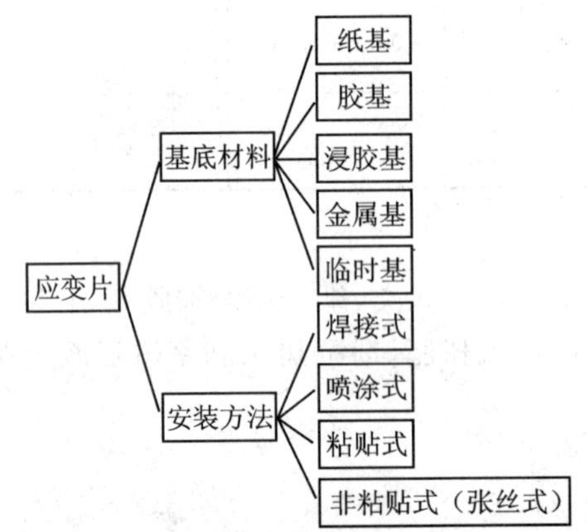

③ 根据应变片的工作温度分类，可分常温应变片（－30～＋60 ℃）、中温应变片（60～300 ℃）、高温应变片（300 ℃以上）和低温应变片（低于－30 ℃）等。

④ 根据用途分类，可分一般用途应变片和特殊用途应变片（水下、疲劳寿命、抗磁感应、裂缝扩展等）。

2. 几种常用的应变片

(1) 金属丝式应变片

金属丝式电阻应变片的结构如图 2－3 所示，它由基体材料、金属应变丝或应变箔、绝缘保护片和引出线等部分组成。金属丝式应变片分为回线式和短接式，如图 2－4 所示，其中回线式最为常用，其制作简单，性能稳定，成本低，易粘贴，但横向效应大。

金属丝式电阻应变片的敏感栅由直径为 0.01～0.05 mm 的电阻丝绕成。根据不同的用途，电阻应变片的阻值可以由设计者设定，但电阻的取值范围值得注意：若阻值太小，则所需

的驱动电流太大，同时应变片的发热会致使本身的温度过高，在不同的环境中使用，会使应变片的电阻值发生大幅度变化，输出零点漂移明显，调零电路过于复杂；若阻值太大，阻抗太高，则抗外界的电磁干扰能力变差。一般其阻值为几十欧至几十千欧。

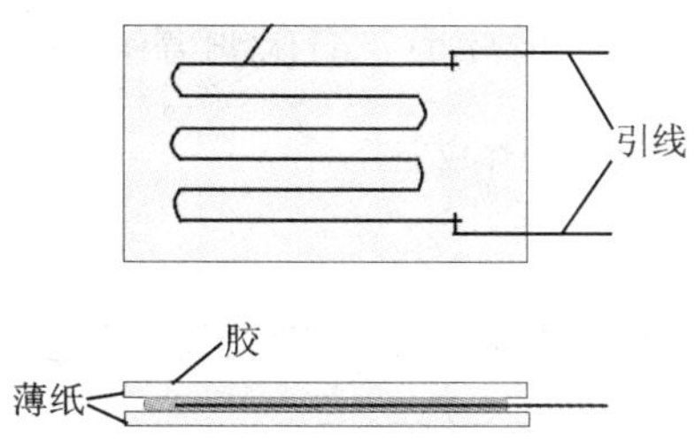

图 2-3　金属丝式应变片的结构

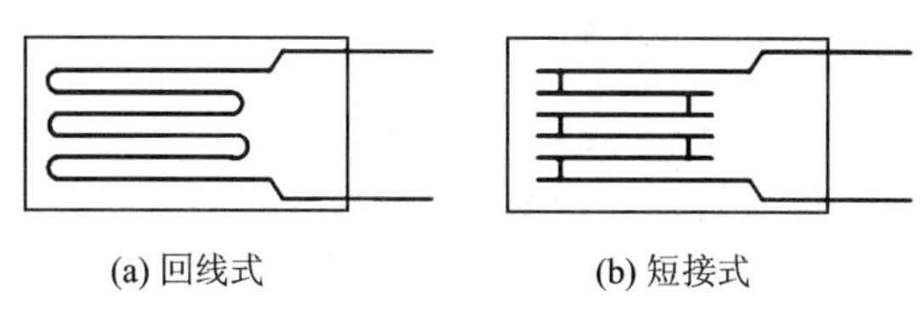

(a) 回线式　(b) 短接式

图 2-4　金属丝式应变片敏感栅的形式

(2) 金属箔式应变片

箔式应变片是利用照相制版或光刻腐蚀法，将电阻箔材在绝缘基底上制成各种敏感栅图案形成的应变片，如图 2-5 所示。其箔栅厚度一般为 0.003～0.01 mm；箔金属材料为康铜或合金；基底可用环氧树脂、缩醛或酚醛树脂等制成。

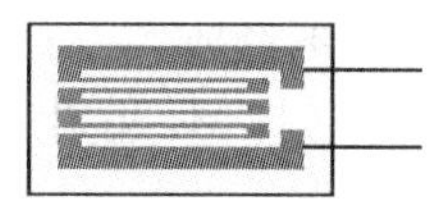

图 2-5　金属箔式应变片

金属箔式应变片的工作原理与金属丝式应变片完全相同，只是它的敏感栅由很薄的金属箔片制成，采用了光刻、腐蚀等工序，其基底为胶基，因此，箔式应变片有很多优点：

- 工艺上能够保证线栅的尺寸正确、线条均匀，大批量生产时，阻值离散程度小；
- 可根据需要制成任意形状的箔式应变片，而且尺寸小；
- 敏感栅截面积为矩形，表面积大，散热性好，在相同截面积情况下允许通过较大电流，从而可以提高灵敏度；
- 厚度小，因此具有较好的可挠性，扁平状箔栅（与黏合层的接触面大）有利于形变的传递；
- 疲劳寿命长，蠕变小，机械滞后小；
- 箔式应变片的横向部分特别粗，可大大减少横向效应；
- 便于大批量生产，生产效率高，成本低。

(3) 半导体应变片

半导体应变片是基于半导体材料的“压阻效应”，即电阻率随作用应力变化而变化的效应。所有材料都在某种程度上呈现压阻效应，但半导体的压阻效应特别显著，能反映出很微小的应变，因此，半导体和金属丝一样可以把应变转换成电阻的变化。

常见的半导体应变片采用锗和硅等半导体材料制作敏感栅，一般为单根状，如图 2-6 所示。半导体应变片应用较普遍的有体型、薄膜型、扩散型、外延型等。

体型半导体应变片是将晶片按一定取向切片、研磨，再切割成细条，粘贴于基片上制作而成。图 2-7 为几种体型半导体应变片示意图。体型半导体应变片可分为 6 种。

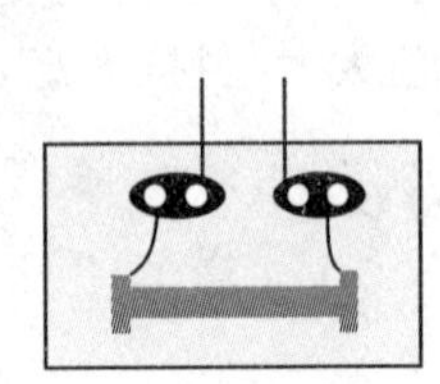

图 2-6　半导体应变片

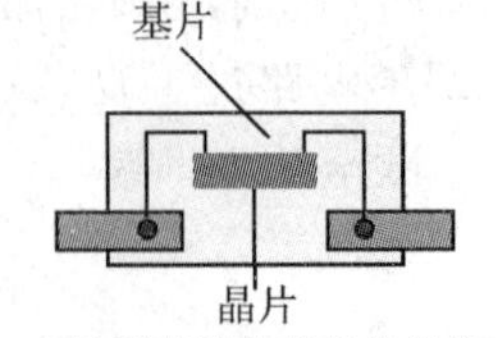

(a) 体型半导体应变片结构1

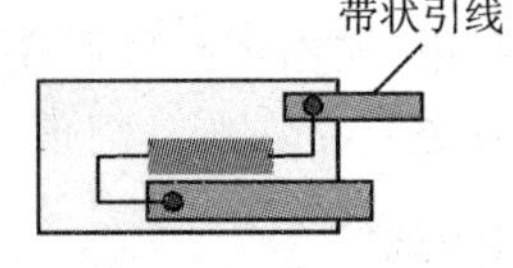

(b) 体型半导体应变片结构2

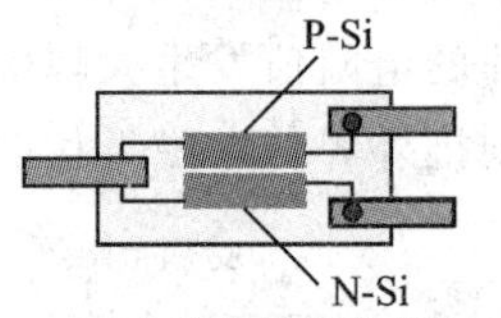

(c) 体型半导体应变片结构3

图 2-7　几种体型半导体应变片

① 普通型：适用于一般应力测量。

② 温度自动补偿型：能使温度引起的导致应变电阻变化的各种因素自动抵消，只适用于特定的试件材料。

③ 灵敏度补偿型：通过选择适当的衬底材料(如不锈钢)，并采用稳流电路，使温度引起的灵敏度变化极小。

④ 高输出(高电阻)型：阻值很高(2～10 kΩ)，可接成电桥以高压电供电而获得输出电压，因而可不经放大而直接接入指示仪表。

⑤ 超线性型：在比较宽的应力范围内，呈现较宽的应变线性区域，适用于大应变范围的场合。

⑥ P-N 组合温度补偿型：选用配对的 P 型和 N 型两种转换元件作为电桥的相邻两臂，从而使温度特性和非线性特性有较大改善。

薄膜型半导体应变片是利用真空沉积技术将半导体材料沉积在带有绝缘层的试件上或蓝宝石上制成的(见图 2-8)。它通过改变真空沉积时衬底的温度来控制沉积层电阻率的高低，从而控制电阻温度系数和灵敏度系数，因而能制造出适于不同试件材料的温度自补偿薄膜应变片。薄膜型半导体应变片吸收了金属应变片和半导体应变片的优点，并避免了它的缺点，是一种较理想的应变片。

扩散型半导体应变片是将 P 型杂质扩散到一个高电阻 N 型硅基底上，形成一层极薄的 P 型导电层，然后用超声波或热压焊法焊接引线而制成的(见图 2-9)。它的优缺点如图 2-10 所示。新型固态压阻式传感器中的敏感元件硅梁和硅杯等就是用扩散法制成的。

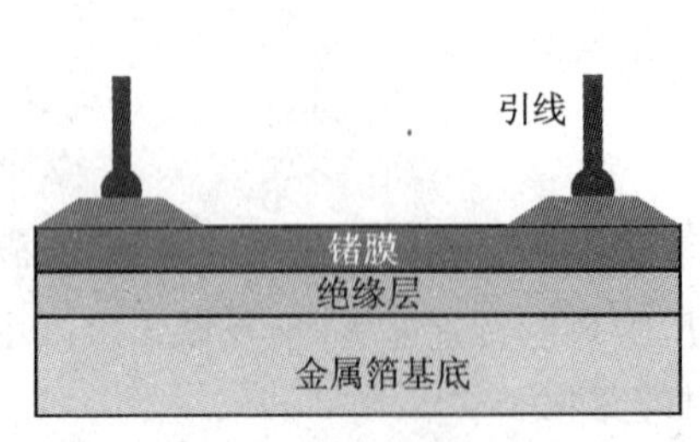

图 2-8　薄膜型半导体应变片结构

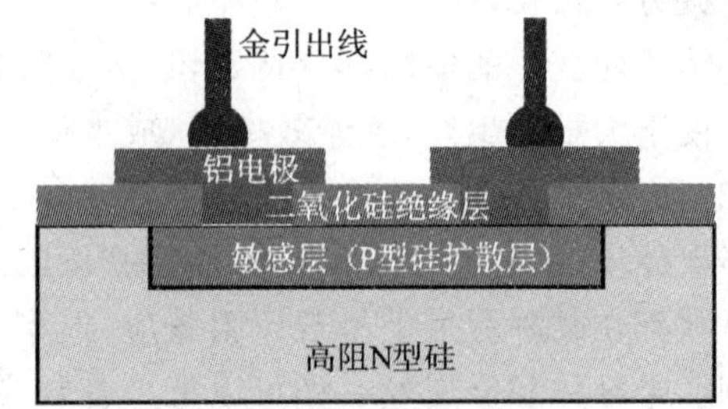

图 2-9　扩散型半导体应变片结构

外延型半导体应变片是在多晶硅或蓝宝石的衬底上外延一层单晶硅而制成的。它的优点是取消了 P-N 结隔离，提高了工作温度(可达 300 ℃以上)。

半导体应变片与金属丝式应变片相比较，具有如下优点：

- 灵敏度高，比金属应变计的灵敏度大 50～100 倍。工作时，不必用放大器，用电压表或

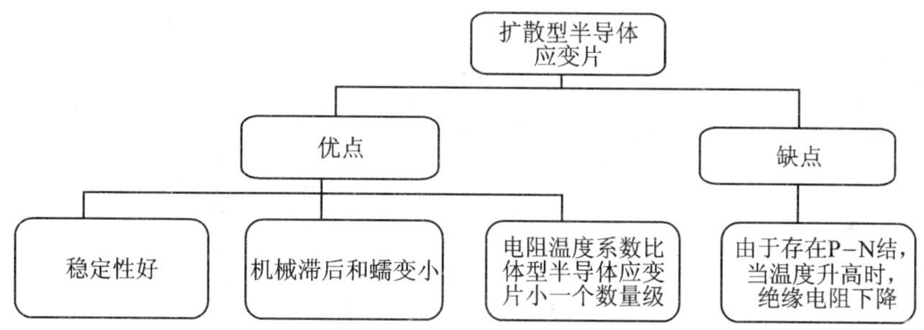

图 2-10　扩散型半导体应变片优缺点

示波器等简单仪器就可以记录测量结果。

- 体积小，耗电省。
- 具有正、负两种符号的应力效应。即在拉伸时 P 型硅应变计的灵敏度系数为正值，N 型硅应变计的灵敏度系数为负值。
- 机械滞后小，可测量静态应变、低频应变等。

其最大的缺点是温度稳定性差、灵敏度离散程度大(由于晶向、杂质等因素的影响)以及在较大应变作用下非线性误差大等，给使用带来一定困难。

(4) 金属薄膜应变片

所谓金属薄膜应变片，是指厚度在 0.1 μm 以下的金属薄膜，厚度在 25 μm 左右的膜称为厚膜，箔式应变片属厚膜类型。金属薄膜应变片采用真空溅射或真空沉积等镀膜技术制成的。它可以将产生应变效应的金属或合金直接沉积在弹性元件上而不用黏合剂，制成各种各样的薄膜(薄膜厚度在零点几纳米到几百纳米)，再加上保护层形成应变片。其主要优点有：

- 工作温度范围广(−197～+317 ℃)，也可用于核辐射等特殊环境；
- 可直接制作在弹性敏感元件上，免去了粘贴工艺；
- 适于制作高内阻、小型化和高稳定性的力敏元件。

(5) 高温及低温应变片

其性能取决于应变片的应变电阻合金、基底、粘结剂的耐热性能及引出线的性能等。

2.2.3　应变片的参数特性

1. 灵敏系数

在应变片灵敏轴线方向的单一应力作用下，应变片的电阻相对变化 $\mathrm{d}R/R$ 与应变片试件表面上轴向应变 ε 的比值，即

$$K=\frac{\Delta R/R}{\Delta l/l}=\frac{\mathrm{d}R/R}{\varepsilon} \tag{2-13}$$

应变片的灵敏系数 K 主要取决于敏感栅材料的灵敏系数 K_s。由于传递变形的失真、横向效应及结构形式和几何尺寸的不同等因素，应变片灵敏系数 K 一般均低于敏感栅材料的灵敏系数 K_s，因此应变片灵敏系数 K 必须重新通过实验标定。

由于粘贴式应变片一经粘贴测试就无法取下重用，因此一批产品只能采用抽样(如 5%)的方法标定。实验证明，在相当大的应变范围内，应变片灵敏系数 K 是常数。

2. 机械滞后

应变片粘贴在被测试件上，当温度恒定时，其加载特性与卸载特性不重合，即为机械滞后，如图 2-11 所示。

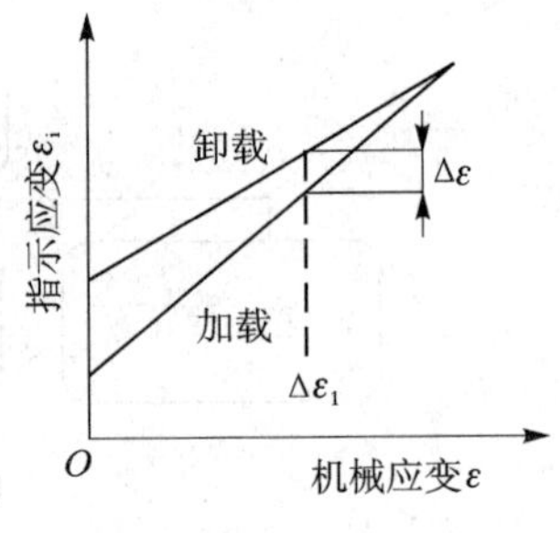

图 2-11 机械滞后

其产生的主要原因有：

➢ 应变片在承受机械应变后，其内部会产生残余变形，使敏感栅电阻发生少量不可逆变化；

➢ 在制造或粘贴应变片时，敏感栅受到不适当的变形或者粘结剂固化不充分。

机械滞后值还与应变片所承受的应变量有关，加载时的机械应变愈大，卸载时的滞后也愈大。所以，通常在实验之前应将试件预先加载、卸载若干次，以减小因机械滞后所产生的实验误差。

3. 零漂和蠕变

在一定温度下，使应变片承受恒定的机械应变，其电阻值随时间增加而变化的特性称为蠕变，如图 2-12 所示。一般蠕变的方向与原应变量的方向相反。

这是两项衡量应变片特性对时间稳定性的指标，在长时间测量中其意义更为突出。实际上，蠕变中包含零漂，它是一个特例。

引起零漂的主要原因有：

➢ 敏感栅通电后的温度效应；

➢ 应变片的内应力逐渐变化；

➢ 粘结剂固化不充分等。

而产生蠕变主要是由于胶层之间发生“滑动”，使力传到敏感栅的应变量逐渐减少。适当减少胶层和基底，并使之充分固化，有利于改善蠕变性能。

4. 应变极限

应变片测量的应变范围是有一定限度的，误差超过一定限度则认为应变片已经失去了工作能力。应当指出，应变片的线性(灵敏系数为常数)特性，只有在一定的应变限度范围内才能保持。

在一定温度下，应变片的指示应变对测试值的真实应变的相对误差不超过规定范围(一般为 10%)时的最大真实应变值，称为应变极限 $\varepsilon_{\lim}$，如图 2-13 所示。应变极限是衡量应变片测量和过载能力的指标，通常要求 $\varepsilon_{\lim} \geqslant 8\ 000\ \mu\varepsilon$。

真实应变是由于工作温度变化或承受机械载荷，在被测试件内产生应力(包括机械应力和热应力)时所引起的表面应变。

其主要的影响因素有：

➢ 粘结剂和基底材料传递变形的性能及应变片的安装质量；

➢ 制造与安装应变片时，应选用抗剪强度较高的粘结剂和基底材料；

➢ 基底和粘结剂的厚度不宜过大，并应经过适当的固化处理，才能获得较高的应变极限。

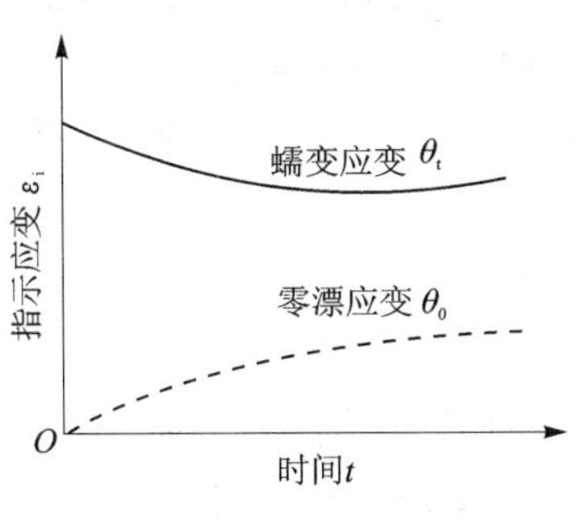

图 2-12 应变片的蠕变和零漂

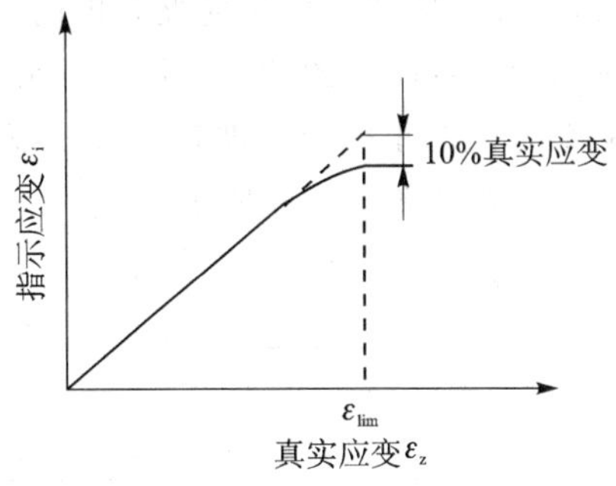

图 2-13 应变片的应变极限

5. 疲劳寿命

疲劳寿命指对已粘贴好的应变片，在恒温幅值的交变力作用下，可以连续工作而不产生疲劳损坏的循环次数，反映了应变计对动态应变测量的适应性。

标定疲劳寿命时，对交变应力的特性和大小以及所谓疲劳损坏，均应有明确的规定。在我国，一般认为当出现下列情况之一时，就是疲劳损坏：

- 应变计的敏感栅或引线发生断路；
- 应变计输出指示应变的幅值变化 10%；
- 应变计输出信号波形上出现穗状尖峰。

影响疲劳寿命的主要因素有：敏感栅的缺陷和结构形式，材料的疲劳强度，引线和敏感栅连接形状、焊接方法和焊接质量，粘结剂和基底材料的强度及粘结质量等。

6. 横向效应

若将应变片粘贴在单向拉伸试件上，这时各直线段上的金属丝只感受沿其轴向拉应变 ε_x，故其各微段电阻都将增加，但在圆弧段上，如图 2-14 所示，沿各微段轴向（即微段圆弧的切向）的应变却并非是 ε_x。所产生的电阻变化与直线段上同长微段的不一样，在 $\theta=90°$ 的微弧段处最为明显。由于单向位伸时，除了沿轴向（水平方向）产生拉应变外，按泊松关系同时在垂直方向上产生负的压应变 $\varepsilon_y(=\varepsilon_x)$，因此该段上的电阻值不仅不增加，反而是减小的。

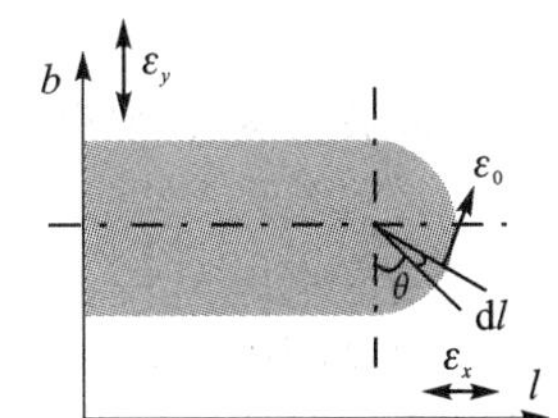

图 2-14 应变片敏感栅半圆弧形部分

而在圆弧的其他各微段上，其轴向感受的应变是由 $+\varepsilon_x$ 变化到 $-\varepsilon_y$ 的，因此圆弧段部分的电阻变化，显然将小于其同样长度沿轴向安放的金属丝的电阻变化。由此可见，将直的金属丝绕成敏感栅后，虽然长度相同，但应变状态不同，应变片敏感栅的电阻变化较直的金属丝小，因此灵敏系数有所降低，这种现象称为应变片的横向效应。

应变片的横向效应表明，当实际使用应变片的条件与标定灵敏度系数 K 的条件不同时，由于横向效应的影响，实际 K 值要改变，由此可能产生较大的测量误差。为了减小横向效应的影响，一般多采用箔式应变片。

7. 动态响应特性

当被测应变值随时间变化的频率很高时，需考虑应变片的动态特性。因应变片基底和粘贴胶层很薄，构件的应变波传到应变片的时间很短(估计约 0.2 μs)，故只需考虑应变沿应变片轴向传播时的动态响应。图 2－15 所示为应变片对阶跃应变的响应特性。

设一频率为 f 的正弦应变波在构件中以速度 v 沿应变片栅长方向传播，在某一时刻 t 时应变量沿构件分布如图 2－16 所示。

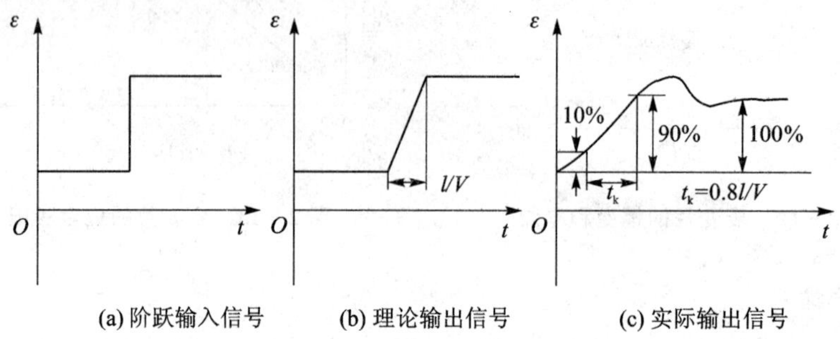

图 2－15　应变片对阶跃应变的响应特性

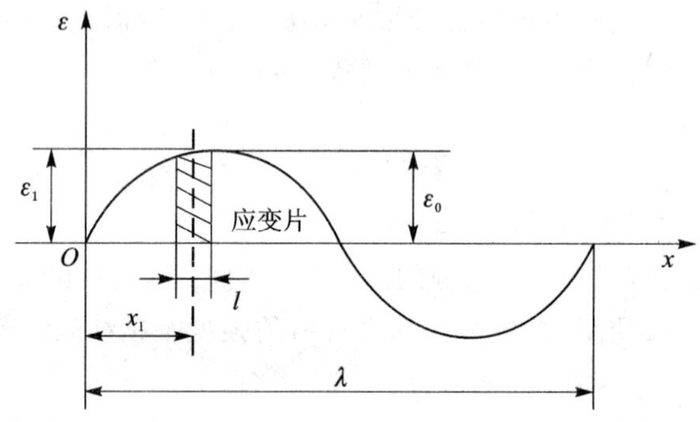

图 2－16　应变片对正弦应变波的响应特性

设应变波波长为 λ，则有 $\lambda=v/f$。应变片栅长为 l，时刻 t 时应变波沿构件分布为

$$\varepsilon(x)=\varepsilon_0\sin\frac{2\pi}{\lambda}x \tag{2-14}$$

应变片中点的应变为

$$\varepsilon_t=\varepsilon_0\sin\frac{2\pi}{\lambda}x_t \tag{2-15}$$

x_t 为时刻 t 时应变片中点的坐标。应变片测得的应变为栅长 l 范围内的平均应变 ε_m，其数值等于 l 范围内应变波曲线下的面积除以 l，即

$$\varepsilon_m=\frac{1}{l}\int_{x_t-\frac{l}{2}}^{x_t+\frac{l}{2}}\varepsilon_0\sin\frac{2\pi}{\lambda}x\,\mathrm{d}x=\varepsilon_0\sin\frac{2\pi}{\lambda}x_t\cdot\frac{\sin\frac{\pi l}{\lambda}}{\frac{\pi l}{\lambda}} \tag{2-16}$$

平均应变 ε_m 与中点应变 ε_t 的相对误差 δ 为

$$\delta=\frac{\varepsilon_t-\varepsilon_m}{\varepsilon_t}=1-\frac{\varepsilon_m}{\varepsilon_t}=1-\frac{\sin\frac{\pi l}{\lambda}}{\frac{\pi l}{\lambda}} \tag{2-17}$$

由式(2－17)可知，相对误差 δ 的大小只决定于 l/λ 的比值，表 2－4 中给出了 l/λ 为 1/10 和 1/20 时 δ 的数值。

由表 2－4 可知，应变片栅长与正弦应变波的波长之比愈小，相对误差 δ 愈小。当选中的应变片栅长为应变波长的(1/10～1/20)时，δ 将小于 2%。

表 2－4　l/λ 不同时 δ 的数值

l/λ	δ/%
1/10	1.62
1/20	0.52

2.3　应变片的选择与粘贴

2.3.1　应变片的选择

现代应变片已发展成为一个种类丰富的系列：有的长几百毫米，有的仅有 0.1 mm；有单片的，也有多轴应变花的；有在常温下使用的，也有可在高温、低温、水下、高压、辐射、强磁场的条件下使用的。因此，需要正确选择恰当的应变计。表 2－5 所列为各种应变计的性能比较，可供选用时参考。

表 2－5　各种应变片的性能比较

性　能	丝式应变片			箔式应变片	半导体应变片	性　能	丝式应变片			箔式应变片	半导体应变片
	纸　基	聚　酯	缩　醛				纸　基	聚　酯	缩　醛		
灵敏系数均匀性	B	B	B	A	C	应变片电阻常年变化	C	B	A	A	B
耐久性	C	B	A	A	A	特殊形式制造可能性	C	C	C	A	A
耐热性	C	B	A	B	B	高阻值制造可能性	C	C	C	B	A
耐湿性	C	B	A	B	B	大的灵敏系数	C	C	C	C	A
保存期限	C	B	A	A	A	温度对灵敏度的影响	B	B	B	B	C
粘贴难易度	A	B	B	B	C	蠕变	B	B	B	A	A
允许电流	B	B	B	A	B	应变片的刚性	A	B	B	A	C
横向灵敏度	B	B	B	A	A	小型化程度	C	C	C	A	A
应变测量范围	A	C	B	A	C	价格	A	B	B	B	C

注：A——最好；B——中等；C——较差

选择应变片时，应遵循试验或应用条件(即应用精度、环境条件)为先，试件或弹性体材料次之的原则，选用与之匹配为最佳性价比的应变片。其选择步骤如下：

① 应变计敏感栅结构的选择：

- 测量未知主应力方向试件的应变——选用三轴互相夹角为 45°、60°、120°等的应变片；
- 测量剪应变——选用夹角为 90°的二轴应变片；
- 测量已知主应力方向试件的应变——选用单轴应变片；

- 压力传感器的应变片——选用圆形敏感栅的多轴应变片；
- 测量应力分布——选用排列成串或成行的 5～10 个敏感栅的多轴应变片。

② 敏感栅材料和基底材料的选择：

- 测量 60 ℃以内、长时间、最大应变量在 10 μm/m 以下的应变——选用 BE、ZF、BA 系列应变片；
- 测量 150 ℃以内的应变——选用 BA 系列应变片；
- 60 ℃以内高精度传感器——选用 BF、ZF 系列应变片。

③ 电阻的选择：

- 传感器——选用 350 Ω、1 000 Ω 的应变片；
- 应力分布试验、应力测试、静态应变测量等——选用 120 Ω、350 Ω 的应变片。

④ 敏感栅长度的选择：

- 为了获得真实的测量值，通常应变片的栅长应不大于测量区域半径的 1/5～1/10；
- 栅长较长的应变片具有易于粘贴和接线、散热性好等优点；
- 对于应变场变化不大和一般传感器用途——选用栅长为 3～6 mm 的应变片；
- 对非均匀材料（如混凝土、铸铁、铸钢等）进行应变测量——选择栅长不小于材料的不均匀颗粒尺寸的应变片；
- 对于应变梯度大的应变测量——选用敏感栅长度较小的应变片。

⑤ 温度自补偿系数或弹性模量自补偿系数的选择：

- 根据试件材料类型、工作温度范围、应用精度进行选择。

⑥ 蠕变补偿代号的选择：

- 根据弹性体的固有蠕变特性、实际测试的精度、工艺方法、防护胶种类、密封形式等进行选择。

⑦ 引线连接方式的选择：

- 根据实际需要进行选择。

2.3.2 应变片的粘贴

1. 粘合剂

应变片是用粘合剂粘贴到被测件上的，在测试被测量时，粘合剂形成的胶层必须准确、迅速地将被测件应变传递到敏感栅上。所以粘合剂和粘贴技术对于测量结果有直接的影响，不能忽视其作用。对粘合剂有如下要求：

- 有一定的粘结强度，抗剪强度一般大于 1 000 N/cm^2；
- 能准确地传递应变，有足够的剪切弹性模量；
- 蠕变、机械滞后小，固化后不易受潮；
- 耐疲劳性能好，韧性好；
- 长期稳定性好，具有足够的稳定性能；
- 对弹性元件和应变片不产生化学腐蚀作用；
- 有适当的储存期和较宽的使用温度范围。

选择粘合剂时要根据应变片的工作条件、工作温度、潮湿程度、有无化学腐蚀、稳定性要

求、加温加压、固化的可能性等因素考虑，并要注意粘合剂的种类是否与应变片基底材料相适应。表 2-6 所列为常用粘合剂及其性能。

表 2-6　常用粘合剂及性能

粘合剂类型	主要成分	牌　号	适于粘合何种应变片基底	最低限度的固化条件	固化压力/(kg·cm^{-2})	工作温度范围/℃
硝化纤维素粘合剂	硝化纤维素溶剂	—	纸	室温 10h 或 60 ℃ 2 h	0.5～1	−50～+80
氰基丙烯酸脂粘合剂	氰基丙烯酸脂	KH501	纸、胶膜玻璃纤维布	室温 1 h	粘合时指压 0.5～1	−50～+80
酚醛类粘合剂	酚醛-聚乙烯醇缩丁醛	JSF-2	酚醛胶膜玻璃纤维布	150 ℃ 1 h	1～2	−60～+80
	酚醛-聚乙烯醇缩甲乙醛	1 720	酚醛胶膜玻璃纤维布	190 ℃ 3 h	—	−60～+100
	酚醛-有机硅	J-12	胶膜玻璃纤维布	200 ℃ 3 h	—	−60～+350
	酚醛-环氧	J602-2	胶膜玻璃纤维布	150 ℃ 3 h	2	−60～+250
环氧类粘合剂	环氧树脂 聚硫酚酮酸	914	胶膜玻璃纤维布	室温 2.5 h	粘贴时指压	−60～+80
	环氧树脂 固化剂等	509		299 ℃ 2 h		−100～+250
聚脂粘合剂	不饱和聚酯树脂 过氧化己酮		胶膜玻璃纤维布	室温 24 h	0.3～0.5	−50～+50
有机硅粘合剂	有机硅树脂、云母粉、溶剂	4107	玻璃纤维布	300 ℃ 3 h	1～2	+400
	有机硅树脂、无机填料、溶剂	B19	金属薄片			+450
聚酰亚胺粘合剂	聚酰亚胺	30～14	胶膜玻璃纤维布	280 ℃ 2 h	1～3	−150～+250

2. 应变片的粘贴工艺

粘贴时最常用的安装工艺，是一项技术性很强的工作，是确保传感器性能和测量精度的关键工艺。只有在正确的粘贴基础上，才能得到良好的测试结果。其粘贴步骤如下：

① 应变片检测：

- 外观检测——栅的排列是否整齐均匀，是否有短路、断路的部位，是否有锈蚀斑痕，引出线焊接是否牢固，上下基底是否有破损部位；
- 电阻值检测——要求准确到 0.05 Ω；
- 灵敏度系数、横向灵敏度检测。

② 修整应变片：

- 对没有标出中心线标记的应变片，应在其上基底标出中心线；

- 若有需要，则应对应变片的长度进行修整，但修整后的应变片不可小于规定的最小长度和宽度；
- 对基底较光滑的胶底应变片，可用细纱布将基底轻轻地稍许打磨，并用溶剂洗净。

③ 试件表面处理：

- 为了使应变片牢固地粘贴在试件表面上，必须使将要粘应变片的试件表面部分平整、光洁，无油漆、斑锈、氧化层、油污和灰尘等。

④ 画粘贴应变片的定位线：

- 为了保证应变片粘贴位置的准确，可用画笔在试件表面画出定位线。粘贴时，应使应变片的中心线与定位线对准。

⑤ 粘贴应变片：

- 涂抹粘合剂(粘贴位置和应变片基底)→粘贴(预定位置)→放玻璃纸(或塑料薄膜)在应变片上面→挤出多余的粘合剂。

⑥ 粘合剂的固化处理：

- 对粘贴好的应变片，依粘合剂固化处理。

⑦ 应变片粘贴质量的检查：

- 外观检查——观察粘合层是否有气泡，应变片是否全部粘贴牢固，是否有无造成短路、断路部位，位置是否正确；
- 电阻值检测——应变片的电阻值在粘贴前后不应有较大的变化；
- 绝缘电阻值的检测——应变片电阻丝与试件之间的绝缘电阻值一般应大于 200 MΩ，用于检测绝缘电阻值的绝缘电阻表，其电压一般不应高于 250 V，而且检测通电时间不宜过长，以防应变片击穿。

⑧ 引出线的固有保护：

- 粘贴好的应变片引出线与测量用导线焊接在一起，为了防止应变片电阻丝和引出线被拉断，用胶布将导线固定于试件表面，但固定要考虑使引出线有呈弯曲性的余量和引出线与试件之间的良好绝缘。

⑨ 应变片的防潮处理：

- 应变片粘贴好固化以后，要进行防潮处理，以免潮湿引起绝缘电阻和粘合强度降低，影响测试精度。
- 简单的方法是在应变片上涂一层中性凡士林，有效期为数月，但最好是将石蜡或蜂蜡熔化后涂在应变片表面上(厚度约为 2 mm)，这样可长时间防潮。

2.4 测量电路、补偿方法及应用

2.4.1 常用的几种组桥方式

应变片将应变的变化转换成电阻值的相对变化 $\Delta R/R$，但是这种阻值变化量很小，用一般的电阻仪表不易准确地直接测出，要用电桥电路把电阻的变化转换成电压或电流的变化，才能用电测仪表进行测量。

电阻应变式传感器的测量电路按照工作电源分为直流电桥电路和交流电桥电路两种。电阻应变片的测量线路多采用交流电桥(配交流放大器),其原理与直流电桥相似。直流电桥比较简单,因此首先分析直流电桥。

1. 恒压源单臂直流电桥

图 2-17 是恒压电桥电路原理图,电压源 U_i 为恒压源,其内阻为零。

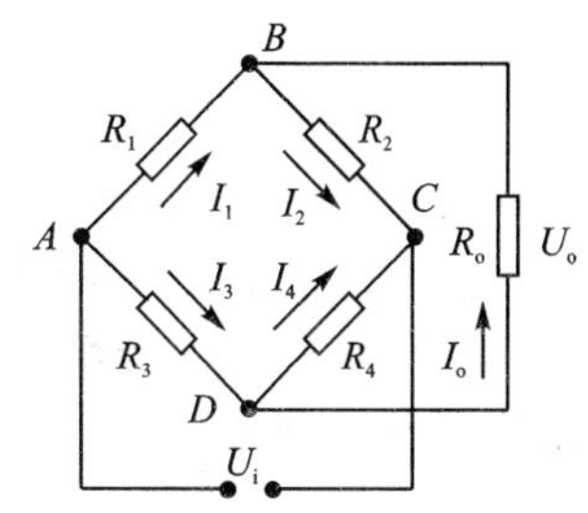

图 2-17　恒压电桥电路原理图

根据电路学中的克希霍夫定律,列出电路方程:

$$\begin{cases} I_2 = I_1 + I_o \\ I_3 = I_4 + I_o \\ I_3 R_3 + I_4 R_4 = U_i \\ I_3 R_3 + I_o R_o = 0 \\ I_4 R_4 - I_2 R_2 - I_o R_o = 0 \end{cases}$$

联立求解上述方程,求出检流计中流过的电流 I_o 为

$$I_o = \frac{U_i(R_1R_4 - R_2R_3)}{R_o(R_1+R_2)(R_3+R_4) + R_1R_2(R_3+R_4) + R_3R_4(R_1+R_2)} \tag{2-18}$$

式中:R_o 为负载电阻,因而其输出电压 U_o 为

$$U_o = I_oR_o = U_i \frac{(R_1R_4 - R_2R_3)}{(R_1+R_2)(R_3+R_4) + \frac{1}{R_o}[R_1R_2(R_3+R_4) + R_3R_4(R_1+R_2)]} \tag{2-19}$$

当 $R_1 \cdot R_4 = R_2 \cdot R_3$ 时,$I_o=0$,$U_o=0$,即电桥处于平衡状态。

若电桥的负载电阻 R_o 为无穷大,则 B、D 两点可视为开路,上式可以化简为

$$U_o = U_i \frac{R_1R_4 - R_2R_3}{(R_1+R_2)(R_3+R_4)} \tag{2-20}$$

设 R_1 为应变片的阻值,工作时 R_1 有一增量 ΔR_1,当为拉伸应变时,ΔR_1 为正;当为压缩应变时,ΔR_1 为负。在上式中以 $R_1+\Delta R_1$ 代替 R_1,则

$$U_o = U_i \frac{(R_1+\Delta R_1)R_4 - R_2R_3}{(R_1+\Delta R_1+R_2)(R_3+R_4)} \tag{2-21}$$

整理后得

$$U_o = \frac{\frac{R_4}{R_3} \cdot \frac{\Delta R_1}{R_1}}{\left(1+\frac{\Delta R_1}{R_1}+\frac{R_2}{R_1}\right)\left(1+\frac{R_4}{R_3}\right)} U_i \tag{2-22}$$

定义桥臂比为

$$n = \frac{R_2}{R_1} = \frac{R_4}{R_3} \tag{2-23}$$

由于 $\Delta R_1 \ll R_1$,略去式(2-22)分母中的 $\Delta R_1/R_1$ 得

$$U_o = \frac{n}{(1+n)^2} \cdot \frac{\Delta R_1}{R_1} U_i \tag{2-24}$$

定义电桥灵敏度为

$$K_U = \frac{U_o}{\frac{\Delta R_1}{R_1}} = \frac{n}{(1+n)^2}U_i \tag{2-25}$$

当$\frac{dK_U}{dn}=0$时，dK_U 最大，此时 $n=1$；即 $R_1=R_2$，$R_4=R_3$。电桥为等臂电桥，其输出电压为

$$U_o = \frac{1}{4}\cdot\frac{\Delta R_1}{R_1}U_i = \frac{1}{4}K\varepsilon U_i \tag{2-26}$$

单臂直流电桥的非线性误差如果不略去式(2-22)中分母的 $\Delta R_1/R_1$ 项，则电桥实际输出值为 U'_o，非线性误差为

$$\gamma = \frac{U_o - U'_o}{U_o} = \frac{\frac{\Delta R_1}{R_1}}{1+n+\frac{\Delta R_1}{R_1}} \tag{2-27}$$

当 $n=1$ 时，有

$$\gamma = \frac{\frac{\Delta R_1}{R_1}}{1+\frac{\Delta R_1}{R_1}} = \frac{\Delta R_1}{2R_1}\left[1-\frac{\Delta R_1}{2R_1}+\left(\frac{\Delta R_1}{2R_1}\right)^2-\left(\frac{\Delta R_1}{2R_1}\right)^3+\cdots\right]\approx\frac{\Delta R_1}{2R_1} \tag{2-28}$$

由此可见，非线性误差与 $\Delta R_1/R_1$ 成正比。对金属电阻应变片，ΔR 非常小，电桥非线性误差可以忽略。对半导体应变片，由于其灵敏度高，受应变时 ΔR 很大，非线性误差将不可忽略，因此半导体应变片一定要采用差动半桥或全桥电路。

在上面的分析中，都是假定应变片的参数变化很小，而且可忽略掉 $\Delta R_1/R_1$，这是一种理想情况。实际情况应按式(2-27)计算，分母中的 $\Delta R_1/R_1$ 不可忽略，此时式(2-22)中的输出电压 U_o 与 $\Delta R_1/R_1$ 的关系是非线性的。实际的非线性特性曲线与理想的线性曲线的偏差称为绝对非线性误差。下面来计算非线性误差。

设在理想情况下，从式(2-22)中忽略 $\Delta R_1/R_1$，记输出电压为 U'_o。对于一般应变片来说，所受应变 ε 通常在 $5\ 000\times10^{-6}$ 以下，若取灵敏度系数 $K_s=2$，则忽略 $\Delta R_1/R_1=K_s\cdot\varepsilon=2\times5\ 000\times10^{-6}=0.01$，代入式(2-27)计算，非线性误差为 0.5%，还不算大；但对电阻相对变化较大的情况，就不可忽略该误差了。例如，半导体应变片数 $K_s=130$，当承受 ε 为 $1\ 000\times10^{-6}$ 时，$\Delta R_1/R_1=K_s\cdot\varepsilon=130\times1\ 000\times10^{-6}=0.130$，代入式(2-27)，得到非线性误差达 6%。所以对半导体应变片的测量电路要做特殊处理，才能减小非线性误差。减小或消除非线性误差的方法有如下几种：

(1) 提高桥臂比

从式(2-22)可知，提高桥臂比 $n=R_2/R_1$，非线性误差可以减小；但从电压灵敏度 $S_V=E\cdot(1/n)$ 来考虑，电桥电压灵敏度将降低，这是一种矛盾，因此，为了达到既减小非线性误差，又不降低其灵敏度的目的，必须适当提高供桥电压 E。

(2) 采用差动电桥

根据被测试件的受力情况，若使应变片一个受拉，一个受压，则应变符号相反；测试时，将两个应变片接入电桥的相邻臂中，U_o 与 $\Delta R_1/R_1$ 成线性关系，差动电桥无非线性误差。而且电压灵敏度比使用一只应变片提高了一倍，同时可以起到温度补偿的作用。

(3) 采用高内阻的恒流源电桥

如果通过电桥各臂的电流不恒定，也是产生非线性误差的重要原因。所以供给半导体应变片电桥的电源一般采用恒流源，仅从测量结果的非线性很大(高达 6%的相对误差)而言，半导体应变片不能接成单臂使用。

2. 恒压源差动半桥和全桥

两臂差动电桥的输出电压为

$$U_o = U_i\left[\frac{R_1+\Delta R_1}{R_1+\Delta R_1+R_2+\Delta R_2}-\frac{R_3}{R_3+R_4}\right] \tag{2-29}$$

图 2-18 为差动半桥原理图。设初始时 $R_1=R_2=R_3=R_4=R$，则式(2-29)为

$$U_o = \frac{U_i}{2}\cdot\frac{\Delta R_1-\Delta R_2}{2R+\Delta R_1+\Delta R_2} \tag{2-30}$$

若工作时应变片一片受拉、一片受压，即 $\Delta R_1=-\Delta R_2=\Delta R$，则

$$U_o = \frac{U_i}{2}\cdot\frac{\Delta \mathrm{R}}{\mathrm{R}} = \frac{U_i}{2}K\varepsilon \tag{2-31}$$

可见，这时输出电压 U_o 与 $\Delta R/R$ 间成严格的线性关系，且电桥灵敏度比单臂电桥提高一倍。

四臂差动电桥(全桥)原理图如图 2-19 所示。设初始时 $R_1=R_2=R_3=R_4=R$，工作时各个桥臂中电阻应变片电阻的变化分别为 ΔR_1、ΔR_2、ΔR_3、ΔR_4，则电桥的输出电压为

$$U_o = \frac{U_i}{4}\,\frac{\dfrac{\Delta R_1}{R}-\dfrac{\Delta R_2}{R}-\dfrac{\Delta R_3}{R}+\dfrac{\Delta R_4}{R}}{\left[1+\dfrac{1}{2}\left(\dfrac{\Delta R_1}{R}+\dfrac{\Delta R_2}{R}+\dfrac{\Delta R_3}{R}+\dfrac{\Delta R_4}{R}\right)\right]} \tag{2-32}$$

若 $\Delta R_1=\Delta R_4=-\Delta R_2=-\Delta R_3=\Delta R$，则有

$$U_o = \frac{\Delta R}{R}U_i = K\varepsilon U_i \tag{2-33}$$

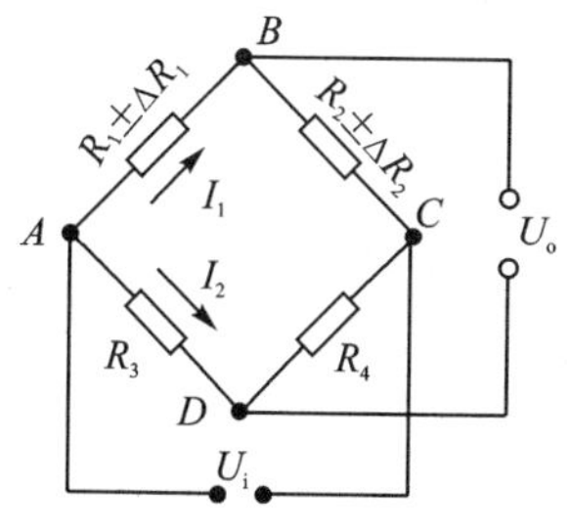

图 2-18　差动半桥原理图

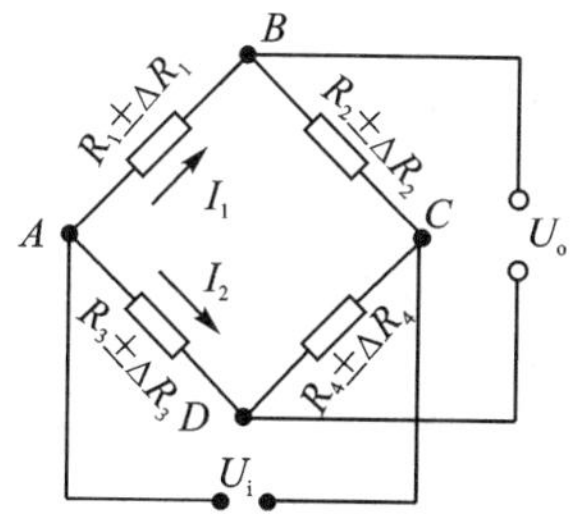

图 2-19　差动全桥原理图

3. 恒流源电桥(单臂)

设供电电流为 I，当 $\Delta R_1=0$ 且负载电阻很大时，通过各桥臂的电流为

$$I_1 = \frac{R_3+R_4}{R_1+R_2+R_3+R_4}I \tag{2-34}$$

$$I_2 = \frac{R_1+R_2}{R_1+R_2+R_3+R_4}I \tag{2-35}$$

输出电压为

$$U_o = I_1 R_1 - I_2 R_2 = \frac{R_1 R_4 - R_2 R_3}{R_1 + R_2 + R_3 + R_4} I \tag{2-36}$$

图 2－20 为单臂电桥恒流源供电原理图。若电桥初始处于平衡状态，则 $R_1 = R_2 = R_3 = R_4 = R$；当 R_1 变为 $R + \Delta R$ 时，恒流源电桥输出电压的非线性误差比恒压源电桥减小 1/2。

$$U_o = \frac{R\Delta R}{4R + \Delta R} I = \frac{1}{4} I \frac{\Delta R}{1 + \frac{\Delta R}{4R}} \tag{2-37}$$

4. 交流电桥

交流载波放大器具有灵敏度高、稳定性好、外界干扰和电源影响小及造价低等优点，但存在工作频率上限较低、长导线时分布电容影响大等缺点。图 2－21 为交流电桥原理图。

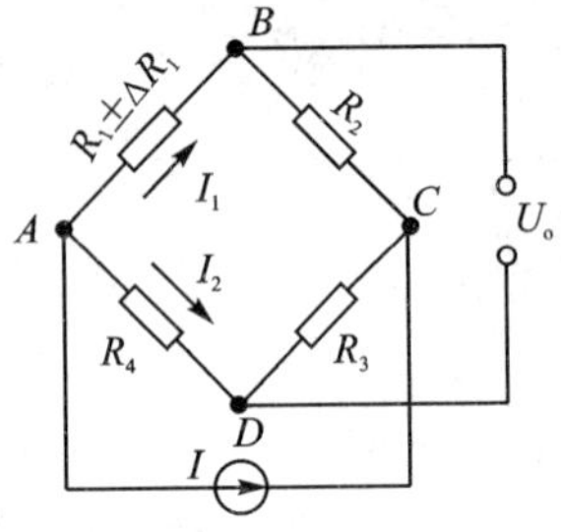
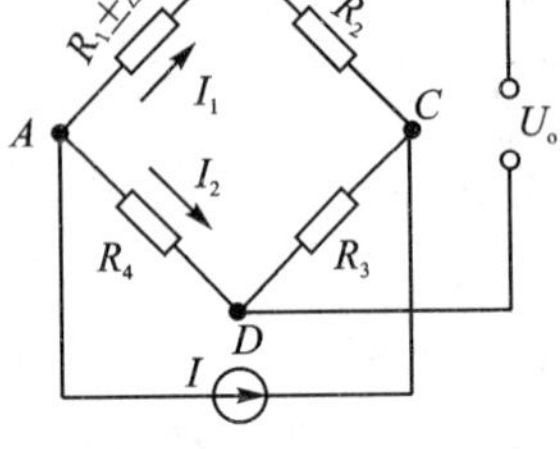

图 2－20　单臂电桥恒流源供电原理图

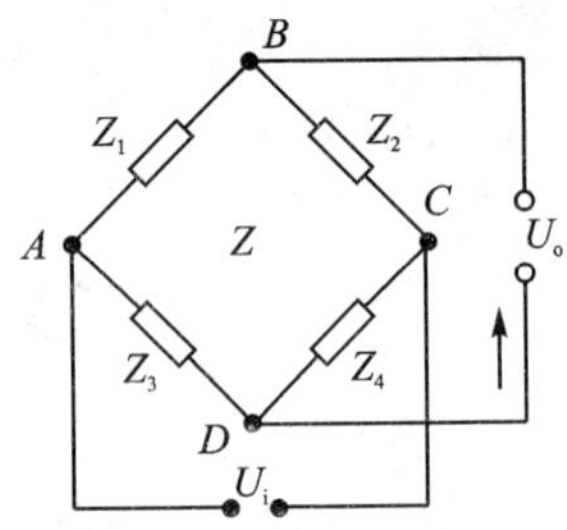

图 2－21　交流电桥原理图

直流放大器工作频带宽，能解决分布电容问题，但它需配用精密稳定电源供桥，造价较高。随着电子技术的不断发展，在数字应变仪、超动态应变仪中已采用直流放大形式的测量线路。

(1) 交流电桥的平衡条件

交流电桥电路如图 2－21 所示，输出电压为

$$U_o = \frac{z_1 z_4 - z_2 z_3}{(z_1 + z_2)(z_3 + z_4)} U_i \tag{2-38}$$

平衡条件为 $z_1 z_4 = z_2 z_3$。

设各臂阻抗为

$$\begin{cases} z_1 = r_1 + \mathrm{j}x_1 = Z_1 \mathrm{e}^{\mathrm{j}\varphi_1} \\ z_2 = r_2 + \mathrm{j}x_2 = Z_2 \mathrm{e}^{\mathrm{j}\varphi_2} \\ z_3 = r_3 + \mathrm{j}x_3 = Z_3 \mathrm{e}^{\mathrm{j}\varphi_3} \\ z_4 = r_4 + \mathrm{j}x_4 = Z_4 \mathrm{e}^{\mathrm{j}\varphi_4} \end{cases}$$

式中，r_i、x_i 为相应各桥臂的电阻和电抗，Z_i 和 φ_i 为复阻抗的模和幅角。

故交流电桥的平衡条件为

$$\begin{cases} Z_1 Z_4 = Z_2 Z_3 \\ \varphi_1 + \varphi_4 = \varphi_2 + \varphi_3 \end{cases}$$

上式表明，交流电桥平衡要满足两个条件，即相对两臂复阻抗的模之积相等，并且其幅角之和相等。所以交流电桥的平衡比直流电桥的平衡要复杂得多。

(2) 交流电桥的平衡调节

对于纯电阻交流电桥，由于应变片连接导线的分布电容，相当于在应变片上并联了一个电容，如图 2-22 所示，所以在调节平衡时，除使用电阻平衡装置外，还要使用电容平衡装置，图 2-22 为交流电桥平衡调节电路。

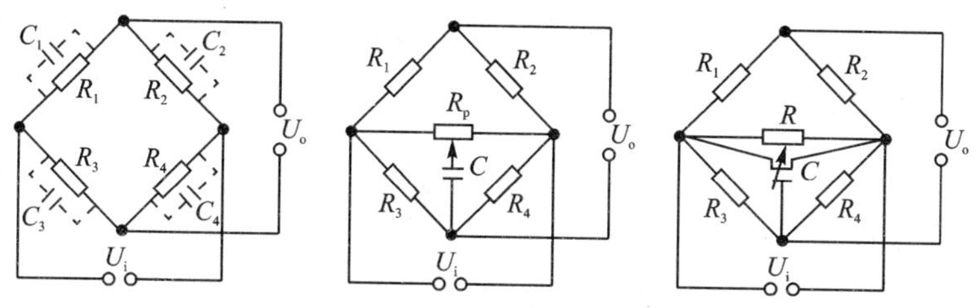

图 2-22　交流电桥的三种平衡调节电路

2.4.2　电阻应变片的温度误差及其补偿

1. 温度误差

用作测量应变的金属应变片，希望其阻值仅随应变变化，而不受其他因素的影响。实际上，应变片的阻值受环境温度(包括被测试件的温度)影响很大。由于环境温度变化引起的电阻变化与试件应变所造成的电阻变化几乎有相同的数量级，从而产生很大的测量误差，称为应变片的温度误差，又称热输出。因环境温度改变而引起电阻变化有以下两个主要因素：

(1) 应变片的电阻丝(敏感栅)具有一定温度系数

电阻的热效应，即敏感栅金属丝电阻自身温度产生的变化。电阻与温度的关系可以写成

$$R_t = R_0(1+\alpha\Delta t) = R_0 + \Delta R_{t\alpha} \tag{2-39}$$

式中：R_t——温度为 t 时的电阻值；

R_0——温度为 t_0 时的电阻值；

Δt——温度的变化值；

$\Delta R_{t\alpha}$——温度变化为 Δt 时的电阻值变化，$\Delta R_{t\alpha}=R_t-R_0=R_0\ \alpha\Delta t$；

α——敏感栅材料的电阻温度系数。

温度变化 Δt 时，将电阻变化折合成应变 $\varepsilon_{t\alpha}$，则

$$\varepsilon_{t\alpha} = \frac{\Delta R_{t\alpha}\,\Delta R_0}{K} = \frac{\alpha\,\Delta t}{K} \tag{2-40}$$

式中：K——应变片的灵敏系数。

(2) 电阻丝材料与测试材料的线膨胀系数不同

已知粘贴在试件上一段长度为 l_0 的应变丝，当温度变化为 Δt 时，应变丝受热膨胀至 l_{t1}，而在应变丝 l_0 下的试件受热膨胀至 l_{t2}。

$$l_{t1} = l_0(1+\beta_s\Delta t) \tag{2-41}$$

$$\Delta l_{t1} = l_{t1} - l_0 = l_0\ \beta_s\ \Delta t \tag{2-42}$$

$$l_{t2} = l_0(1+\beta_g\ \Delta t) \tag{2-43}$$

$$\Delta l_{t2} = l_{t2} - l_0 = l_0\ \beta_g\ \Delta t \tag{2-44}$$

式中：l_0——温度为 t_0 时的应变丝长度；

l_{t1}——温度为 t_1 时的应变丝长度；

l_{t2}——温度为 t_2 时应变丝下试件的长度；

β_s、β_g——应变丝和试件材料的线膨胀系数；

Δl_{t1}、Δl_{t2}——温度变化时应变丝和试件膨胀量。

由式(2-42)和(2-44)可知，如果 β_s 和 β_g 不相等，则 Δl_{t1} 和 Δl_{t2} 也不相等，但是应变丝和试件是粘结在一起的，若 $\beta_s<\beta_g$，则应变丝被迫从 Δl_{t1} 拉长至 Δl_{t2}，这就使应变丝产生附加变形 $\Delta l_{t\beta}$，即

$$\Delta l_{t\beta} = \Delta l_{t2} - \Delta l_{t1} = l_0(\beta_g - \beta_s)\Delta t \tag{2-45}$$

由此使应变片产生的附加电阻为

$$\Delta R_{t\beta} = R_0 K(\beta_g - \beta_s)\Delta t \tag{2-46}$$

折算为应变

$$\varepsilon_t = \frac{\frac{\Delta R_t}{R_0}}{K} = \left[\frac{\alpha}{K} + (\beta_s - \beta_g)\right]\Delta t \tag{2-47}$$

由式(2-47)可知，由于温度变化引起的附加电阻变化带来了附加应变变化，从而给测量带来误差。这个误差除了与环境温度变化有关外，还与应变片本身的性能参数(K，α，β_s)以及试件的线膨胀系数 β_g 有关。

当然，温度对应变片特性的影响，不仅仅是上述两个因素，还将会影响黏合剂传递变形的能力等。但在常温下，上述两个因素是造成应变片温度误差的主要因素。

2. 温度补偿方法

温度补偿就是消除温度对测量应变的干扰。常采用自补偿法和桥路补偿法。

(1) 温度误差自补偿法

粘贴在被测部位上的是一种特殊的应变片，当温度变化时，产生的附加应变为零或相互抵消，这种特殊应变片称为温度自补偿应变片。利用温度自补偿应变片来实现温度补偿的方法称为温度自补偿法。

① 单丝自补偿

由式(2-47)可知，若使应变片在温度变化 Δt 时的热输出值为零，则必须使

$$\alpha + K(\beta_g - \beta_s) = 0 \tag{2-48}$$

每一种材料的被测试件，其线膨胀系数 β_g 都为确定值，可以在有关的材料手册中查到。在选择应变片时，若应变片的敏感栅是用单一的合金丝制成的，并使其电阻温度系数 α 和线膨胀系数 β_s 满足上式的条件，则可实现温度自补偿。具有这种敏感栅的应变片称为单丝自补偿应变片。

单丝自补偿应变片的优点是结构简单，制造和使用都比较方便，但它必须在具有一定线膨胀系数材料的试件上使用，否则不能达到温度自补偿的目的。

② 双丝组合式自补偿

如图 2-23(a)所示，应变片由两种不同电阻温度系数(一种为正值，一种为负值)的材料串联组成敏感栅，以达到一定的温度范围内在一定材料的试件上实现温度补偿。这种应变片的自补偿条件要求粘贴在某种试件上的两段敏感栅，随温度变化而产生的电阻增量大小相等，符号相反，即 $\Delta R_{1t}=-\Delta R_{2t}$。该方法补偿效果可达±0.45$\mu\varepsilon$/℃。

组合式自补偿应变片的另一种形式是用两种同符号温度系数的合金丝串接成敏感栅，在串接处焊出引线并接入电桥，如图 2－23(b)所示。适当调节 R_1 与 R_2 的长度比和外接电阻 R_B 的值，使之满足条件：

$$\frac{\Delta R_{1t}}{R_{1t}}=\frac{\Delta R_{2t}}{R_2+R_B} \tag{2-49}$$

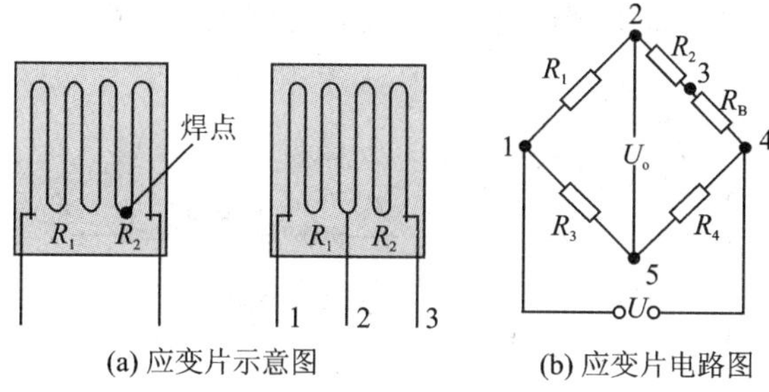

(a) 应变片示意图　　(b) 应变片电路图

图 2－23　双丝自补偿应变片

(2) 桥路补偿法

桥路补偿法是利用电桥的和、差原理达到补偿的目的。

① 双丝半桥式

双丝半桥式应变片的结构与双丝自补偿应变片相近。不同的是，敏感栅是由同符号电阻温度系数的两种合金丝串接而成的，而且栅的两部分电阻 R_1 和 R_2 分别接入电桥的相邻两臂上。工作栅 R_1 接入电桥工作臂，补偿栅 R_2 外接补偿电阻 R_B(不敏感温度影响)后接入电桥补偿臂；另两臂照例接入平衡电阻 R_3 和 R_4，如图 2－24 所示。当温度变化时，只要电桥工作臂和补偿臂的热输出相等或相近，就能达到热补偿目的，即

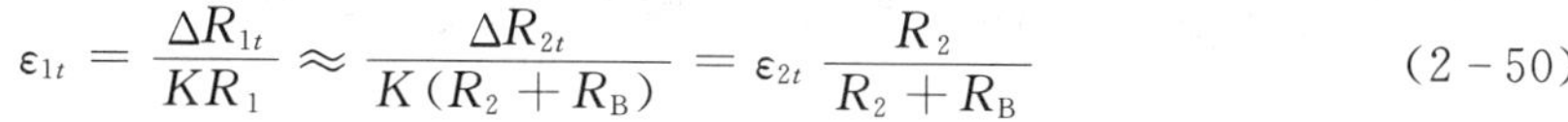

$$\varepsilon_{1t}=\frac{\Delta R_{1t}}{KR_1}\approx\frac{\Delta R_{2t}}{K(R_2+R_B)}=\varepsilon_{2t}\frac{R_2}{R_2+R_B} \tag{2-50}$$

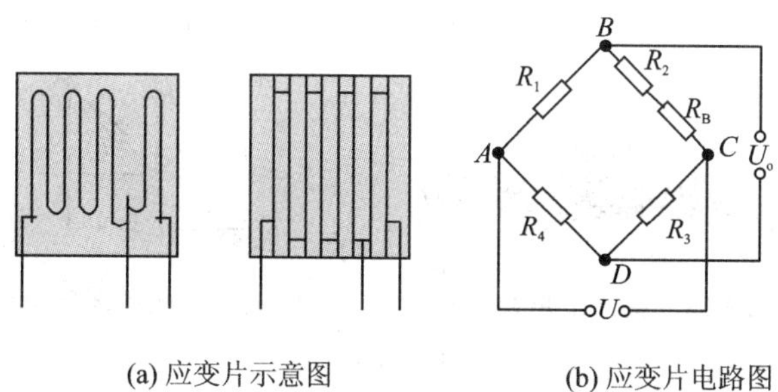

(a) 应变片示意图　　(b) 应变片电路图

图 2－24　双丝半桥式热补偿应变片

而外接补偿电阻为

$$R_B=R_2\left[\frac{\varepsilon_{2t}}{\varepsilon_{1t}}-1\right] \tag{2-51}$$

式中：ε_{1t}、ε_{2t}——工作栅和补偿栅的热输出。

双丝半桥式热补偿法的最大优点是通过调整 R_B 值，不仅可使热补偿达到最佳状态，而且还适用于不同线膨胀系数的试件。缺点是对 R_B 的精度要求高，而且当有应变时，补偿栅同样起着抵消工作栅有效应变的作用，使应变片输出灵敏度降低。为此应变片必须使用 ρ 大、a_t 小

的材料做工作栅，选 ρ 小、a_t 大的材料做补偿栅。

② 补偿块法

补偿块法是用两个参数相同的应变片 R_1、R_2。R_1 贴在试件上，接入电桥工作臂，R_2 贴在与试件同材料、同环境温度，但不参与机械应变的补偿块上，接入电桥相邻臂作补偿臂（R_3、R_4 同样为平衡电阻），如图 2－25 所示。这样，补偿臂产生于工作臂相同的热输出，通过差动电桥，起到补偿作用。这种方法简便，但补偿块的设置受到现场环境条件的限制。

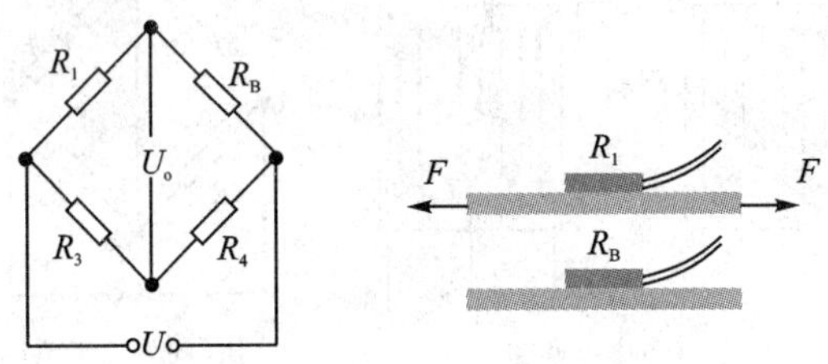

图 2－25　补偿块半桥热补偿应变片

③ 差动电桥补偿

巧妙地安装应变片并接入差动电桥即可实现温度补偿，如图 2－26 所示。测量悬梁的弯曲应变时，将两个应变片分别贴于上下两面对称位置，R_1 和 R_B 特性相同，所以两电阻变化值相同而符号相反。将 R_1 和 R_B 按图 2－25 所示装在 R_1 和 R_2 的位置，因而电桥输出电压比单片时增加一倍。当梁上下温度一致时，R_1 和 R_B 可起温度补偿作用。

④ 热敏电阻补偿

如图 2－27 所示，热敏电阻 R_t 与应变片处在相同的温度下，当应变片的灵敏度随温度升高而下降时，热敏电阻 R_t 的阻值下降，从而提高电桥的输出电压。选择分流电阻 R_5 的值，可以使应变片灵敏度下降对电桥输出的影响得到很好的补偿。

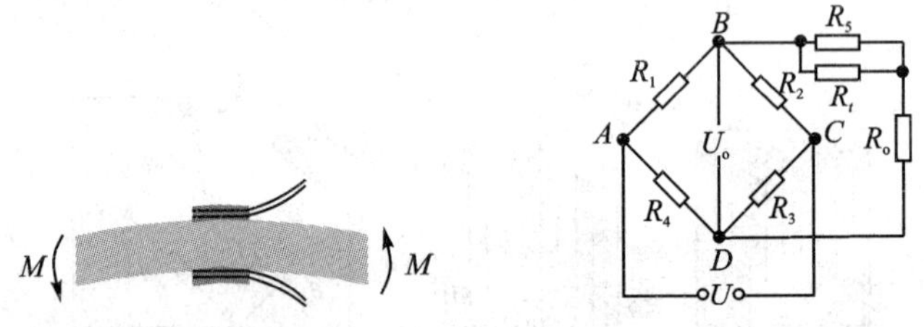

图 2－26　差动电桥补偿法　　　**图 2－27　热敏电阻补偿电路**

2.4.3　电阻应变式传感器的应用

电阻应变式传感器(Straingauge Type Transducer)以电阻应变计为转换元件的电阻式传感器。电阻应变式传感器由弹性敏感元件、电阻应变计、补偿电阻和外壳组成，可根据具体测量要求设计成多种结构形式。弹性敏感元件受到所测量的力而产生变形，并使附着其上的电阻应变计一起变形。电阻应变计再将变形转换为电阻值的变化，从而可以测量力、扭矩、位移、加速度和温度等多种物理量。

一般电阻应变式传感器的应用可概括为两个方面：

① 直接用来测定结构的应变或应力。例如，为了研究机械、桥梁、建筑等某些构件在工作

状态下的受力、变形情况，可利用不同形状的应变片，粘贴在构件预定部位，测得构件的拉、压应力及扭矩、弯矩等，为结构设计、应力校核或构件破坏等提供可靠的实验数据。

② 将应变片粘贴于弹性元件上，作为测量力、位移、加速度等物理参数的传感器。在这种情况下，通过弹性元件得到与被测量成正比的应变，再由应变片转换为电阻的变化。常用的电阻应变式传感器有应变式测力传感器、应变式压力传感器、应变式扭矩传感器、应变式位移传感器、应变式加速度传感器和测温应变计等，如图 2-28 所示。

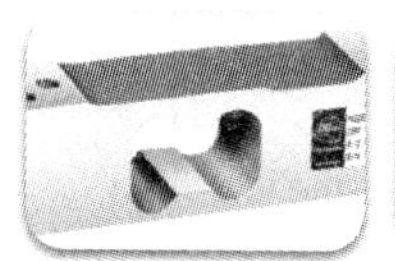

应变式测力传感器

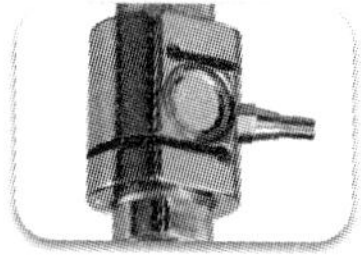

应变式压力传感器

应变式扭矩传感器

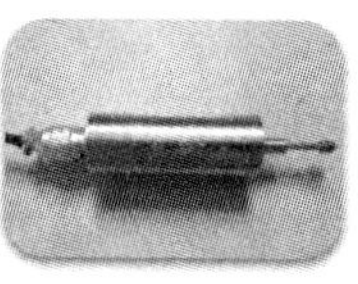

应变式位移传感器

应变式加速度传感器

图 2-28　应变式传感器实物图

这些电阻应变式传感器都是基于电阻应变片设计的，主要是以需要测量的物理量使得应变片发生形变，然后得到可用数据。

1. 柱式力传感器

柱式力传感器的弹性元件分为实心和空心两种，如图 2-29 所示。在轴向布置一个或几个应变片，在周围方向布置同样数目的应变片，后者取符号相反的应变，从而构成了差动对。由于应变片沿圆周方向分布，所以非轴向载荷分量被补偿。

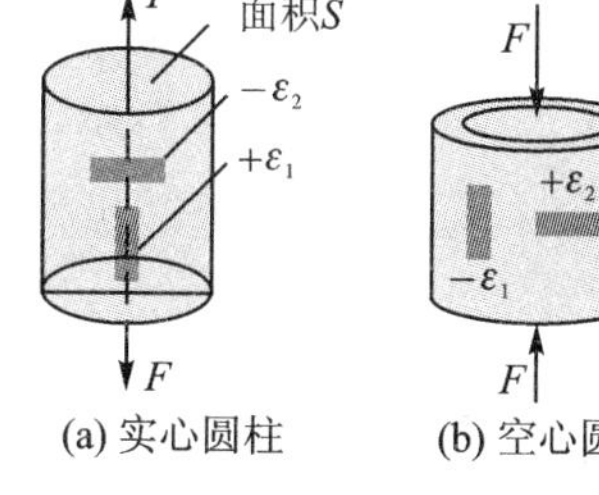

(a) 实心圆柱　(b) 空心圆柱

图 2-29　柱式力传感器

根据材料力学的知识，在弹性限度内有

$$\begin{cases} \varepsilon = \dfrac{\Delta l}{l} \\ \sigma = \dfrac{F}{S} \\ \sigma = E\varepsilon \end{cases}$$

式中：F——作用于弹性元件上的力；

S——圆柱的横截面积。

上面三式联立解得

$$\varepsilon = \frac{F}{ES} \tag{2-52}$$

弹性元件将此应变 ε 传递给粘贴在其上的应变片，应变片再将 ε 转换为电阻的相对变化：

$$\frac{\Delta R}{R} = k\varepsilon = k\,\frac{F}{ES} \tag{2-53}$$

令 $k_z = \dfrac{k}{ES}$，称为柱式传感器的灵敏度，则

$$\frac{\Delta R}{R} = k_z F \tag{2-54}$$

可见，柱式传感器应变电阻的相对变化与外力 F 成正比。

根据式(2-53)可知，要想提高传感器的灵敏度 k_z，必须减小圆柱的横截面积 S。但 S 减

小，传感器抗弯能力就减弱，并对横向干扰能力敏感。所以，在测量较小力 F 时，采用空心圆柱，如图 2-29(b)所示。空心圆柱横向刚度大，横向稳定性强。

弹性元件上应变片的粘贴和电桥连接，应尽可能消除偏心和弯矩的影响，一般将应变片对称地贴在应力均匀的圆柱表面中部，构成差动对。如图 2-30 所示，纵向应变片 R_1 和 R_3、R_2 和 R_4 串联，且处于对臂位置，以减小弯矩的影响。横向粘贴的应变片具有温度补偿作用。

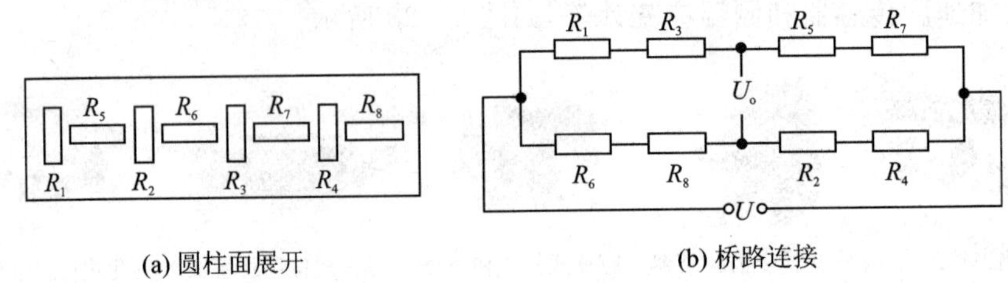

图 2-30 柱式力传感器应变片的粘贴与桥路连接

2. 应变式传感器测压力

当被测压力较大时，多采用筒式压力传感器，如图 2-31 所示。圆柱体内有一盲孔，一端有法兰盘与被测系统连接。薄壁筒上贴有两片应变片作为温度补偿片，实心部分在筒内有压力时不产生形变。当没有压力时，这四片应变片组成的全桥是平衡的；当被测压力 p 进入应变筒的内腔时，圆筒发生形变，电桥失去平衡。圆筒外表面上的环向应变为

$$\varepsilon_D = \frac{p(2-\mu)d^2}{E(D-d^2)} \tag{2-55}$$

式中：D、d——圆筒的外径和内径；

E——材料的弹性模量；

p——被测压力；

μ——材料的泊松比。

当壁较薄时，可用下式计算环向应变：

$$\varepsilon_D = \frac{pD}{2hE}(1-0.5\mu) \tag{2-56}$$

式中：$h=(D-d)/2$。

这种传感器结构简单，制作方便，适用性强，在火箭、炮弹、火炮的动态压力测量等方面应用很广，可测量 $10^4 \sim 10^7$ Pa 范围内的压力。

3. 应变式加速度传感器

应变式加速度传感器的结构如图 2-32 所示，有端部固定并带有惯性质量块 m 的悬臂梁及贴在梁根部的应变片、基座及外壳等组成，是一种惯性式传感器。

测量时，根据所测振动体加速度的方向，把传感器基座固定在振动体上。当被测点的加速度沿图中箭头所示方向时，振动加速度使质量块产生惯性力，向箭头 a 相反的方向相对于基座运动，悬臂梁的自由端受质量块的惯性力 $F=ma$ 的作用而产生弯曲变形，应变片电阻也发生相应的变化，产生输出信号，输出信号的大小与加速度成正比。

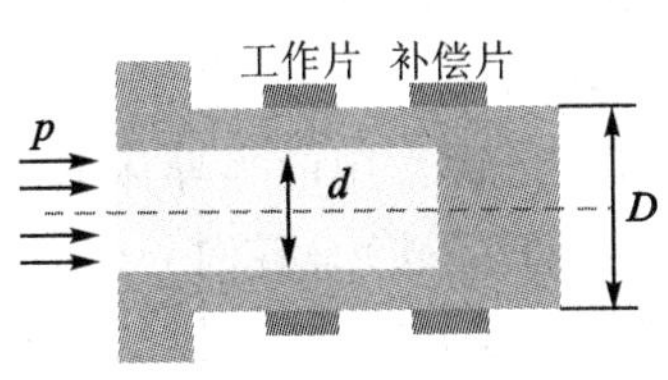

图 2-31　筒式压力传感器

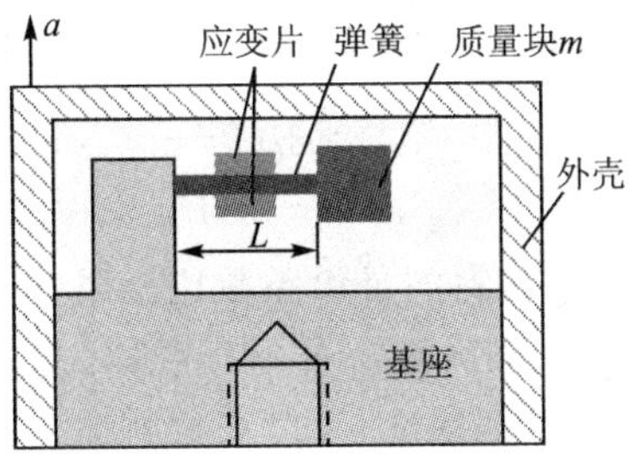

图 2-32　应变式加速度传感器

2.5　压阻传感器测量电路和应用

2.5.1　压阻传感器的结构

1. 工作原理

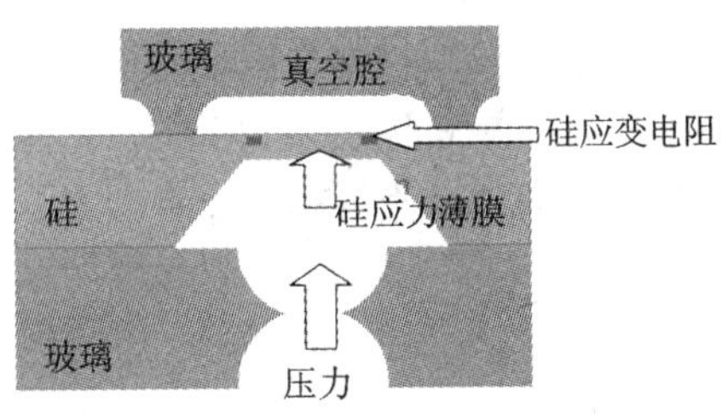

图 2-33　压阻传感器的工作原理

压阻传感器是利用单晶硅材料的压阻效应和集成电路技术制成的传感器。有些固体材料在某一轴向受到外力作用时，除了产生变形外，其电阻率 ρ 也要发生变化，这种由于应力的作用而使材料电阻率发生变化的现象称为压阻效应。当力作用于硅晶体时，晶体的晶格产生变形，使载流子从一个能谷向另一个能谷散射，引起载流子的迁移率发生变化，扰动了载流子纵向和横向的平均量，从而使硅的电阻率发生变化。这种变化随晶体的取向不同而不同，因此硅的压阻效应与晶体的取向有关。

图 2-33 显示的是压阻式传感器的工作原理。外界环境输入一个压力，压力作用于薄膜上，使得薄膜发生形变。粘贴在薄膜上的硅应变电阻也就发生了形变，应变片的电阻发生改变。

机械变形引起的电阻变化可以忽略，电阻的变化主要是 $\Delta\rho/\rho$ 引起的，即

$$\frac{\Delta R}{R}=(1+2\mu)\varepsilon+\frac{\Delta\rho}{\rho}\approx\frac{\Delta\rho}{\rho} \tag{2-57}$$

因此，半导体电阻材料的电阻随压力的变化主要取决于电阻率的变化，而金属应变片的电阻变化则主要取决于几何尺寸的变化。又由半导体理论可知

$$\frac{\Delta\rho}{\rho}=\pi_{\mathrm{L}}E\varepsilon=\pi_{\mathrm{L}}\sigma \tag{2-58}$$

式中：π_{L}——半导体单晶的纵向压阻系数（与晶向有关）；

σ——沿某晶向的应力；

E——半导体材料的弹性模量。

因此，半导体材料的灵敏系数为

$$K_B = \frac{\Delta R/R}{\varepsilon} = (1+2\mu) + \pi_L E \approx \pi_L E \qquad (2-59)$$

如半导体硅，$\pi_L=(40-80)\times10^{-11}\ m^2/N$，$E=1.67\times10^{11}\ m^2/N$，则

$$K_B = \pi_L E = (50 \sim 100)$$

显然，半导体材料的灵敏系数比金属丝的要高很多倍。最常用的半导体电阻材料有硅和锗，掺入杂质可形成P型或N型半导体。由于半导体(如单晶硅)是各向异性材料，因此它的压阻效应不仅与掺杂浓度、温度和材料类型有关，还与晶向有关(即在晶体的不同方向上施加力时，其电阻的变化方式不同)。

将制作成一定形状的N型单晶硅作为弹性元件，选择一定的晶向，通过半导体扩散工艺在硅基底上扩散出4个P型电阻，构成惠斯顿电桥的4个桥臂，从而实现了弹性元件与变换元件一体化，这样的敏感器件称为压阻式传感器。

压阻式传感器的灵敏系数大，分辨率高，频率响应好，体积小。它主要用于测量压力、加速度和载荷等参数。

2. 压阻传感器的结构

(1) 体型压阻传感器

利用半导体材料电阻制成粘贴式的应变片(半导体应变片)，用此应变片制成的传感器称为半导体应变式传感器，其工作原理是基于半导体材料的压阻效应。图2-34所示就是一个比较简单的体型半导体应变片结构。

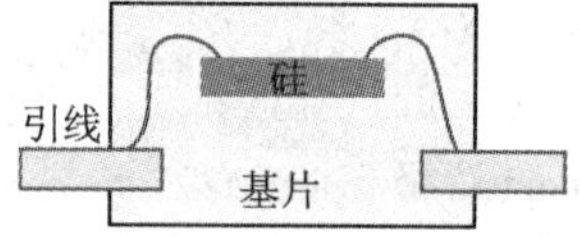

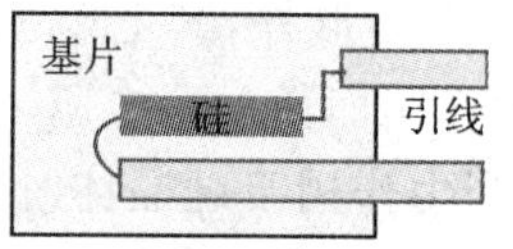

图2-34 体型半导体应变片结构

(2) 薄膜型压阻传感器

薄膜型压阻传感器是利用真空沉积技术将半导体材料沉积在带有绝缘层的试件上而制成的。图2-35所示为薄膜型半导体应变片结构。

(3) 扩散型压阻传感器

扩散型压阻传感器是在半导体材料的基片上利用集成电路工艺制成扩散电阻。将P型杂质扩散到N型硅单晶基底上，形成一层极薄的P型导电层，再通过超声波和热压焊法接上引出线就形成了扩散型半导体应变片。

扩散型压阻传感器的基片是半导体单晶硅。单晶硅是各向异性材料，取向不同时特性不一样。因此，必须根据传感器受力变形情况来加工制作扩散硅敏感电阻膜片。图2-36所示为扩散型半导体应变片结构。

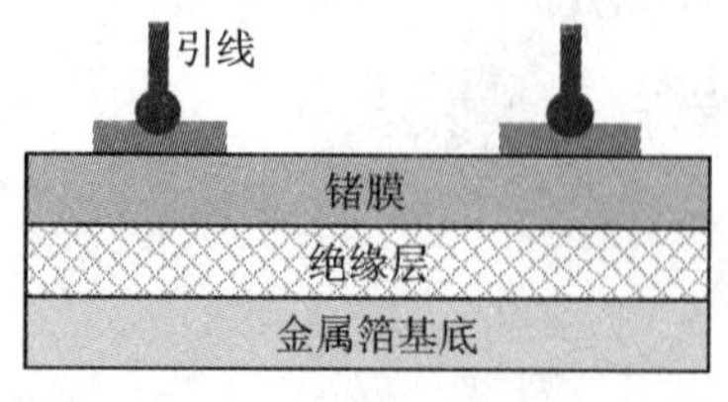

图2-35 薄膜型半导体应变片结构

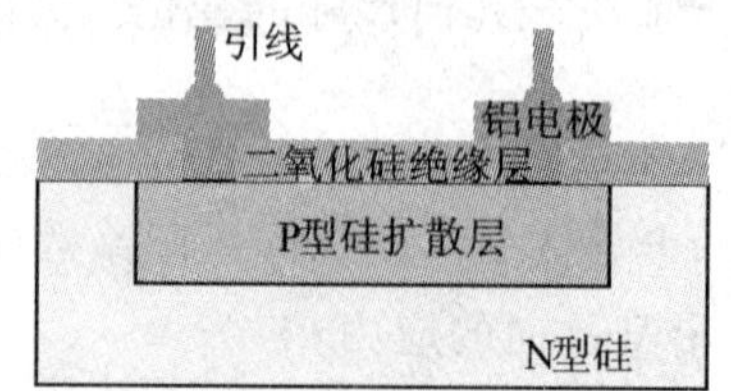

图2-36 扩散型半导体应变片结构

3. 温度误差与温度补偿

半导体材料对温度比较敏感，压阻式传感器的电阻值及灵敏系数随温度变化而发生变化，引起的温度误差分别为零位温度漂移误差和灵敏度温度漂移误差。

(1) 零位温度漂移补偿

零位温度漂移是由于 4 个扩散电阻及其温度系数不一致造成的，一般用串、并联电阻法来补偿，如图 2-37 所示。

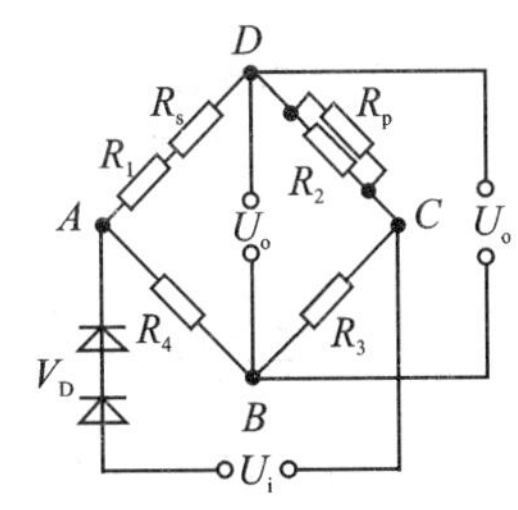

图 2-37　零位温度漂移的补偿

图 2-37 中 R_s 是串联电阻，R_p 是并联电阻。串联电阻主要起调零作用；并联电阻主要起补偿作用。温度漂移的补偿原理：由于零点温度漂移导致 B、D 两点电位不等，如当温度升高时，由于 R_2 的增加较大，使 D 点电位低于 B 点，则形成 B、D 两点有电位差，即零点温度漂移。要消除 B、D 两点电位差，最简单的方法是在 R_2 上并联一个温度系数为负、阻值较大的电阻 R_p，用来约束 R_2 的变化。这样，当温度变化时，可减小 B、D 两点之间的电位差，以达到补偿的目的。当然，在 R_4 上并联一个温度系数为正、电阻值较大的电阻进行补偿，其作用是一样的。

(2) 灵敏度温度漂移补偿

灵敏度温度漂移是由压阻系数随温度变化而引起的。当温度上升时，压阻系数变小；当温度降低时，压阻系数变大，说明传感器的温度系数为负值。

补偿灵敏度温度漂移，可以用在电源回路中串联二极管的方法。当温度升高时，由于灵敏度降低，使输出也降低，这时如果能提高电桥的电源电压，使电桥输出适当减小，便可达到补偿的目的。反之，当温度降低时，灵敏度升高，如果使电桥电源降低，就能使电桥适当减小，同样可达到补偿的目的。因为二极管的温度特性为负值，温度升高 1 ℃时，正向压降减小 1.9～2.4 mV。这样将适当数量的二极管串联在电桥的电源回路中，如图 2-37 所示，电源采用恒压源，当温度升高时，二极管正向压降减小，于是电桥电压增大，使输出也增大，只要计算出所需要的二极管数目，将其串入电桥电源回路中，便可达到补偿的目的。

2.5.2　压阻传感器的应用

1. 半导体应变式传感器

半导体应变式传感器常用锗、硅材料做成单根状的敏感栅，粘贴在基底上制成，如图 2-38所示。其使用方法与金属应变片相同，突出优点是灵敏系数很大，可以测量微小应变，尺寸小，横向效应和机械滞后小；其缺点是温度稳定性差，测量较大应变时，非线性严重，必须采取补偿措施。此外，灵敏系数随拉伸或压缩而发生变化，且分散性大。

2. 压阻式压力传感器

压阻式压力传感器的弹性元件是硅膜片，其结构如图 2-39 所示。为接近固定边条件，硅膜片的边缘通常做得较厚，呈杯状，故称为硅杯。在膜片上的 4 个电阻用扩散的方法形成并接成电桥结构。硅膜片两边有两个压力腔：一个是和被测压力 p 相连接的高压腔；另一个是低压腔，通常和大气相通。

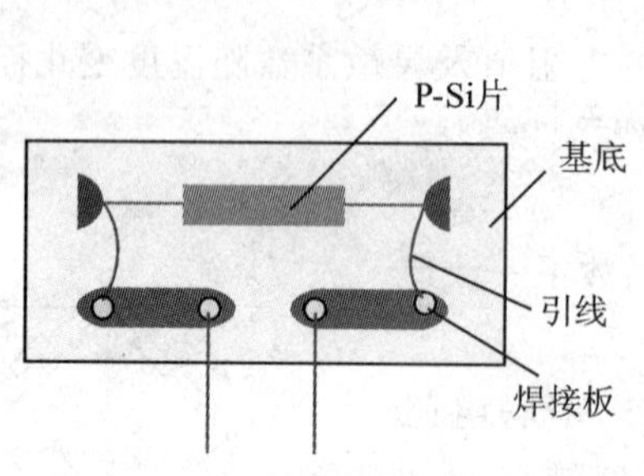

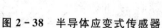

图 2-38 半导体应变式传感器

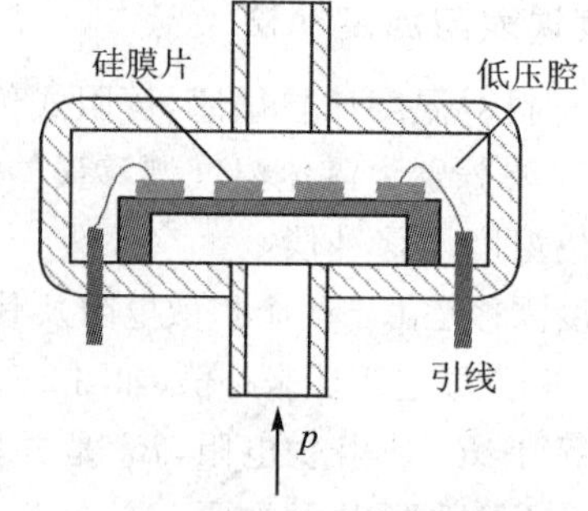

图 2-39 固态压力传感器结构

当膜片两边存在压力差时，膜片上各点存在压力。膜片上的 4 个电阻在应力作用下，阻值发生变化，电桥失去平衡，其输出的电压与被测压力 p 和大气压力 p_0 的差成正比。若低压腔与另一个被测压力 p_1 相接，则电桥输出电压与两个被测压力的差 $(p-p_1)$ 成正比，即可测压力差。

图 2-40 显示的是 JX0368X2 压阻式压力传感器的原理示意图，压阻式传感器在承压膜片上制作了 4 个阻值随承压膜片机械变形而变化的应变电阻。当被测介质的压力作用在承压膜片时，引起承压膜片发生机械形变。介质压力越大，形变也就越大，电阻值变化也随之增大。通过转换电路即可得到可用的测量数据。

图 2-41 是采用 TO-5 镍金属技术封装结构的硅压阻式压力传感器。无引压管设计，压力直接作用于传感器顶部。

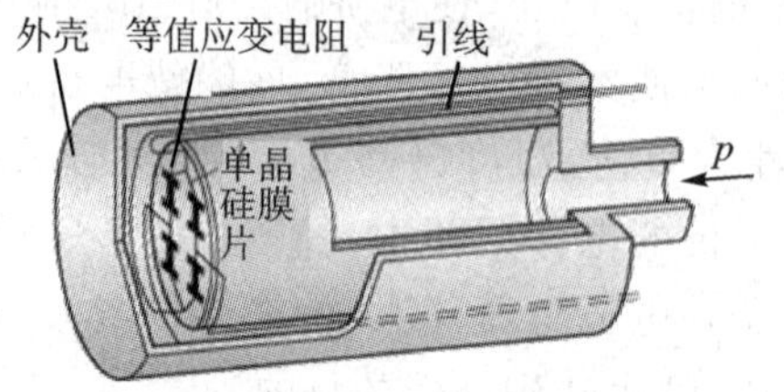

图 2-40 JX0368X2 压阻式压力传感器的原理示意图

图 2-41 硅压阻式压力传感器

该产品为绝压类压力传感器，量程范围为 0～5 PSI 至 0～500 PSI。通过采用压力介质环绕芯片的结构设计，可应用于非腐蚀性气体，但不推荐应用于液体。同时，采用胶体填充可使传感器在一定程度上免受湿气和灰尘影响。

3. 压阻式加速度传感器

压阻式加速度传感器的应用可以分为系统反馈和导航仪器两种：前者用于控制系统作为加速度信号反馈；后者用于检测导航仪器的加速度。

压阻式加速度传感器采用硅悬臂梁结构，如图 2-42 所示。在硅悬臂梁的自由端装有敏感质量块，在梁的根部扩散 4 个性能一致的电阻并将它们接成电桥形式。当悬臂梁自由端的质量块受到外界加速度的作用时，将感受到加速度转变为惯性力，使悬臂梁受到弯矩作用，产生应力。这时硅梁上 4 个电阻条的电阻值发生变化，使电桥产生不平衡，从而输出与外界的加速度成正比的电压值。

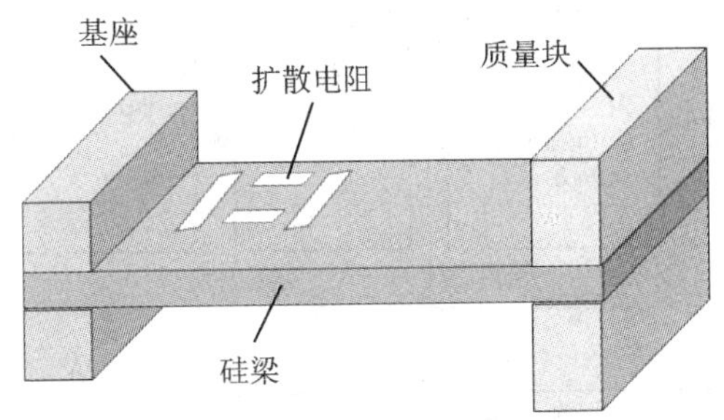

图 2-42　压阻式加速度传感器

压电式加速度传感器的性能和参数与压阻式加速度传感器的性能和参数一样，包括灵敏度、频率响应、精度误差等。但是，两者性能有较大差别，主要有以下几个区别：

- 压电式：电容性、高阻抗。电阻式：电阻性、低阻抗。
- 压电式频响范围较窄（通常频响范围为 2～270 Hz）。
- 在恒定方向加速度下压电式加速度传感器不输出信号。
- 压电式的误差较小，通常约为压阻式的一半。
- 压电式：通过测量运动物体上一个固定质量体对压电体压力的大小测得物体加速度。压阻式：通过测量运动物体上某一部件的变形大小测得物体加速度。
- 压电式：压电体输出的是电荷大小。压阻式：压阻体输出的是电阻的变化。
- 压阻式加速度计灵敏度很高；压电式低频响应较差。

压电式加速度传感器的应用范围不如压阻式加速度传感器的应用范围广。目前，压电式加速度传感器大多用于机器设备的振动测量上，通过振动反映出设备、机器是否正常运行，以检测其故障，确保安全运行。

压电式和压阻式加速度传感器仅适用于直线运动，而旋转运动不能采用该传感器。通常，物体在旋转运动时其加速度不仅太小，且方向均要变化，因此旋转运动往往采用速度传感器，经微分电路后，得出加速度的输出信号，或采用其他传感器。

4. 车用 TPMS 专用传感器模块（压阻效应与 MEMS 的结合）

TPMS 是汽车轮胎压力监视系统 Tire Pressure Monitoring System 的英文缩写，主要用于在汽车行驶时实时地对轮胎气压进行自动监测，对轮胎漏气和低气压进行报警，以保障行车安全，是驾车者、乘车人的生命安全保障预警系统。TPMS 的轮胎压力监测模块如图 2-43 所示。

外壳选用高强度 ABS 塑料。所有器件、材料都要满足－40～＋125 ℃的汽车级使用温度范围。

在欧美等发达国家，由于 TPMS 已是汽车的标配产品，因而 TPMS 无论在产品种类还是在生产产量方面都在急速增长，其所用 MEMS 芯片和 IC 芯片的技术发展进步很快，TPMS 最终产品技术也因此而得到迅速发展。

MEMS 硅压阻式压力传感器采用周边固定的圆形应力硅薄膜内壁，利用 MEMS 技术直接将 4 个高精密半导体应变片刻制在其表面应力最大处，组成惠斯顿测量电桥（单臂电桥），作为力电变换测量电路，将压力这个物理量直接变换成电量，其测量精度能达 0.01%～0.03%FS。硅压阻

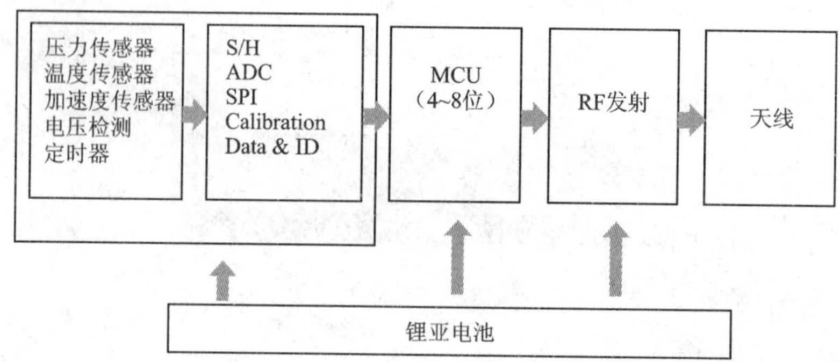

图 2-43　TPMS 的轮胎压力监测模块

式压力传感器结构如图 2-33 所示，上下两层是玻璃体，中间是硅片，其应力硅薄膜上部有一真空腔，使之成为一个典型的绝压压力传感器。

为了便于 TPMS 接收器的识别，每个压力传感器都具有 32 位独特的 ID 码，它可产生4 亿个不重复的号码。

图 2-44 所示为 TPMS 的轮胎压力监测模块成品实物图。图 2-45 所示为 TPM 传感器芯片，将压力、加速度与 ASIC/MCU 组合在一个封装内，使之小型化、集成化，且具有更高性能。

图 2-44　TPMS 的轮胎压力监测模块成品实物图

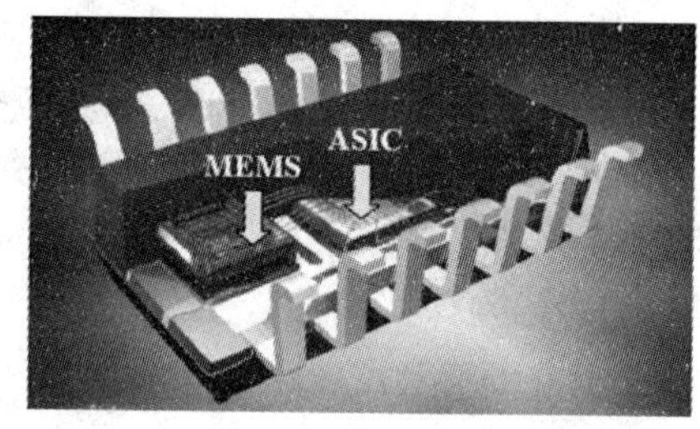

图 2-45　TPM 传感器芯片

同样，加速度传感器也是利用 MEMS 技术制作的。图 2-46 所示是 MEMS 加速度传感器平面结构图以及加速度传感器切面结构图，图中间是一块利用 MEMS 技术制作的、随运动力而上下可自由摆动的硅岛质量块，在其与周边固置硅连接的硅梁上刻制有一应变片，与另外

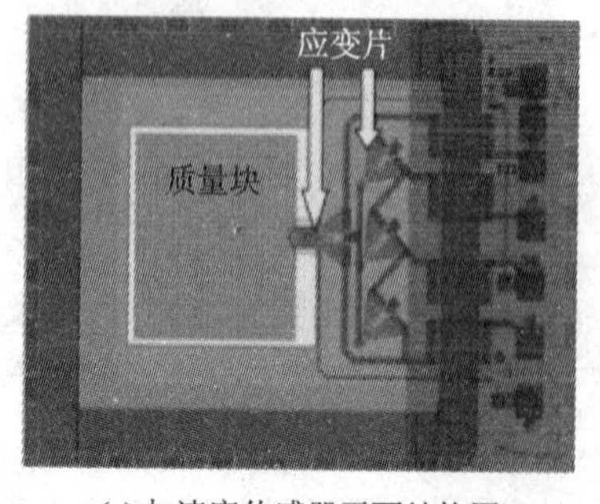

(a) 加速度传感器平面结构图

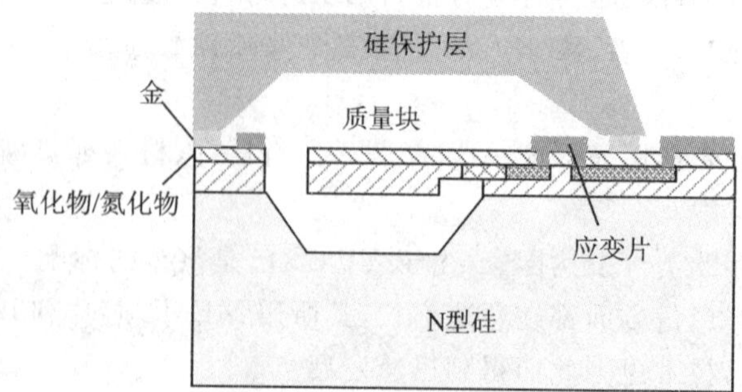

(b) 加速度传感器切面结构图

图 2-46　加速度传感器结构图

三个刻制在固置硅上的应变片组成一个惠斯顿测量电桥。只要质量块随加速度力摆动，惠斯顿测量电桥的平衡即被破坏，惠斯顿测量电桥就输出一个与力大小成线性的变化电压 ΔV。

压力传感器、加速度传感器、ASIC/MCU是三个分别独立的裸芯片，它们通过芯片的集成厂商整合在一个封装的单元里。图2-47(a)所示为美国GE公司NPX2外形图，图2-47(b)去掉封装材料后能清晰地看到这三个裸芯片，三个芯片之间的连接、匹配也都做在其中了。

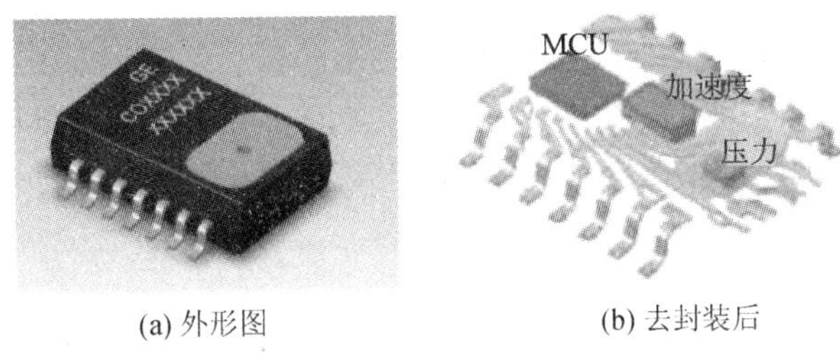

(a) 外形图　　(b) 去封装后

图2-47　美国GE公司NPX2

课后习题

1. 什么是应变效应？什么是压阻效应？什么是横向效应？（含金属和半导体材料）
2. 说明金属应变片与半导体应变片的相同和不同之处。
3. 单臂电桥存在非线性误差，试说明解决方法。
4. 对同样的单臂全等电桥恒压供电和恒流供电，哪个的非线性误差比较大？为什么？
5. 举例说明如何用电桥补偿非线性、温度、电源变化对电桥精度造成的影响。
6. 钢材上粘贴的应变片的电阻变化率为0.1%，钢材的应力为10 kg/mm²。试求出应力应变的变化量。
7. 如图2-48所示的等强度梁测力系统，R_1 为电阻应变片，应变片灵敏度系数 $K=2.05$，未受应变时 $R_1=120\ \Omega$，当试件受力 F 时，应变片承受平均应变 $\varepsilon=8\times10^{-4}$，求：

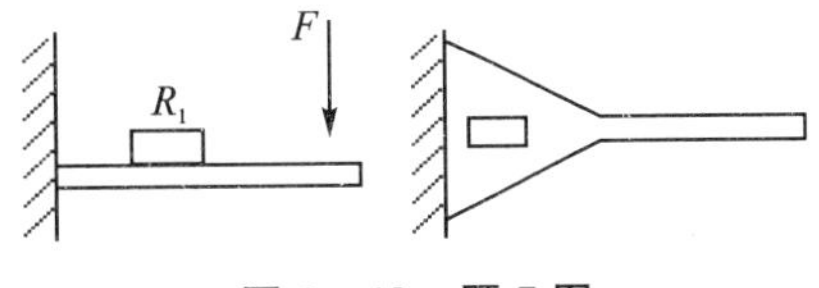

图2-48　题7图

① 应变片电阻变化量 ΔR_1 和电阻相对变化量 $\Delta R_1/R_1$。

② 将电阻应变片置于单臂测量电桥，电桥电源电压为直流3 V，求电桥输出电压。

8. 论述金属应变片和半导体应变片今后的发展趋势。

参考文献

[1] 付晓鸥. 电阻应变式传感器的工作原理及应用[J]. 福建电脑，2012，28(11)：150-159.
[2] 钱显毅，唐国兴. 传感器原理与检测技术[M]. 北京：机械工业出版社，2011.
[3] 李艳红，李海华. 传感器原理及应用[M]. 北京：北京理工大学出版社，2010.
[4] 夏银桥，吴亮，李莫. 传感器技术及应用[M]. 武汉：华中科技大学出版社，2011.
[5] 周传德. 传感器与测试技术[M]. 重庆：重庆大学出版社，2009.
[6] 刘爱华，满宝元. 传感器原理及应用技术[M]. 北京：人民邮电出版社，2010.

[7] 李希文，赵建，李智奇，等. 传感器与信号调理技术[M]. 西安：西安电子科技大学出版社，2008.

[8] 周真，苑惠娟，樊尚春. 传感器原理与应用[M]. 北京：清华大学出版社，2011.

[9] 潘雪涛，温秀兰. 传感器原理与检测技术[M]. 北京：国防工业出版社，2011.

[10] 董敏明，唐守锋，董海波. 传感器原理与应用技术[M]. 北京：清华大学出版社，2011.

[11] 施湧潮，梁福平，牛春晖. 传感器检测技术[M]. 北京：国防工业出版社，2007.

[12] 张培仁. 传感器原理、检测及应用[M]. 北京：清华大学出版社，2012.

[13] 郭爱芳，王恒迪. 传感器原理及应用[M]. 西安：西安电子科技大学出版社，2007.

推荐书单

施湧潮，梁福平，牛春晖. 传感器检测技术[M]. 北京：国防工业出版社，2007.

第 3 章　电容式传感器

电容式传感器是将被测量转换为电容量变化的一种传感器。它具有结构简单、灵敏度高、价格低廉、过载能力强、动态响应特性好和对高温、辐射、强振等恶劣条件的适应性强等优点，因此广泛应用于力、位移、振动、液位、加速度等被测量。但电容式传感器的输出有非线性、寄生电容和分布电容对灵敏度和测量精度的影响较大以及连接电路较复杂等缺点，这些给它的应用带来一定的局限。随着材料、工艺、电子技术，特别是集成技术的发展，使其优点不断地得到发扬，缺点不断地被克服，新型的电容式传感器不断地被开发出来，进一步促进了电容式传感器的广泛应用。

3.1　电容式传感器的工作原理及类型

3.1.1　基本工作原理

电容式传感器是一个具有可变参量的电容器，将被测非电量转换为电容量，其变量间的转换关系原理如图 3-1 所示。由绝缘介质分开的两个平行金属极板组成的可变电容器，其基本原理可用图 3-2 所示的平板电容器说明。若忽略其边缘效应，则其电容量 C 可表示为

$$C = \frac{\varepsilon A}{d} = \frac{\varepsilon_0 \varepsilon_r A}{d} \tag{3-1}$$

式中：ε——极板间介质的介电常数；

ε_0——真空介电常数（$\varepsilon_0 = 8.85 \times 10^{-12}$ F/m）；

ε_r——介质材料的相对介电常数；

A——两极板的正对覆盖面积；

d——两极板间的距离。

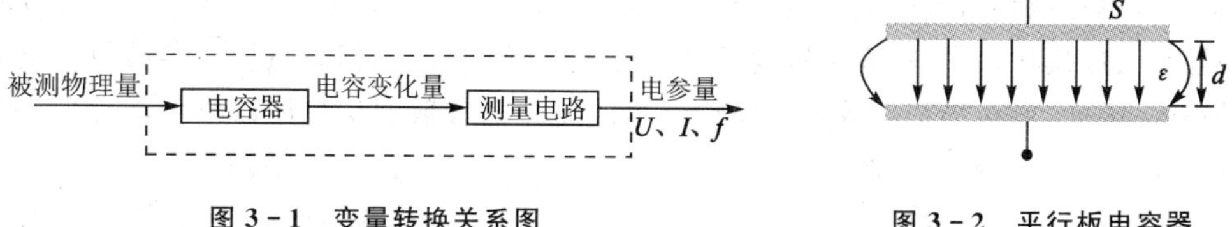

图 3-1　变量转换关系图

图 3-2　平行板电容器

由式(3-1)可知，在 ε_r、A、d 三个变量中，任意一个或几个参数发生变化时，电容量 C 也随之发生变化。这就是电容式传感器的工作原理。d 和 A 的变化可以反映线位移和角位移的变化，也可以间接反映压力、加速度等的变化；ε_r 的变化则可以反映液面的高度、材料厚度等的变化。

3.1.2 基本类型

根据电容式传感器的工作原理，在实际应用中，一般可分成三种基本类型：变极距(d)型(或称变间隙型)、变面积(A)型和变介电常数(ε_r)型。其中变极距型和变面积型应用较广。它们的电极形状有平板形、圆柱形和球形三种。

1. 变极距型电容式传感器

图 3－3 为变极距型电容式传感器的原理图。当动极板因被测量的改变而引起移动时，两极板间的距离 d 发生变化，从而改变了两极板之间的电容量 C。

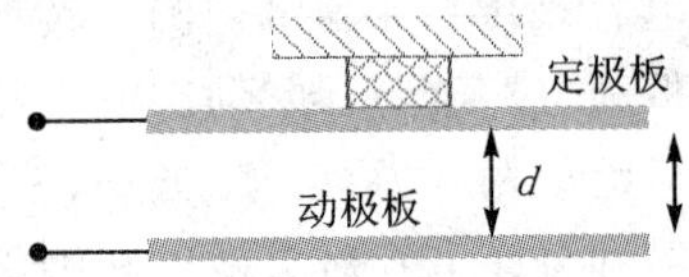

图 3－3 变极距型电容式传感器

设初始电容量为

$$C_0 = \frac{\varepsilon A}{d_0} \tag{3-2}$$

当间隙 d_0 减小 Δd 时，电容量增大 ΔC，则有

$$\Delta C = C - C_0 = \frac{\varepsilon A}{d_0 - \Delta d} - \frac{\varepsilon A}{d_0} = \frac{\varepsilon A}{d_0} \cdot \frac{\Delta d}{d_0 - \Delta d} = C_0 \frac{\Delta d}{d_0 - \Delta d} \tag{3-3}$$

电容量的相对变化为

$$\frac{\Delta C}{C_0} = \frac{\Delta d}{d_0} \cdot \frac{1}{1 - \frac{\Delta d}{d_0}} \tag{3-4}$$

当 $\Delta d/d_0 \ll 1$ 时，将式(3－4)按泰勒级数展开，得

$$\frac{\Delta C}{C_0} = \frac{\Delta d}{d_0}\left[1 + \frac{\Delta d}{d_0} + \left(\frac{\Delta d}{d_0}\right)^2 + \left(\frac{\Delta d}{d_0}\right)^3 + \cdots\right] \tag{3-5}$$

可见，电容量 C 的相对变化与位移之间呈现的是一种非线性关系，如图 3－4 所示。在误差允许范围内，通过略去高次项得到其近似的线性关系，公式如下：

$$\frac{\Delta C}{C_0} \approx \frac{\Delta d}{d_0} \tag{3-6}$$

所以，电容式传感器的灵敏度为

$$K = \frac{\Delta C/C_0}{\Delta d} = \frac{1}{d_0} \tag{3-7}$$

其物理意义是单位位移引起的电容量的相对变化量的大小。从式(3－7)可以看出，灵敏度 K 与起始间距 d_0 成反比，若要提高灵敏度，则应减小起始间距 d_0。但 d_0 过小，容易引起电容器击穿或短路。因此，可在极板间放置云母片或其他高介电常数的材料加以改善，如图 3－5 所示，此时电容为

$$C = \frac{A}{\frac{d_g}{\varepsilon_0 \varepsilon_g} + \frac{d_0}{\varepsilon_0}} \tag{3-8}$$

式中：ε_g——云母的相对介电常数；

ε_0——空气的介电常数；

d_g——云母片的厚度；

d_0——空气隙厚度。

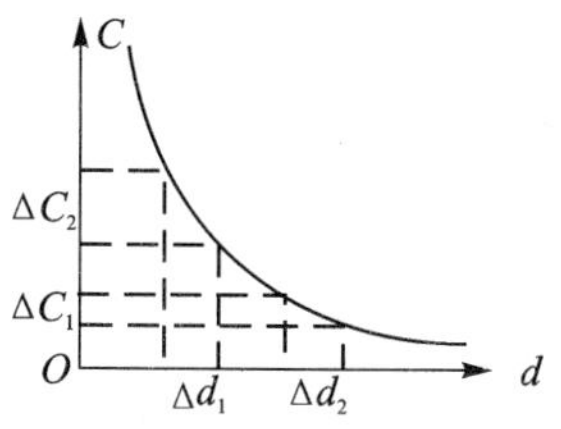

图 3-4　电容量与极板距离的关系

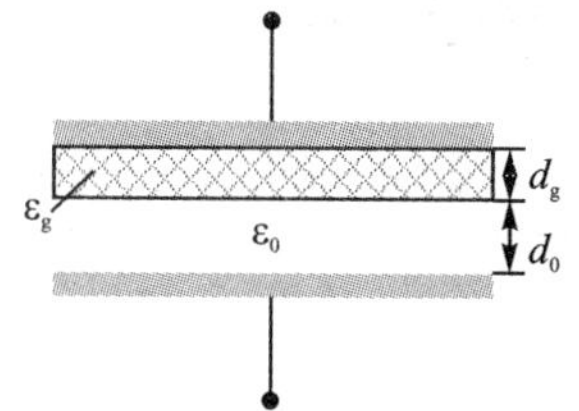

图 3-5　放置云母片的电容器

云母片的相对介电常数是空气的 7 倍，其击穿电压不小于 1 000 kV/mm，而空气仅为 3 kV/mm。因此有了云母片，极板间起始间距可大大减小。同时，式(3-8)中的 $d_g/(\varepsilon_0\ \varepsilon_g)$ 项是恒定值，它能使传感器输出特性的线性度得到改善。

如果只考虑二次非线性项，忽略其他高次项，则得

$$\frac{\Delta C}{C_0}=\frac{\Delta d}{d_0}\left(1+\frac{\Delta d}{d_0}\right) \tag{3-9}$$

由此得到其相对非线性误差为

$$\delta_L=\frac{|(\Delta d/d_0)^2|}{|\Delta d/d_0|}\times 100\%=|\Delta d/d_0|\times 100\% \tag{3-10}$$

从式(3-10)可以看出，非线性误差随着相对位移的增加而增加，减小 d_0 相应地增加了非线性。

在实际应用中，为了提高灵敏度和减小非线性，以及克服某些外界条件如电源电压、环境温度变化的影响，常采用差动电容式传感器，其结构如图 3-6 所示。

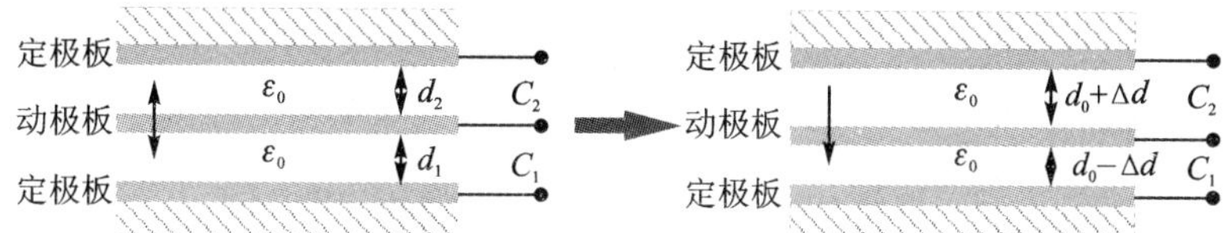

图 3-6　变极距型差动平板式电容传感器结构示意图

当动极板下移 Δd 时，电容器 C_1 的间隙 d_1 变为 $d_0-\Delta d$，电容器 C_2 的间隙 d_2 变为 $d_0+\Delta d$，则

$$C_1=C_0\frac{1}{1-(\Delta d/d_0)} \tag{3-11}$$

$$C_2=C_0\frac{1}{1+(\Delta d/d_0)} \tag{3-12}$$

当 $\Delta d/d_0\ll 1$ 时，按泰勒级数展开得

$$C_1=C_0\left[1+\frac{\Delta d}{d_0}+\left(\frac{\Delta d}{d_0}\right)^2+\left(\frac{\Delta d}{d_0}\right)^3+\cdots\right]$$

$$C_2=C_0\left[1-\frac{\Delta d}{d_0}+\left(\frac{\Delta d}{d_0}\right)^2-\left(\frac{\Delta d}{d_0}\right)^3+\cdots\right]$$

差动电容器总电容量变化为

$$\Delta C=C_1-C_2=2C_0\left[\frac{\Delta d}{d_0}+\left(\frac{\Delta d}{d_0}\right)^3+\left(\frac{\Delta d}{d_0}\right)^5+\cdots\right] \tag{3-13}$$

电容器的电容量相对变化为

$$\frac{\Delta C}{C_0}=2\frac{\Delta d}{d_0}\left[1+\left(\frac{\Delta d}{d_0}\right)^2+\left(\frac{\Delta d}{d_0}\right)^4+\cdots\right] \tag{3-14}$$

略去高次项,则 $\Delta C/C_0$ 与 $\Delta d/d_0$ 近似成线性关系,即

$$\frac{\Delta C}{C_0}\approx 2\frac{\Delta d}{d_0} \tag{3-15}$$

其灵敏度为

$$K=\frac{\Delta C/C_0}{\Delta d}=\frac{2}{d_0} \tag{3-16}$$

如果只考虑式(3-14)中的线性项和三次项,则差动电容式传感器的相对非线性误差近似为

$$\delta_L=\frac{|2(\Delta d/d_0)^2|}{|2(\Delta d/d_0)|}\times 100\%=|\Delta d/d_0|^2\times 100\% \tag{3-17}$$

由式(3-10)与式(3-17)比较可见,电容式传感器做成差动式结构后,非线性误差大大降低,而且灵敏度比单极距电容式传感器提高了一倍。与此同时,差动式电容传感器还能减小静电引力给测量带来的影响,并有效地改善由于环境影响所造成的误差。

2. 变面积型电容式传感器

(1) 线位移式变面积型电容式传感器

图 3-7 所示为线位移式变面积型电容传感器原理图。被测量通过动极板移动引起两极板有效覆盖面积 A 改变,从而得到电容量的变化。当动极板相对于定极板沿长度方向平移 Δx 时,在忽略边缘效应的条件下,改变后的电容量为

$$C=\frac{\varepsilon_0\,\varepsilon_r\,b(a-\Delta x)}{d} \tag{3-18}$$

式中:a——极板的宽度;

b——极板的长度。

电容量变化为

$$\Delta C=C-C_0=-\frac{\varepsilon_0\,\varepsilon_r\,b\Delta x}{d} \tag{3-19}$$

其中,初始电容量 $C_0=\varepsilon_0\,\varepsilon_r\,ab/d$。电容量的相对变化为

$$\frac{\Delta C}{C_0}=-\frac{\Delta x}{a} \tag{3-20}$$

灵敏度为

$$K=-\frac{\Delta C}{\Delta x}=\frac{\varepsilon_0\,\varepsilon_r\,b}{d} \tag{3-21}$$

由式(3-21)可知线位移式变面积型电容传感器的输出特性是线性的,灵敏度 K 为一常数。增大极板长度或者减小间距 d 都可以提高灵敏度。但极板宽度 a 不宜过小,否则会因为边缘效应的增加影响其线性特性。

在变面积型电容传感器中,平板形结构对极距变化特别敏感,测量精度受到影响,而圆柱形结构受极板径向变化的影响很小,成为实际中最常采用的结构,如图 3-8 所示。

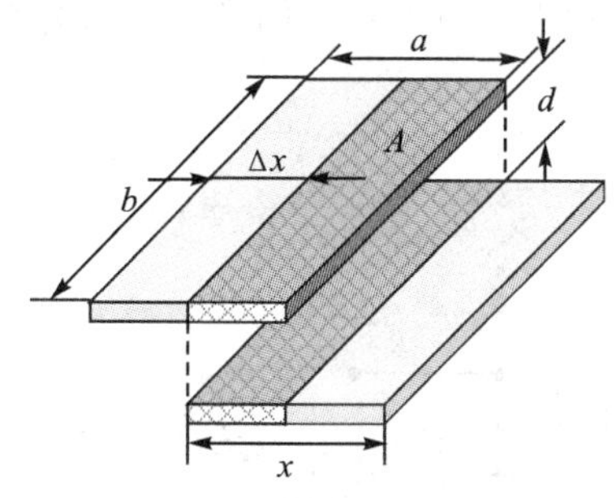

图 3-7　线位移式变面积型电容式传感器原理图

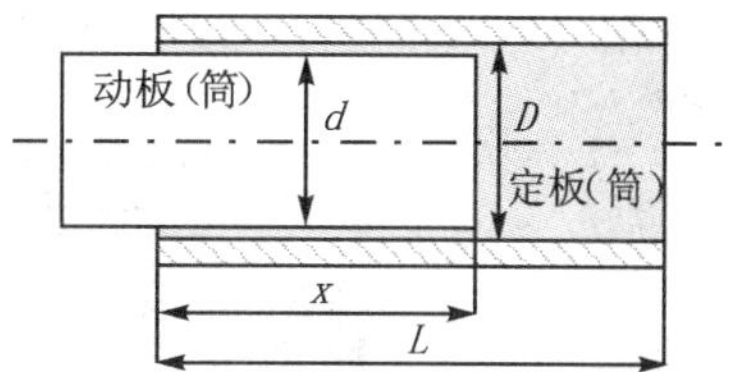

图 3-8　柱面线位移式变面积型电容式传感器结构图

其电容量 C 为

$$C=\frac{2\pi\varepsilon x}{\ln(D/d)} \tag{3-22}$$

当重叠长度 x 变化时，电容量变化为

$$\Delta C=C_0-C=\frac{2\pi\varepsilon L}{\ln(D/d)}-\frac{2\pi\varepsilon x}{\ln(D/d)}=\frac{2\pi\varepsilon(L-x)}{\ln(D/d)}=\frac{2\pi\varepsilon\Delta x}{\ln(D/d)} \tag{3-23}$$

灵敏度为

$$K=\frac{\Delta C}{\Delta x}=\frac{2\pi\varepsilon}{\ln(D/d)} \tag{3-24}$$

可见，其输出与输入成线性关系，灵敏度是常数，但与极板变化型相比，圆柱式电容传感器灵敏度较低，但其测量范围更大。

(2) 角位移式变面积型电容式传感器

图 3-9 所示为角位移式变面积型电容式传感器原理图。当动极板有一个角位移 θ 时，与定极板间的有效覆盖面积就发生变化，从而改变了两极板间的电容量。

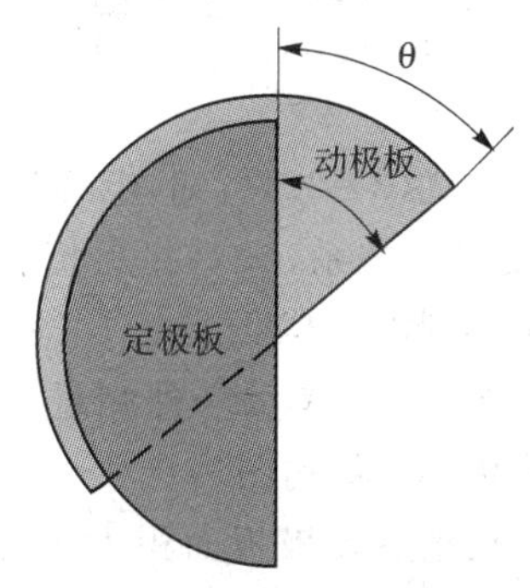

图 3-9　角位移式变面积型电容式传感器原理图

当 $\theta=0°$ 时，两半圆极板重合，初始电容量为

$$C_0=\frac{\varepsilon_0\ \varepsilon_r\ A}{d_0} \tag{3-25}$$

当 $\theta\neq0°$ 时，改变后的电容量为

$$C=\frac{\varepsilon_0\ \varepsilon_r\ A(1-\theta/\pi)}{d_0} \tag{3-26}$$

电容量的变化为

$$\Delta C=C-C_0=-C_0\frac{\theta}{\pi} \tag{3-27}$$

灵敏度为

$$K=-\frac{\Delta C}{\theta}=\frac{C_0}{\pi} \tag{3-28}$$

由式(3-26)与式(3-28)可知，角位移式变面积型电容式传感器的输出特性是线性的，灵敏度 K 为常数。

3. 变介质型电容式传感器

图 3-10(a)所示为圆柱式液位电容传感器结构图，其等效电路图如图 3-10(b)所示。设

被测液体与空气的介电常数分别为 ε 和 ε_0，其他各参量见图 3-10(a)。圆柱形电容器的初始电容为

$$C_0 = \frac{2\pi\varepsilon_0 h}{\ln(r_2/r_1)} \tag{3-29}$$

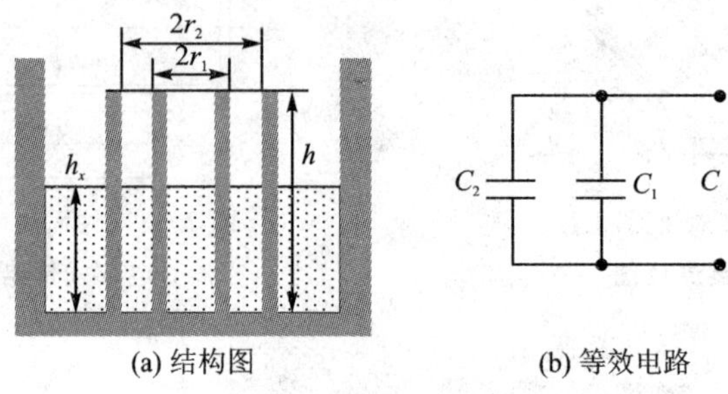

(a) 结构图　　(b) 等效电路

图 3-10　圆柱式液位电容传感器原理图

测量时，电容器的介质一部分是被测液位的液体，一部分是空气。设 C_1 为液体有效高度 h_x 形成的电容量，C_2 为空气高度 $(h-h_x)$ 形成的电容量，则

$$C_1 = \frac{2\pi\varepsilon h_x}{\ln(r_2/r_1)} \tag{3-30}$$

$$C_2 = \frac{2\pi\varepsilon_0 (h-h_x)}{\ln(r_2/r_1)} \tag{3-31}$$

由于 C_1 和 C_2 为并联，所以总电容量为

$$C = \frac{2\pi\varepsilon h_x}{\ln(r_2/r_1)} + \frac{2\pi\varepsilon_0 (h-h_x)}{\ln(r_2/r_1)} = \frac{2\pi\varepsilon_0 h}{\ln(r_2/r_1)} + \frac{2\pi(\varepsilon-\varepsilon_0)\ h_x}{\ln(r_2/r_1)} = C_0 + C_0\frac{(\varepsilon-\varepsilon_0)}{\varepsilon_0\ h}h_x \tag{3-32}$$

由式(3-32)可知，电容量 C 理论上与液面高度 h_x 成线性关系，只要测出传感器电容量 C 的大小，就可得到液位高度。

图 3-11 是另一种测量介质介电常数变化的电容式传感器结构图。

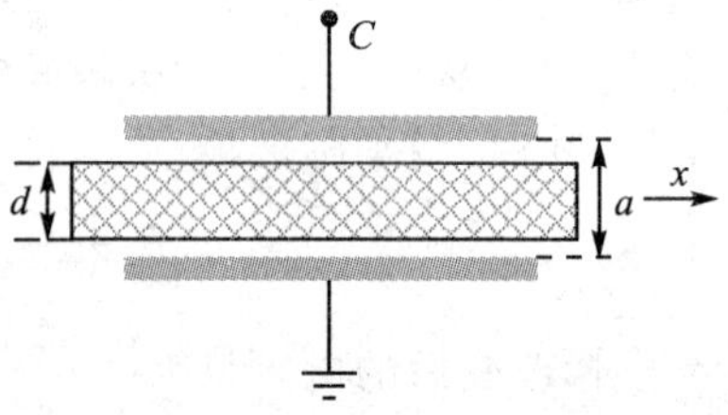

图 3-11　测量介质介电常数变化的电容式传感器结构图

设电容器极板面积为 A，间隙为 a，当有一厚度为 d，相对介电常数为 ε_r 的固体介质通过间隙，相当于电容串联，因此电容器的电容量为

$$C = \frac{1}{\dfrac{a-d}{\varepsilon_0 A} + \dfrac{d}{\varepsilon_0\ \varepsilon_r A}} = \frac{\varepsilon_0 A}{a-d+\dfrac{d}{\varepsilon_r}} \tag{3-33}$$

① 若改变固体介质的相对介电常数 $\varepsilon_r \to \varepsilon_r\ \Delta\varepsilon_r$，则电容量的相对变化为

$$\frac{\Delta C}{C} = \frac{\Delta\varepsilon_r}{\varepsilon_r} \times N_2 \times \frac{1}{1+N_3\dfrac{\Delta\varepsilon_r}{\varepsilon_r}} \tag{3-34}$$

当 $\Delta\varepsilon_r/\varepsilon_r \ll 1$ 时，按泰勒级数展开得

$$\frac{\Delta C}{C} = \frac{\Delta\varepsilon_r}{\varepsilon_r} \times N_2\left[1-N_3\frac{\varepsilon_r}{\varepsilon_r}+\left(N_3\frac{\Delta\varepsilon_r}{\varepsilon_r}\right)^2-\left(N_3\frac{\Delta\varepsilon_r}{\varepsilon_r}\right)^3+\cdots\right] \tag{3-35}$$

其中，$N_2=1/[1+\varepsilon_r(a-d)/d]$ 为灵敏度因子，随间隙比 $(a-d)/d$ 减小而增大；$N_3=1/[1+d/\varepsilon_r(a-d)]$ 为非线性因子，随间隙比 $d/(a-d)$ 增大而减小。

② 若传感器保持 ε_r 不变，改变介质厚度，则可用于测量介质厚度的变化，此时电容量的相对变化为

$$\frac{\Delta C}{C}=\frac{\Delta d}{d}\times N_4\times\frac{1}{1-N_4\dfrac{\Delta d}{d}} \tag{3-36}$$

当 $\Delta d/d\ll 1$ 时，按泰勒级数展开得

$$\frac{\Delta C}{C}=\frac{\Delta d}{d}\times N_4\left[1+N_4\frac{\Delta d}{d}+\left(N_4\frac{\Delta d}{d}\right)^2+\cdots\right] \tag{3-37}$$

其中，$N_4=(\varepsilon_r-1)/[1+\varepsilon_r(a-d)/d]$ 为灵敏度因子和非线性因子。

③ 若被测介质充满两极板间，即 $a=d$，则初始电容为

$$C_0=\frac{\varepsilon_0\varepsilon_r A}{d} \tag{3-38}$$

若 $\varepsilon_r\to\varepsilon_r\Delta\varepsilon_r$，则 $C\to C+\Delta C=C_{\varepsilon_r}$，即

$$C_{\varepsilon_r}=C+\Delta C=\frac{(\varepsilon_r+\Delta\varepsilon_r)\varepsilon_0 A}{d}=C_0+\frac{\Delta\varepsilon_r\varepsilon_0 A}{d} \tag{3-39}$$

由式(3-39)可知，ΔC 与 $\Delta\varepsilon_r$ 成线性关系。测量液体介质介电常数的变化即属此情况，如测原油含水率。

3.2　电容式传感器的等效电路

电容式传感器的等效电路图可以用图 3-12 所示的电路图表示。图中考虑了电容器的损耗和电感效应，R_p 为并联损耗电阻，它代表极板间的泄漏电阻和介质损耗。这些损耗在低频时影响较大，随着工作频率增大，容抗减小，其影响就减弱。R_s 代表串联损耗，即引线电阻，电容器支架和极板的电阻。电感 L 由电容器本身的电感和外部引线电感组成。由等效电路可知，等效电路有一个谐振频率，通常为几十 MHz。传感元件的有效电容 C_e 可由下式求得（为了计算方便，忽略 R_p、R_s）：

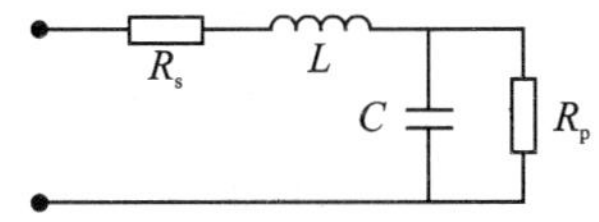

图 3-12　电容式传感器的等效电路图

$$\frac{1}{j\omega C_e}=j\omega L+\frac{1}{j\omega C} \tag{3-40}$$

$$C_e=\frac{C}{1-\omega^2 LC} \tag{3-41}$$

$$\Delta C_e=\frac{\Delta C}{1-\omega^2 LC}+\frac{\omega^2 LC\Delta C}{(1-\omega^2 LC)^2}=\frac{\Delta C}{(1-\omega^2 LC)^2} \tag{3-42}$$

在这种情况下，电容量的实际相对变化为

$$\frac{\Delta C_e}{C_e}=\frac{\Delta C/C}{1-\omega^2 LC} \tag{3-43}$$

由等效电路及式(3-43)可知，在传感器工作前，必须注意以下两点：

➢ 当工作频率等于或接近谐振频率时，谐振频率破坏了电容的正常作用。因此，工作频率

应该先选择低于谐振频率，否则电容式传感器将不能正常工作。

- 电容式传感器的实际相对变化量与传感器的固有电感 L 和角频率(ω)有关。因此，在实际应用时必须与标定的条件相同。

3.3 电容式传感器的测量电路

电容式传感器将被测非电量转换为电容变化量后，其电容值十分微小，必须借助于信号调节电路将这微小电容值的变化量转换成与之成正比的电压、电流或频率，这样才便于实现传输、显示以及记录。

3.3.1 电桥电路

将电容式传感器接入交流电桥的一个桥臂或两个相邻桥臂，另两个桥臂可以是电阻、电容或电感，如图 3-13 所示；也可以是变压器的两个次级绕组，构成变压器式交流电桥，如图 3-14所示。

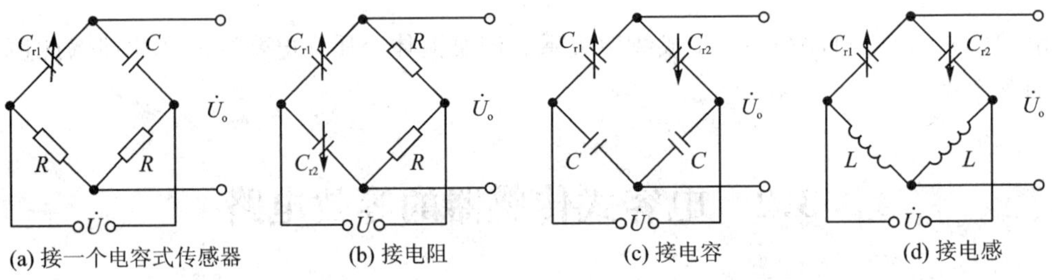

图 3-13　电容式传感器构成的交流电桥

变压器电桥使用的元件最少，桥路内阻最小，因此采用较多。差动电容式传感器接入变压器式电桥，当放大器输入阻抗极大时，对任何类型的电容式传感器，电桥输出电压与输入位移均为线性关系。不过由于电桥输出电压与电源电压成比例，因此要求电源电压波动极小，需采用稳幅、稳频等措施，在要求精度高的场合，可采用自动平衡电桥。

图 3-15 所示是实际电桥测量电路。一般传感器包括在电桥内用稳频、稳幅和固定波形的低阻信号源去激励，最后经电路放大及相敏整流得到直流输出信号。

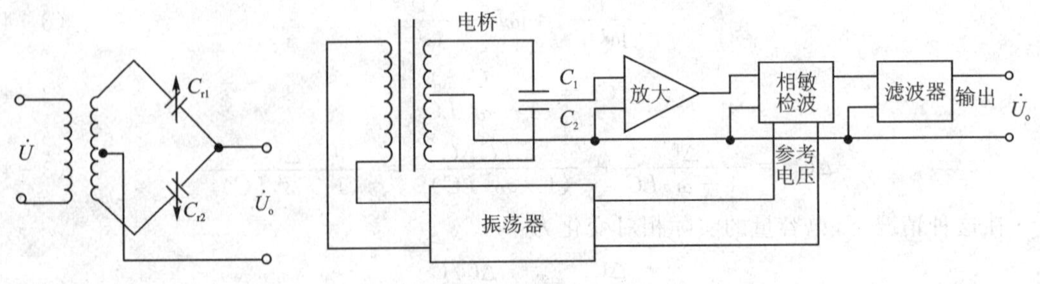

图 3-14　变压器式交流电桥　　　　图 3-15　电桥测量电路

3.3.2　调频电路

传感器电容是振荡器谐振回路的一部分。当输入量使传感器电容量发生变化时，振荡器的振荡频率发生变化。当电容传感器工作时，电容量发生变化，导致振荡频率产生相应的变化。再通过监频电路将频率的变化转换为振幅的变化，经放大器放大后即可显示，这种方法称为调频法。调频接收系统可以分为外差式调频和直放式调频，如图 3－16 所示。

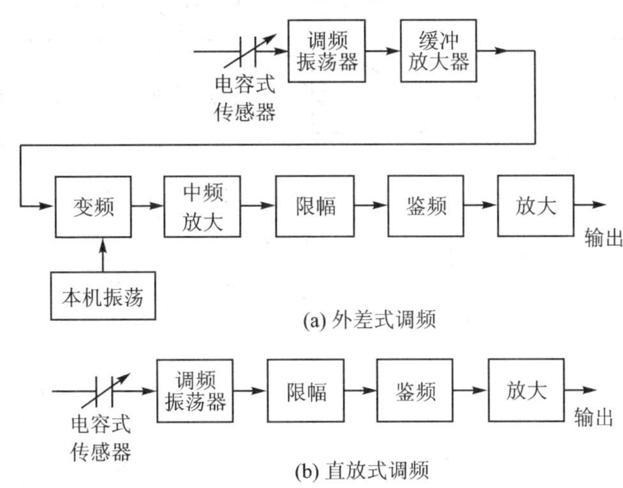

图 3－16　调频电路框架图

图 3－16 中调频振荡器的振荡频率为

$$f=\frac{1}{2\pi\sqrt{LC}} \tag{3-44}$$

式中：L——振荡回路电感。

C——振荡回路的总电容，$C=C_1+C_2+C_x$。其中 C_1 为振荡回路固有电容；C_2 为传感器引线分布电容；$C_x=C_0+\Delta C$ 为传感器的电容。

当被测信号为 0 时，$\Delta C=0$，则 $C=C_1+C_2+C_0$，所以振荡器有一个固有频率 f_0，其表示式为

$$f_0=\frac{1}{2\pi\sqrt{L(C_1+C_2+C_0)}} \tag{3-45}$$

当被测信号不为 0 时，$\Delta C\neq 0$，振荡器频率有相应变化，此时频率为

$$f=\frac{1}{2\pi\sqrt{L(C_1+C_2+C_0+\Delta C)}}=f_0\pm\Delta f \tag{3-46}$$

调频电容传感器测量电路具有较高的灵敏度，可以测量高至 0.01 μm 级位移变化量。信号的输出频率易于用数字仪器测量，并与计算机通信，抗干扰能力强，可以发送、接收，以达到遥测、遥控的目的。

用调频系统作为电容式传感器的测量电路主要有以下特点：

- 选择性好，且灵敏度高；
- 抗外来干扰能力强；

- 特性稳定；
- 能取得高电平的直流信号(伏特数量级)；
- 因为是频率输出,所以易于用数字仪器和计算机接口。

3.3.3 谐振电路

图 3-17 所示为谐振电路的原理框图,电容式传感器的电容 C_x 作为谐振电路(或)调谐电容的一部分。此谐振回路通过电感耦合,从稳定的高频振荡器获得振荡电压。

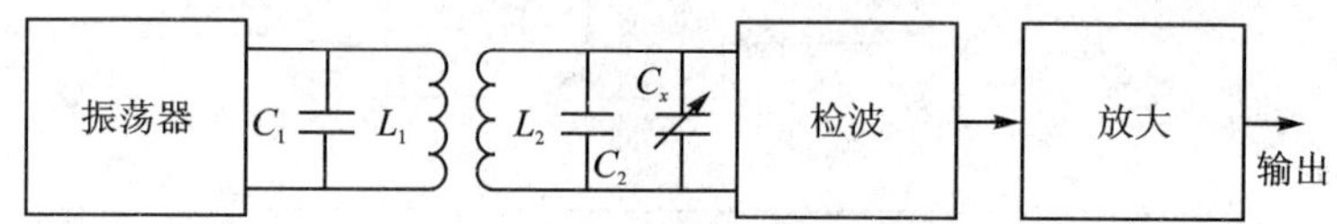

图 3-17 谐振电路原理框图

为了获得较好的线性关系,一般谐振电路的工作点选在谐振曲线的一边,最大振幅 70% 附近的地方,如图 3-18所示,且工作范围在 BC 段内。

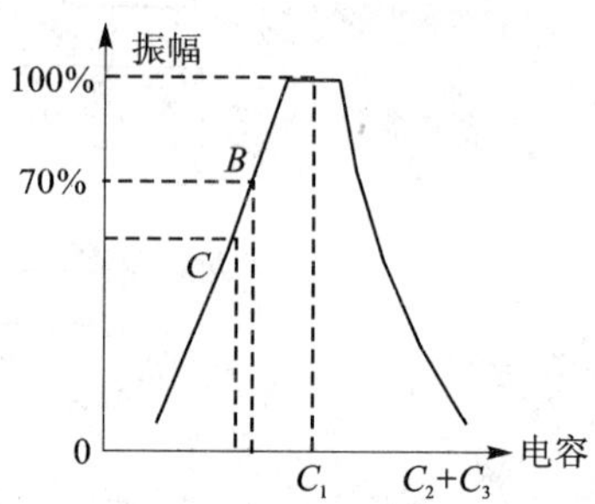

图 3-18 谐振电路工作特性

谐振电路主要有以下特点：

- 电路比较灵敏；
- 工作点不易选好,且变化范围窄；
- 连接电缆杂散电容对电路的影响大；
- 为提高测量精度,振荡器的频率要求具有很高的稳定性。

3.3.4 运算放大器式电路

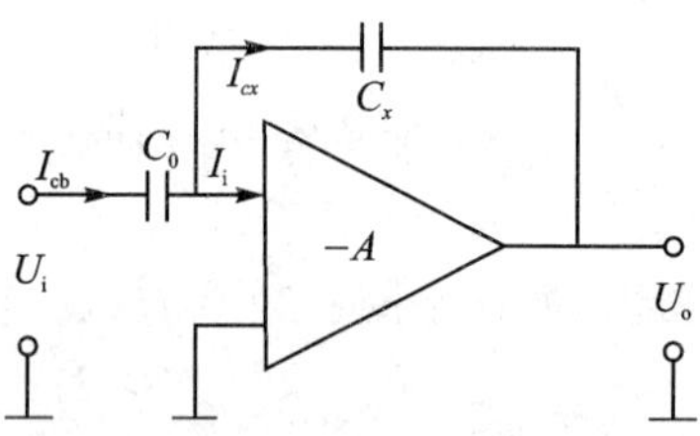

图 3-19 运算放大器式电路原理图

由于运算放大器的放大倍数 K 非常大,而且输入阻抗 Z_i 很高,能将变间隙电容式传感器的非线性特性转换为线性关系,运算放大器的这一特点可以作为电容传感器比较理想的测量电路。图 3-19 为其原理图,C_x 为传感器,C_0 为固定电容。

当运算放大器输入阻抗很高、增益很大时,可认为运算放大器输入电流为零,根据基尔霍夫定律,有

$$\begin{cases} U_i = \dfrac{I_{cb}}{j\omega C_0} \\ U_o = \dfrac{I_{cx}}{j\omega C_x} \\ I_{cb} = -I_{cx} \end{cases}$$

解方程组式得

$$U_o = -U_i \frac{C_0}{C_x} \tag{3-47}$$

如果传感器是一只平行板电容,则 $C_x = \varepsilon A/d$,代入式(3-47)得

$$U_o = -U_i \frac{C_0}{\varepsilon A} \cdot d \tag{3-48}$$

式(3-48)中负号表示运算放大器的输出电压 U_o 与电源电压 U_i 反相。显然，运算放大器的输出电压 U_o 与极板间距离 d 成线性关系，解决了单个变极距式电容式传感器的非线性问题。

3.3.5　二极管双 T 形交流电桥

二极管双 T 形交流电桥又称为二极管 T 形网络，如图 3-20 所示。供电电压是幅值为 U_i、周期为 T、占空比为 50% 的方波。

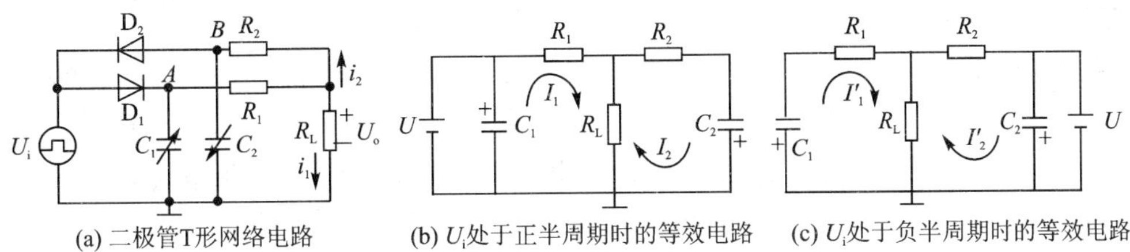

图 3-20　二极管双 T 形交流电桥及等效电路

当电源电压 U_i 处于正半周期时，二极管 D_1 导通，D_2 截止，等效电路如图 3-20(b)所示。此时，C_1 被快速充电至电压 U，电源 U 经 R_1 以电流 I_1 向负载电阻 R_L 供电。如果电容 C_2 在初始时已充电，则 C_2 经电阻 R_2 和 R_L 放电，放电电流为 I_2，所以流经 R_L 的电流 I_L 为 I_1 和 I_2 的代数和。

当电源电压 U_i 处于负半周期时，二极管 D_1 截止，D_2 导通，等效电路如图 3-20(c)所示。此时，C_2 被快速充电至电压 U，电源 U 经 R_2 以电流 I'_2 向负载电阻 R_L 供电。而电容 C_1 则经电阻 R_1 和 R_L 放电，放电电流为 I'_1，所以流经 R_L 的电流 I'_L 为 I'_1 和 I'_2 的代数和。

如果二极管 D_1 和 D_2 具有相同的特性，且令 $C_1=C_2$，$R_1=R_2=R$，则正半周和负半周流过负载的电流 i_1 和 i_2 大小相等，方向相反，即一个周期内流过负载电阻 R_L 的平均电流为零。如果 $C_1 \neq C_2$，则输出电压的平均值为

$$U_o = R_L I_L = R_L \left[\frac{1}{T} \int_0^T | i_1(t) - i_2(t) | \mathrm{d}t \right] = \frac{R(R+2R_L)}{(R+R_L)^2} R_L U_i f(C_1 - C_2) \tag{3-49}$$

式中：f——电源频率。输出电压不仅与电源的频率和幅值有关，而且与电容的差值有关。

该电路适用于各种电容式传感器。其应用特点有如下几点：

- 线路简单，可全部放在探头内，大大缩短了电容引线，减小了分布电容的影响；
- 电源周期、幅值直接影响灵敏度，要求它们高度稳定；
- 输出阻抗为 R，而与电容无关，克服了电容式传感器高内阻的缺点；
- 适用于具有线性特性的单组式和差动式电容式传感器。

3.3.6　脉冲宽度调制电路

脉冲宽度调制电路是利用对传感器电容的充放电，使电路输出脉冲的宽度随传感器电容量变化而变化，通过低通滤波器得到对应被测量变化的直流信号。图 3-21 为脉冲宽度调制电路原理图，由比较器 A_1、A_2、双稳态触发器及电容充放电回路组成。C_1、C_2 为差动电容传感器，U_f 为触发器参考电压，R_1-C_1、R_2-C_2 为充电回路，C_1-V_{D1}、C_2-V_{D2} 为放电回路。

接通电源后双稳态触发器的 A 点为高电平(Q=1),B 点为低电平($\overline{Q}=0$),即 $U_A=U$,$U_B=0$,此时,U_A 通过 R_1 对 C_1 充电,时间常数为 $T_1=R_1C_1$,M 点电位升高。当 M 点电位上升到 $U_M>U_f$ 时,比较器 A_1 翻转,使双稳态触发器也跟着翻转,A 点变为低电平(Q=0),已被充电的电容 C_1 经二极管 V_{D1} 迅速放电至零($U_M=0$),此时,B 点为高电平,即 $U_B=U$,U 通过 R_2 对 C_2 充电,时间常数为 $T_2=R_2C_2$,N 点电位升高。当 N 点电位上升到 $U_N>U_f$ 时,比较器 A_2 翻转,使双稳态触发器再次发生翻转,B 点又变为低电平($\overline{Q}=0$),A 点恢复高电平,已被充电的电容 C_2 经二极管 V_{D2} 迅速放电至零($U_N=0$)。如此周而复始,则在 A、B 两点分别输出宽度受 C_1、C_2 调制的矩形脉冲。

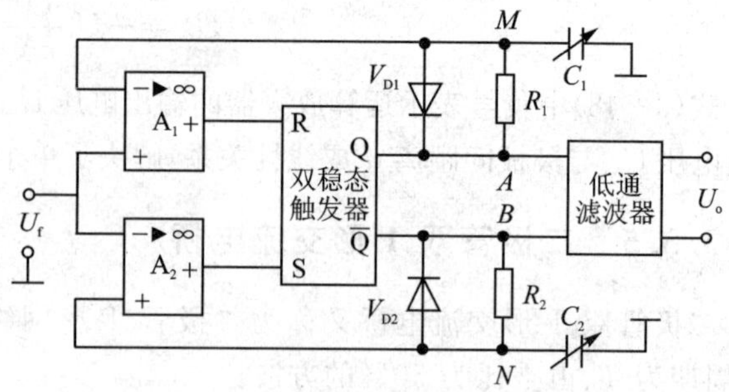

图 3-21 脉冲宽度调制电路原理图

当 $C_1=C_2=C$ 时,C_1、C_2 充电时间常数相等,即 $T_1=T_2$,各点的电压波形如图 3-22(a)所示,输出电压 U_{AB} 的平均值为零。但当 $C_1\neq C_2$ 时,C_1、C_2 充电时间常数不相等,即 $T_1\neq T_2$。

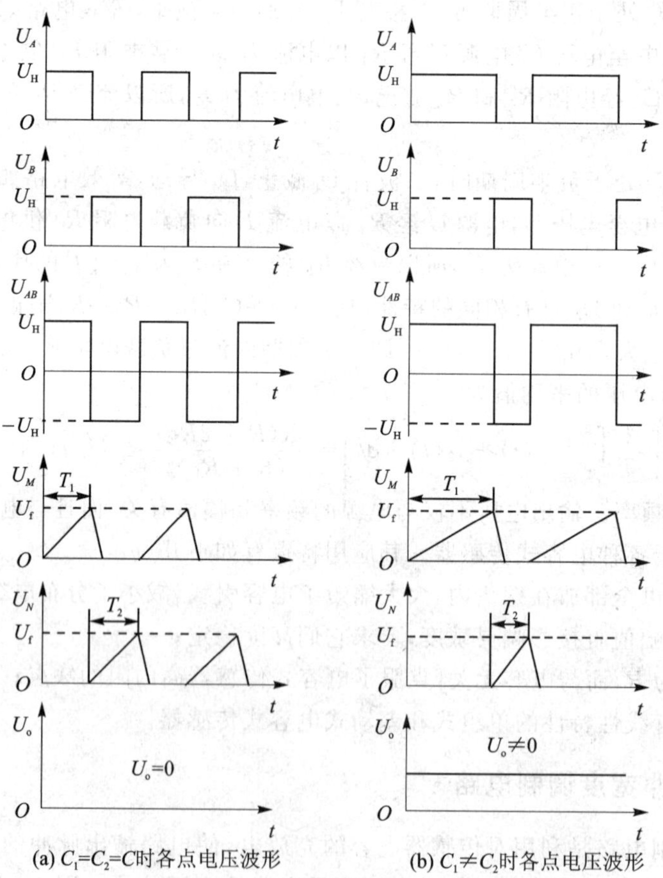

(a) $C_1=C_2=C$ 时各点电压波形 (b) $C_1\neq C_2$ 时各点电压波形

图 3-22 脉冲宽度调制电路各点电压波形图

若 $C_1>C_2$,则 $T_1>T_2$;反之,若 $C_1<C_2$,则 $T_1<T_2$。各点电压波形图如图 3-22(b)所

示，输出电压 U_{AB} 的平均值不为零。U_{AB} 经低通滤波器后，就得到一直流电压 U_o 为

$$U_o = U_A - U_B = \frac{T_1}{T_1 + T_2} U_H - \frac{T_2}{T_1 + T_2} U_H = \frac{T_1 - T_2}{T_1 + T_2} U_H \tag{3-50}$$

式中：U_A、U_B——A 点和 B 点的矩形脉冲的直流分量；

T_1、T_2——C_1 和 C_2 充电至 U_f 所需要的时间；

U_H——触发器输出的高电位。

C_1、C_2 的充电时间 T_1、T_2 为

$$T_1 = R_1 C_1 \ln \frac{U_H}{U_H - U_f}; \qquad T_2 = R_2 C_2 \ln \frac{U_H}{U_H - U_f}$$

设 $R_1 = R_2 = R$，将 T_1、T_2 代入式(3-50)得

$$U_o = \frac{C_1 - C_2}{C_1 + C_2} U_H \tag{3-51}$$

由此可见，输出的直流电压与传感器两电容量的差值成正比。表 3-1 所列是 C_1、C_2 分别增减时得到的 U_o。

下面介绍变极距型电容传感器和变面积型电容传感器在脉冲调宽电路中的区别。

表 3-1　U_o 的两种情况

C_1	C_2	U_o
$C_0 + \Delta C$	$C_0 - \Delta C$	$\frac{\Delta C}{C_0} U_H$
$C_0 - \Delta C$	$C_0 + \Delta C$	$-\frac{\Delta C}{C_0} U_H$

1. 变极距型电容式传感器

对于变极距型电容式传感器，传感器电容量的大小与极板间距离 d 成反比，即对应于 $C_1 = C_0 + \Delta C$，$C_2 = C_0 - \Delta C$ 时，$d_1 = d - \Delta d$，$d_2 = d + \Delta d$。此时差动输出电压平均值为

$$U_o = \frac{C_1 - C_2}{C_1 + C_2} U_H = \frac{d_2 - d_1}{d_1 + d_2} U_H = \frac{\Delta d}{d} U_H$$

2. 变面积型电容式传感器

对于变面积型电容式传感器，传感器电容量的大小与极板的有效面积 S 成正比，即对应于 $C_1 = C_0 + \Delta C$，$C_2 = C_0 - \Delta C$ 时，$S_1 = S + \Delta S$，$S_2 = S - \Delta S$。此时差动输出电压平均值为

$$U_o = \frac{C_1 - C_2}{C_1 + C_2} U_H = \frac{S_1 - S_2}{S_1 + S_2} U_H = \frac{\Delta S}{S} U_H$$

由上可见，无论是变 d 型还是变 S 型差动电容式传感器，差动脉冲调宽电路输出电压与变化量 ΔC(Δd 或 ΔS)之间有着一一对应的线性关系，而与脉冲调宽频率的变化无关，且对输出矩形波纯度要求不高，这对电容式传感器测量电路十分重要。脉冲调宽电路具有以下几个特点：

- 消除了非线性，频率对输出无影响；
- 不需要相敏检波即能获得较大的直流输出；
- 电路只采用直流电源，不需要频率发生器；
- 对输出矩形波纯度要求不高。

3.4　电容式传感器的应用

电容式传感器由于检测头结构简单，可以用有机材料和磁性材料构成，所以它能经受相当

大的温度变化及各种辐射作用，因而可以在温度变化大、有各种辐射等恶劣环境下工作，广泛应用于精确测量位移、厚度、角度、振动等物理量，还应用于测量力、压差、流量、成分、液位等参数，在自动检测与控制系统中也常常用来作为位置信号发生器。

3.4.1 电容式压差传感器

图 3－23 所示为一种差动电容式压差传感器的结构原理图。电容式传感器的动极板是加有预紧力的不锈钢片，作为传感器的弹性敏感元件。传感器的两个定极板由凹形玻璃基片上镀有金属层的极板构成。该传感器可以测量 0～0.75 Pa 的微小压差，其动态响应主要取决于弹性膜片的固有频率。

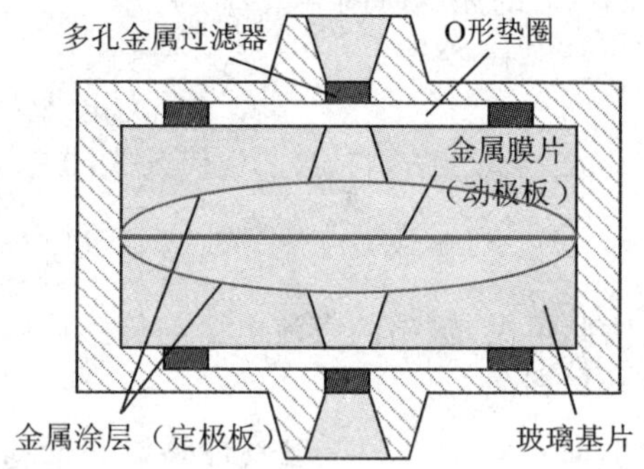

图 3－23 差动电容式压差传感器结构原理图

图 3－24 所示为差动电容式压差传感器的工作原理图及等效电路。当 $P_H=P_L$ 时，中心膜片处于平直状态，膜片两侧电容均为 C_0；当 $P_H>P_L$ 时，中心膜片上凸，上部电容为 C_L，下部电容为 C_H。C_H 相当于当前膜片位置与平直位置间的电容 C_A 和 C_0 的串联；而 C_0 又可看成是膜片上部电容 C_L 与的 C_A 串联。

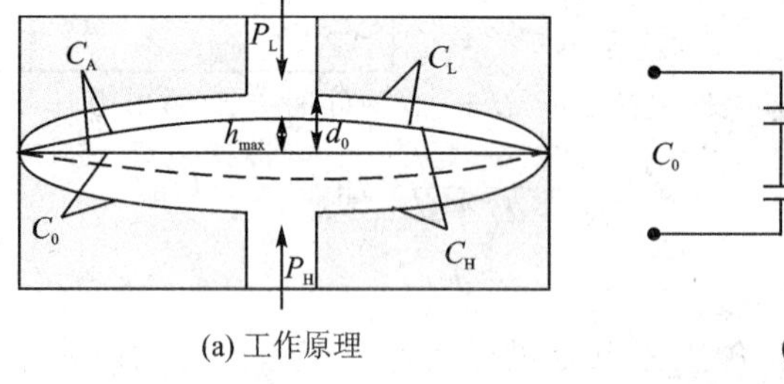

(a) 工作原理　　(b) 等效电路

图 3－24 差动电容式压差传感器的工作原理图及等效电路

图 3－25 所示为单只变极距型电容式压力传感器，用于测量流体或气体的压力。液体或气体压力作用于弹性膜片（动极片），使弹性膜片产生位移，从而导致电容量的变化，进一步引起由该电容组成的振荡器的振荡频率变化，频率信号经计数、编码、传输到显示部分，即可指示压力变化。

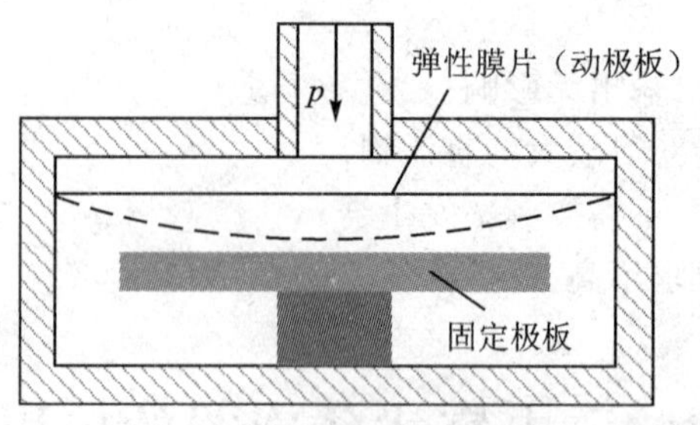

图 3－25 单只变极距型电容式压力传感器

3.4.2　电容式称重传感器

图 3-26 所示为车辆动态称重系统采用的软质电容式称重传感器的结构示意图。该传感器由作为极板的导电胶和中间作为介质的普通橡胶两部分组成，实现了秤体与称重传感器的一体化，减轻了称重设备的质量和体积，并且由于为软质材料，可以随时卷起携带，便于携带测量。

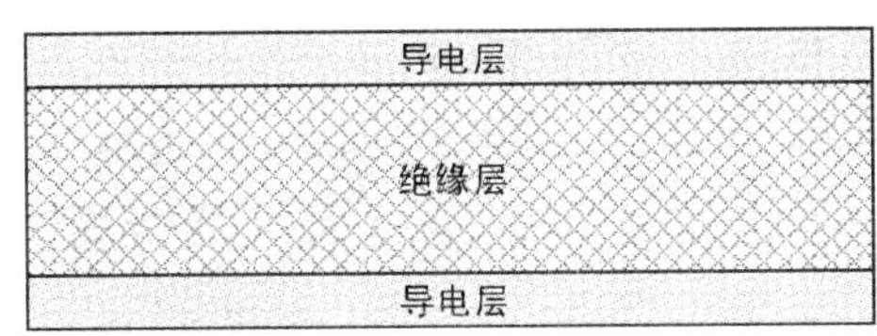

图 3-26　软质电容式称重传感器结构示意图

图 3-27 所示为测量电路的系统框架图。当重物压过时，绝缘层橡胶发生形变，电容式传感器极板间距离减小，电容增大，然后经过称重系统测量电路转换，便可得到重物质量。

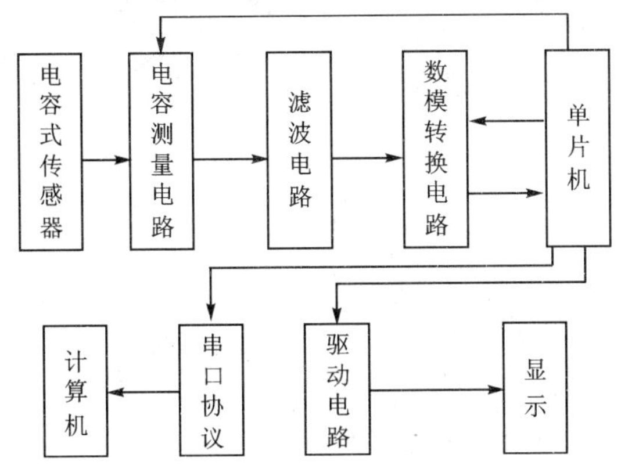

图 3-27　测量电路系统框架图

该传感器有如下几个优点：

- 可减轻车辆动态称重装置的质量，并且由于为软质，因此可随时卷起携带，利于交通稽查。
- 橡胶材料具有良好的柔软性，能够与路面保持良好接触，降低车辆动态称重中称重装置对路面平整度的要求。
- 橡胶材料具有较高的内阻，对于冲击和高频振动有良好的吸收性能，因此使动态数据受到更少的干扰。

图 3-28 所示的电容式称重传感器，是在弹性钢体上高度相同处打一排孔，在孔内形成一排平行的平板电容，当称重时，钢体上端面受力，圆孔变形，每个孔中的电容极板间隙变小，其电容相应增大。由于在电路上各电容是并联的，因而输出反映的结果是平均作用力的变化，测量误差大大减小。

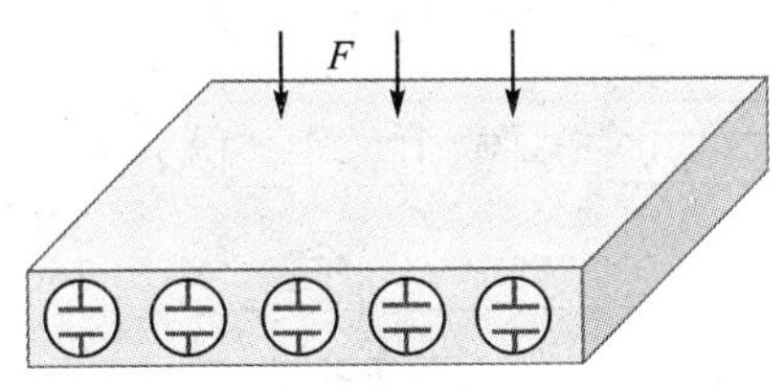

图 3-28　电容式称重传感器

3.4.3 电容式加速度传感器

图 3-29 所示为不等高梳齿电容式三轴 MEMS 加速度传感器结构示意图，由检测 X、Y 轴向加速度的敏感质量块、L 形支撑弹簧梁、梳齿差分电容敏感电极对、检测 Z 轴向加速度的敏感质量块、一字形支撑梁和不等高梳齿差分电容敏感电极对组成。

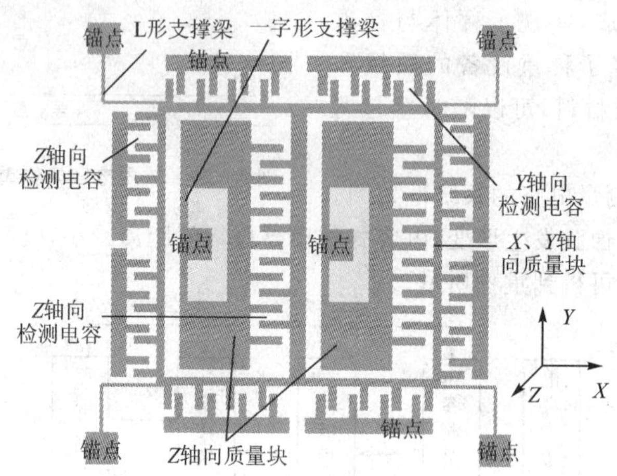

图 3-29　不等高梳齿电容式三轴 MEMS 加速度传感器结构示意图

X、Y 轴向加速度的检测单元采用定齿偏置式，当有加速度时，X、Y 轴向质量块沿着平面左右或上下运动，梳齿间间距发生变化，而导致梳齿电极间的电容发生变化，从而实现对 X、Y 轴向加速度的检测。Z 轴向敏感质量块沿着平面内外运动，两边的梳齿采用不等高处理，当 Z 轴向有加速度时，一字形支撑梁会产生扭转，梳齿对间的正对面积发生改变，且不等高梳齿对一侧电容增大，另一侧电容减小，形成差分电路，有电信号输出。

3.4.4 电容式触摸屏

电容触控是第二代触控技术，是利用人体的电流感应进行工作的。电容式触摸屏是一块四层复合玻璃屏，玻璃屏的内表面和夹层各涂有一层 ITO，最外层是一薄层矽土玻璃保护层，夹层 ITO 涂层作为工作面，四个角上引出四个电极，内层 ITO 为屏蔽层以保证良好的工作环境。图 3-30 所示是电容式触摸屏的三种结构。

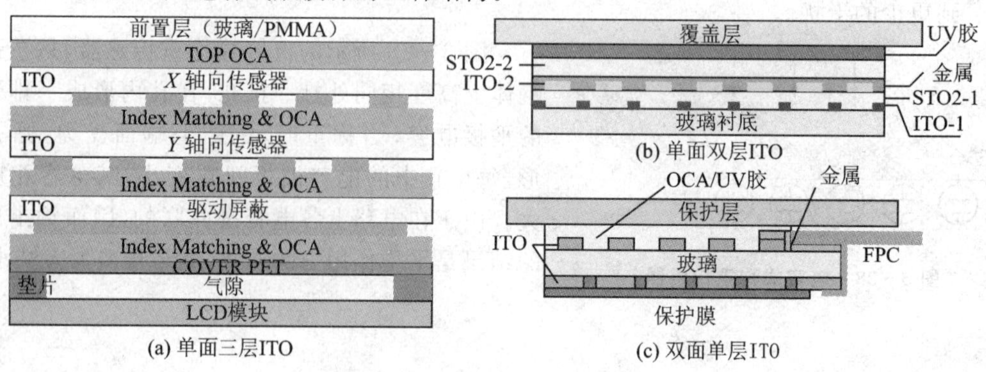

图 3-30　电容式触摸屏结构

1. 互电容式触摸屏

当手指触摸在金属层上时，由于人体电场，用户和触摸屏表面形成一个耦合电容，对于高频电流来说，电容是直接导体，于是手指从接触点吸走一个很小的电流。这个电流分别从触摸屏四角上的电极中流出，并且流经这四个电极的电流与手指到四角的距离成正比，控制器通过对这四个电流比例的精确计算，得出触摸点的位置，如图 3-31 所示。

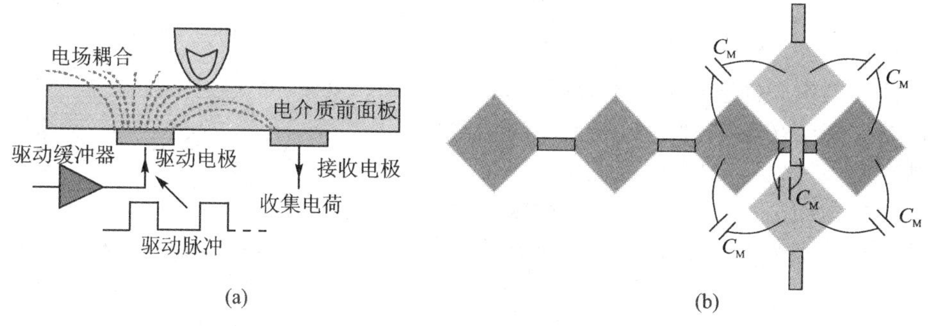

图 3-31 互电容式触摸屏原理

2. 自电容式触摸屏

自电容式触摸屏与互电容式触摸屏不同，它不产生耦合电容，产生的是寄生电容，手指触摸时寄生电容增加：$C_p = C_p / C_{finger}$，检测寄生电容的变化量，进而确定手指触摸的位置，如图 3-32 所示。

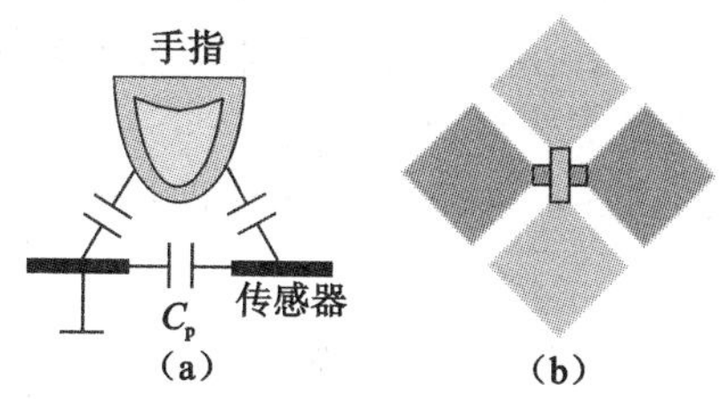

图 3-32 自电容式触摸屏原理

3.4.5 Touch ID

电容式指纹识别传感器是利用一定间隔安装的两个电容，并利用指纹的凹凸，在手指滑过指纹检测仪器时接通或断开两个电容的电流以检测指纹资料。电容传感器对手指的洁净要求还是比较高的，而且传感器表面使用硅材料，比较容易损坏。图 3-33 为 iPhone 5S Home 键底部结构。

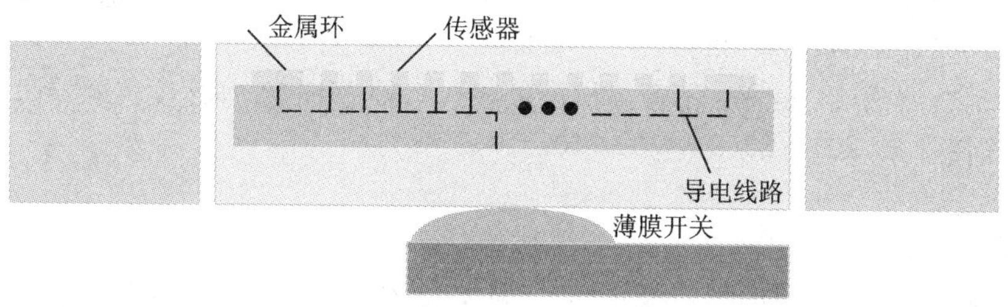

图 3-33 iPhone 5S Home 键

苹果公司在 iPhone 5S Home 键下配置了指纹识别传感器，同时在 Home 键周围配置了感应性光环，当检测到用户手指时就会亮起，用户也能很快知道自己的指纹是否正在被扫描而无需点按 Home 键。指纹识别功能是一项认证功能，比如在线购物时，用户只要通过 Home 键进行指纹识别就可以进行付款。

苹果公司的 iPhone 指纹传感器是采用堆栈在显示屏下，或者是显示屏的一部分的方法。这样指纹传感器也可以成为输入的方式之一，而且可以与其他电路共同工作支持选定的功能，提供触觉回馈或开启设备。指纹传感芯片还与最重要的像素传感追踪结合(金属化层)，追踪的痕迹可以是横排或者竖排的像素。图 3－34 所示为苹果公司的 iPhone 指纹传感器专利中提到的指纹传感器结构示意图。

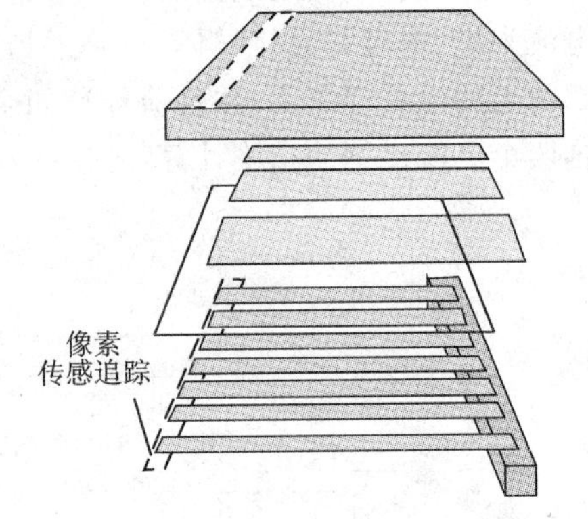

图 3－34　iPhone 指纹传感器结构示意图

课后习题

1. 电容传感器有哪三类？试推导出电容量变化后的输出公式。
2. 采用运算放大器作为电容传感器的测量电路，其输出特性是否为线性？为什么？
3. 当差动式变极距型电容传感器动极板相对于定极板位移 $\Delta d=0.75$ mm 时，若初始电容量 $C_1=C_2=80$ pF，初始距离 $d=4$ mm，试计算其非线性误差。若将差动电容改为单只平板电容，初始值不变，其非线性误差将会有多大？
4. 设计一个液位监测系统，请详细描述其运用到了哪些原理？能实现哪些功能？

参考文献

[1] 施涌潮，梁福平，牛春晖. 传感器检测技术[M]. 北京：国防工业出版社，2006.
[2] 潘雪涛，温秀兰. 传感器原理与检测技术[M]. 北京：国防工业出版社，2010.
[3] 钱显毅，唐国兴. 传感器原理与检测技术[M]. 北京：机械工业出版社，2011.
[4] 刘爱华，满宝元. 传感器原理及应用技术[M]. 北京：人民邮电出版社，2010.
[5] 张培仁. 传感器原理、检测及应用[M]. 北京：清华大学出版社，2012.
[6] 郭爱芳，王恒迪. 传感器原理及应用[M]. 西安：西安电子科技大学出版社，2007.
[7] 李艳红，李海华. 传感器原理及应用[M]. 北京：北京理工大学出版社，2010.
[8] 程路，李青，张宏建. 基于软质电容式称重传感器的车辆动态称重系统[J]. 计量学报，2008，29(5)：334-338.
[9] 许高斌，朱华铭，陈兴. 不等高梳齿电容式三轴 MEMS 加速度传感器[J]. 电子测量与仪器学报，2011，25(8)：704-710.

推荐书单

潘雪涛，温秀兰. 传感器原理与检测技术[M]. 北京：国防工业出版社，2010.

第 4 章　电感式传感器

电感式传感器是利用电磁感应把被测的物理量如位移、压力、流量、振动等转换成线圈的自感系数 L 和互感系数 M 的变化，再由电路转换为电压或电流的变化量输出，实现非电量到电量的转换。因此，它能实现信息远距离传输、记录、显示和控制，在工业自动控制系统中被广泛使用。电感式传感器一般具有以下几个特点：

- 结构简单，无活动电触点，工作可靠，寿命较长；
- 灵敏度和分辨率高，电压灵敏度一般每毫米的位移可达数百毫伏的输出；
- 线性度和重复性比较好，在一定位移（如几十微米至几毫米）内，传感器非线性误差可达到 0.05%～0.1%，并且稳定性好；
- 频率响应较低，不适于快速动态测量。

电感式传感器种类很多，按转换原理可分为自感式和互感式两大类。通常习惯上讲的电感式传感器指的是自感式传感器；而互感式传感器称为差动变压器式传感器。此外，因为电涡流也是一种电磁感应现象，所以电涡流式传感器也属于电感式传感器。

4.1　变磁阻式传感器

变磁阻式传感器属于自感式传感器，它是将被测量的变化转换为自感量变化的传感器。

4.1.1　结构和工作原理

变磁阻式传感器的结构如图 4-1 所示，它主要由线圈、铁芯和衔铁等几部分组成。铁芯和活动衔铁都由导磁材料如硅钢片或坡莫合金制成，可以是整体的或者叠片的。在铁芯和衔铁之间有气隙，气隙厚度为 δ，传感器的运动部分与衔铁相连。当衔铁移动时，气隙厚度 δ 发

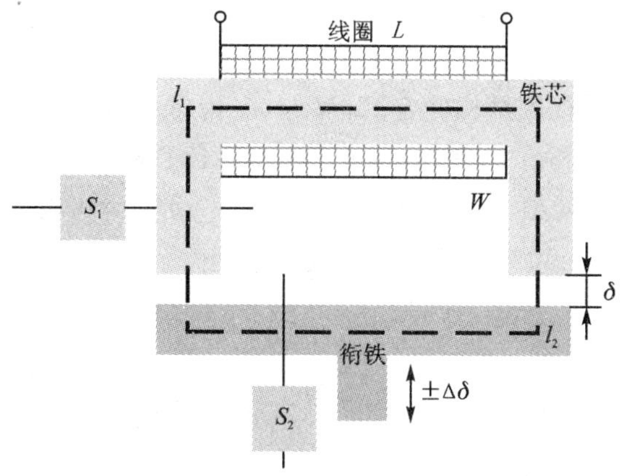

图 4-1　变磁阻式传感器的基本结构图

生变化，引起磁路中磁阻变化，从而导致电感线圈的电感值发生变化，这样由此可以确定衔铁位移量的大小和方向。

根据电感定义，线圈中电感量可由下式确定：

$$L = \frac{N^2}{R_M} \tag{4-1}$$

式中：N——线圈匝数；

R_M——单位长度上磁路的总磁阻。

磁路总磁阻可以表示为

$$R_M = R_F + R_\delta \tag{4-2}$$

式中：R_F——铁芯磁阻；

R_δ——空气气隙磁阻。

而 R_F 和 R_δ 可以分别由下式求出：

$$R_F = \frac{l_1}{\mu_1 A_1} + \frac{l_2}{\mu_2 A_2} \tag{4-3}$$

$$R_\delta = \frac{2\delta}{\mu_0 A} \tag{4-4}$$

式中：$l_1/\mu_1 A_1$——铁芯磁阻；

$l_2/\mu_2 A_2$——衔铁磁阻；

l_1——铁芯的磁路长度；

l_2——衔铁的磁路长度；

δ——气隙厚度；

A——气隙横截面积；

A_1——铁芯横截面积；

A_2——衔铁横截面积；

μ_0——空气的导磁率（$4\pi\times10.7$ H/m）；

μ_1——铁芯的导磁率；

μ_2——衔铁的导磁率。

由于气隙 δ 较小，可认为气隙磁场是均匀的，且 $R_F \ll R_\delta$，常常忽略 R_F，那么线圈电感为

$$L \approx \frac{N^2}{2\delta/(\mu_0 A)} = \frac{\mu_0 A N^2}{2\delta} \tag{4-5}$$

由式(4-5)可知，电感线圈结构确定后，N 与 μ_0 为常数，则 L 与 A 成正比，与 δ 成反比。因此，只要被测量能引起 δ 和 A 的变化，都可用电感式传感器进行测量。

① 当衔铁随外力向上移动 $\Delta\delta$ 时，气隙长度变为 $\delta=\delta_0-\Delta\delta$，则线圈电感变为

$$L = \frac{\mu_0 A N^2}{2(\delta_0 - \Delta\delta)} \tag{4-6}$$

线圈电感变化量为

$$\Delta L_1 = L - L_0 = L_0 \frac{\Delta\delta}{\delta_0(1 - \Delta\delta/\delta_0)} \tag{4-7}$$

当 $\Delta\delta \ll \delta_0$ 时，按泰勒级数展开得

$$\Delta L_1 = L_0 \frac{\Delta\delta}{\delta_0}\left[1 + \frac{\Delta\delta}{\delta_0} + \left(\frac{\Delta\delta}{\delta_0}\right)^2 + \left(\frac{\Delta\delta}{\delta_0}\right)^3 + \cdots\right] \tag{4-8}$$

② 当衔铁随外力向下移动 $\Delta\delta$ 时，气隙长度变为 $\delta=\delta_0+\Delta\delta$，则线圈电感变为

$$L=\frac{\mu_0 AN^2}{2(\delta_0+\Delta\delta)} \tag{4-9}$$

线圈电感变化量为

$$\Delta L_2=L-L_0=-L_0\frac{\Delta\delta}{\delta_0(1+\Delta\delta/\delta_0)} \tag{4-10}$$

当$\Delta\delta\ll\delta_0$ 时，按泰勒级数展开得

$$\Delta L_2=-L_0\frac{\Delta\delta}{\delta_0}\left[1-\frac{\Delta\delta}{\delta_0}+\left(\frac{\Delta\delta}{\delta_0}\right)^2-\left(\frac{\Delta\delta}{\delta_0}\right)^3+\cdots\right] \tag{4-11}$$

若忽略掉二次项以上的高次项，则 ΔL_1 与 ΔL_2 和 $\Delta\delta$ 成线性关系。由此可见，高次项是造成非线性的主要原因。当 $\Delta\delta/\delta_0$ 越小时，高次项迅速减小，非线性得到改善。

由式(4－8)和式(4－11)，忽略二次以上的高次项后，可得到传感器灵敏度为

$$K=\left|\frac{\Delta L}{\Delta\delta}\right|=\left|\frac{L_0\ \Delta\delta/\delta_0}{\Delta\delta}\right|=\left|\frac{L_0}{\delta_0}\right| \tag{4-12}$$

可见，变气隙式传感器的测量范围与灵敏度及线性度相矛盾，所以一般用于测量微小位移的场合。为了减小非线性误差，实际中广泛采用差动式电感传感器。

4.1.2　等效电路

变磁阻式电感传感器是利用铁芯线圈中的自感衔铁位移，或空隙面积变化的原理制成的，但实际上线圈不可能呈现为纯电感，电感 L 包含了线圈的铜损耗电阻 R_c，同时存在涡流损耗电阻 R_e 以及磁滞损耗电阻 R_b。此外，因为线圈和测量设备电缆的接入，存在线圈的匝间电容和电缆分布电容 C，因此，变磁阻式传感器的等效电路如图 4－2(a)所示。

由式(4－5)可知，当电感传感器线圈匝数和气隙面积一定时，电感量 L 与气隙厚度 δ 成反比，如图 4－2(b)所示。

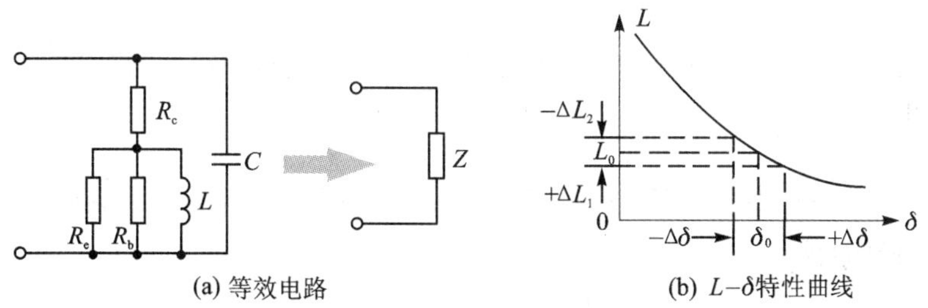

(a) 等效电路　　(b) L–δ特性曲线

图 4－2　变磁阻式传感器

4.1.3　差动变气隙式传感器

1. 结构和工作原理

为了减小非线性，利用两个完全对称的单个变磁阻式传感器合用一个活动衔铁，构成差动变气隙式传感器。差动变气隙式传感器的结构各异，图 4－3 所示是差动变气隙式传感器，其结构特点是，上下两个磁体的几何尺寸、材料、电气参数均完全一致，传感器的两个电感线圈接成交流电桥的相邻桥臂，另外两个桥臂由电阻组成，构成交流电桥的四个臂，供桥电源 U_{AC}(交流)，桥路输出为交流电压 U_o。

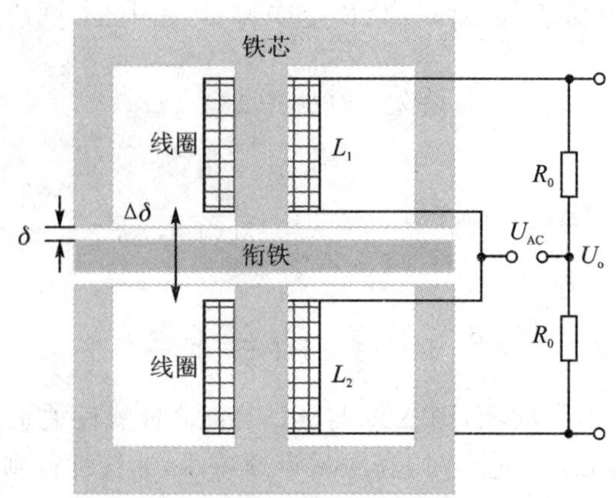

图 4－3　差动变气隙式传感器结构

初始状态时，衔铁位于中间位置，两边气隙宽度相等，因此两个电感线圈的电感量相等，接在电桥相邻桥臂上，电桥输出 $U_o=0$，即电桥处于平衡状态。

当衔铁偏离中心位置，向上或向下移动时，造成气隙宽度不一样，使两个电感线圈的电感量一增一减，电桥不平衡，电桥输出电压的大小与衔铁移动的大小成比例，其相位则与衔铁移动量的方向有关。因此，只要能测量出输出电压的大小和相位，就可以决定衔铁位移的大小和方向，衔铁带动机构就可以测量多种非电量，如位移、液面高度、速度等。

2. 输出特性

输出特性是指电桥电压与传感器衔铁位移量之间的关系，非差动变气隙式传感器的电感变化量 ΔL 与位移变化量 $\Delta\delta$ 成非线性关系。衔铁处于中间位置时，与两个线圈的空气隙长度都为 δ_0，由于两个单线圈的电感传感器参数完全相同，所以它们的电感也相同，即 $L_1=L_2=L_0$。

当衔铁移动 $\Delta\delta$ 时，一个线圈电感量增加，另一个线圈电感量减小，设 L_1 增加，L_2 减小，则电感量的总变化为

$$\Delta L = L_1 - L_2 = \frac{N^2\mu_0 A}{2(\delta_0-\Delta\delta)} - \frac{N^2\mu_0 A}{2(\delta_0+\Delta\delta)} = 2L_0\frac{\Delta\delta}{\delta_0-\Delta\delta^2/\delta_0} \qquad (4-13)$$

电感量的相对变化为

$$\frac{\Delta L}{L_0} = 2\frac{\Delta\delta}{\delta_0-\Delta\delta^2/\delta_0} \qquad (4-14)$$

当 $\Delta\delta \ll \delta_0$ 时，按泰勒级数展开得

$$\Delta L = 2L_0\frac{\Delta\delta}{\delta_0}\left[1+\left(\frac{\Delta\delta}{\delta_0}\right)^2+\left(\frac{\Delta\delta}{\delta_0}\right)^4+\cdots\right] \qquad (4-15)$$

与式(4－8)相比，一次项系数是式(4－8)的两倍，即差动式比单线圈的灵敏度提高一倍，非线性项的偶次项为零，即差动式比单线圈式电感传感器的线性特性有了进一步改善。图 4－4 给出了差动式与单线圈式电感传感器非线性特性的比较。

差动式与单线圈式电感传感器相比，具有下列优点：

- 线性好；
- 灵敏度提高一倍，即衔铁位移相同时，输出信号大一倍；

➢ 温度变化、电源波动、外界干扰等对传感器精度的影响，能相互抵消而减小；

➢ 电磁吸力对测力变化的影响也由于相互抵消而减小。

3. 测量电路

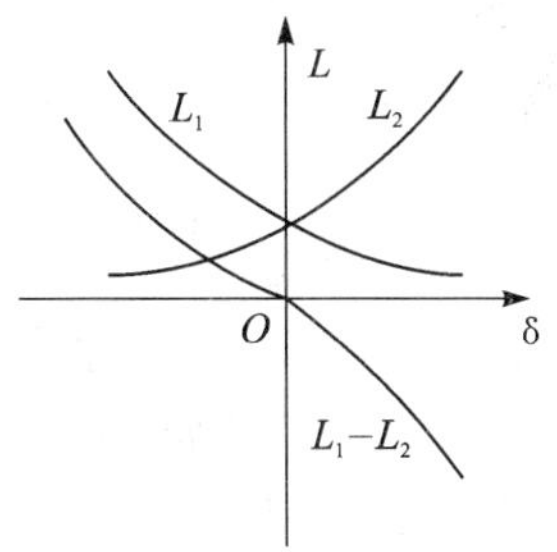

图 4-4　差动式与单线圈式电感传感器非线性特性

自感式传感器实现了把被测量的变化转变为电感量的变化。为了测出电感量的变化，同时也为了送入下级电路进行放大和处理，就要用转换电路把电感变化量转换成电压（或电流）变化量。把传感器电感接入不同的转换电路后，原则上可将电感变化量转换成电压（或电流）的幅值、频率、相位的变化量，它们分别称为调幅、调频、调相电路。电感式传感器的测量电路有交流式电桥、变压器式交流电桥以及谐振式等。

（1）交流式电桥

图 4-5 所示为交流式电桥测量电路，是自感传感器的主要测量电路。为了提高灵敏度，改善线性度，自感线圈一般接成差动形式。

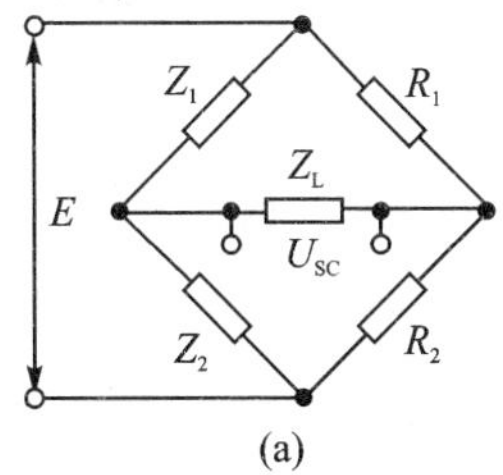

(a)

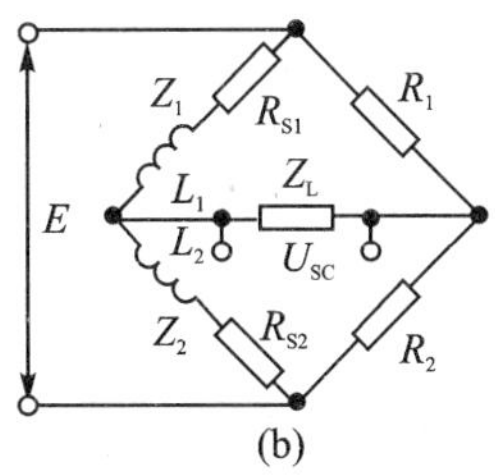

(b)

图 4-5　交流式电桥测量电路

把传感器的两个线圈作电桥的两个桥臂 Z_1 和 Z_2，另外两个相邻的桥臂用纯电阻 R_1 和 R_2 代替，E 为桥路电源。但线圈不可能呈现为纯电感，电感 L 还包含了线圈的铜损耗电阻 R_c、铁芯的涡流损耗电阻 R_e，所以图 4-5(a)电路可以等效为图 4-5(b)。

设 $Z_1=Z_2=Z=R_S+j\omega L$，$R_1=R_2=R$，$R_{S1}=R_{S2}=R_S$，$L_1=L_2=L$。电感传感器工作时，有 $Z_1=Z+\Delta Z$，$Z_2=Z-\Delta Z$，其输出电压为

$$U_{SC}=E\frac{\Delta Z}{Z}\times\frac{Z_L}{2Z_L+R+Z} \tag{4-16}$$

当 $Z_L\to\infty$ 时，其输出电压幅值为

$$U_{SC}=E\frac{\Delta Z}{Z}=\frac{E}{2}\cdot\frac{\Delta R_S+j\omega L}{R_S+j\omega L}=\frac{E\sqrt{\omega^2\ \Delta L^2+\Delta R_S{}^2}}{2\sqrt{R_S{}^2+(\omega L)^2}}\approx\frac{E\omega\Delta L}{2\sqrt{R_S{}^2+(\omega L)^2}} \tag{4-17}$$

输出阻抗为

$$Z=\frac{\sqrt{(R+R_S)^2+(\omega L)^2}}{2} \tag{4-18}$$

最后得到输出电压幅值为

$$U_{SC}=\frac{E}{2}\frac{1}{(1+1/Q^2)}\left[\left(\frac{1}{Q^2}\cdot\frac{\Delta R_S}{R_S}+\frac{\Delta L}{L}\right)+j\frac{1}{Q}\left(\frac{\Delta L}{L}-\frac{\Delta R_S)}{R_S}\right)\right] \tag{4-19}$$

式中，$Q=\omega L/R_S$为自感线圈的品质因数。

桥路输出电压U_{SC}包含与电源E同相和正交两个分量。在实际测量中，只希望有同相分量，如能使$(\Delta L/L)/(\Delta R_S/R_S)$或$Q$值比较大，均能达到此目的。但在实际工作时，$\Delta R_S/R_S$一般很小，所以要求线圈有高的品质因数。当$Q$值很高时，$U_{SC}=E\cdot\Delta L/2L$。

当Q值很低时，自感线圈的电感远小于电阻，电感线圈相当于纯电阻$\Delta Z=R_S$，交流电桥即为电阻电桥。例如，应变测量仪就是如此，此时输出电压为$U_{SC}=E\cdot\Delta R_S/2R_S$。该电桥结构简单，其电阻$R_1$、$R_2$可用两个电阻和一个电位器组成，调零方便。

(2) 变压器式交流电桥

图4-6所示为变压器式交流电桥的结构，相邻两工作桥臂Z_1和Z_2分别是差动自感传感器的两个线圈的阻抗，另两个桥臂为交流变压器次级线圈阻抗的1/2，其每边电压为$E/2$，输出电压取自A、B两点，D点为零电位。设传感器线圈为高Q值，即线圈电阻远小于其感抗，电桥A点电压为

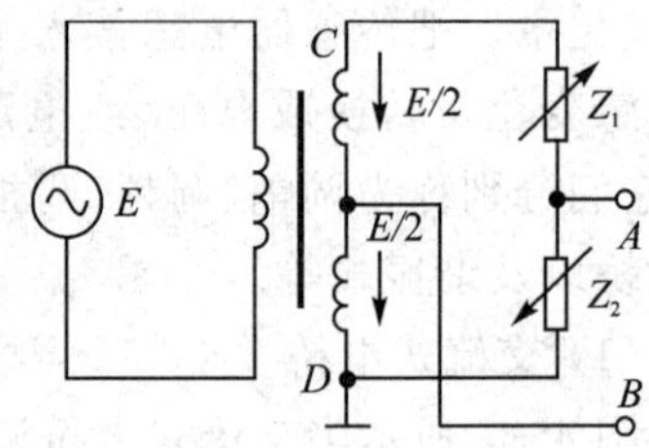

图4-6 变压器式交流电桥

$$U_A=\frac{Z_2}{Z_1+Z_2}E$$

B点电位$U_B=E/2$。

桥路输出电压为

$$U_{AB}=U_A-U_B=\frac{Z_2}{Z_1+Z_2}E-\frac{E}{2}=\frac{E}{2}\cdot\frac{Z_2-Z_1}{Z_1+Z_2}\tag{4-20}$$

在初始位置，衔铁位于中间时，$Z_1=Z_2=Z$，此时，$U_{AB}=0$，电桥平衡。

当衔铁下移时，下线圈阻抗增加，即$Z_2=Z+\Delta Z$，而上线圈阻抗减小，即$Z_1=Z-\Delta Z$，由式(4-20)得

$$U_{AB}=\frac{E}{2}\cdot\frac{(Z+\Delta Z)-(Z-\Delta Z)}{(Z+\Delta Z)+(Z-\Delta Z)}=\frac{E}{2}\cdot\frac{\Delta Z}{Z}=\frac{E}{2}\cdot\frac{\mathrm{j}\omega\Delta L}{R+\mathrm{j}\omega L}=\frac{E}{2}\cdot\frac{\Delta L}{L}\tag{4-21}$$

当衔铁上移时，上线圈阻抗增加，即$Z_1=Z+\Delta Z$，而上线圈阻抗减小，即$Z_2=Z-\Delta Z$，则

$$U_{AB}=-\frac{E}{2}\cdot\frac{\Delta Z}{Z}\approx \mathrm{U}_{AB}=-\frac{E}{2}\cdot\frac{\Delta L}{L}\tag{4-22}$$

综合式(4-21)和式(4-22)有

$$U_{AB}=\pm\frac{E}{2}\cdot\frac{\Delta L}{L}\tag{4-23}$$

由式(4-23)可知，当衔铁向上、向下移动相同的距离时，产生的输出电压大小相等，但极性相反。由于是交流信号，要判断衔铁位移的大小及方向同样需要经过相敏检波电路的处理。

变压器电桥与电阻平衡臂电桥相比，具有元件少、输出阻抗小、桥路开路时电路成线性的优点，但因为变压器副边不接地，易引起来自原边的静电感应电压，使高增益放大器不能工作。

4.2 互感式传感器

把被测的非电量变化转换为线圈互感量变化的传感器称为互感式传感器。由于这种传感

器是根据变压器的基本原理制成的，并且次级绕组都用差动形式连接，故称差动变压器式传感器。差动变压器结构形式较多，有变隙式、变面积式和螺线管式等，但其工作原理基本一样。在非电量测量中，应用最多的是螺线管式差动变压器，它可以测量 1～100 mm 范围内的机械位移，并具有测量精度高、结构简单、性能可靠等优点。

4.2.1 基本结构

螺线管式差动变压器结构如图 4-7 所示。由一个一次线圈、两个二次线圈和插入线圈中央的圆柱形铁芯等组成。螺线管式差动变压器按线圈组排列的方式不同，可分为一节、二节、三节、四节和五节等类型，如图 4-8 所示。螺线管差动变压器一节式灵敏度高，三节式的零点残余电压较小，二节式比三节式灵敏度高，线性范围大，四节式和五节式可以改善传感器的特性。通常采用的是二节式和三节式两类。

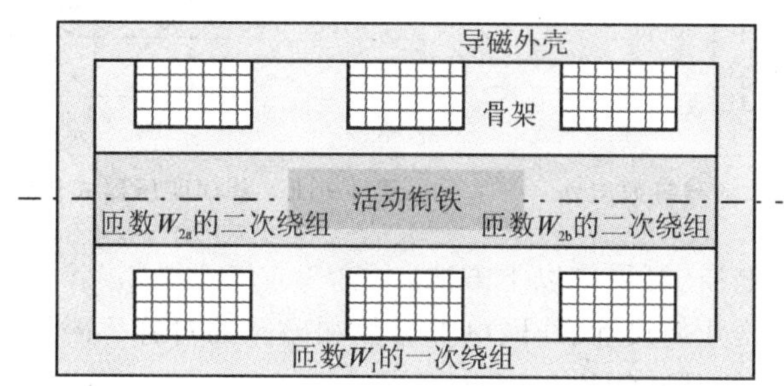

图 4-7 螺线管式差动变压器结构

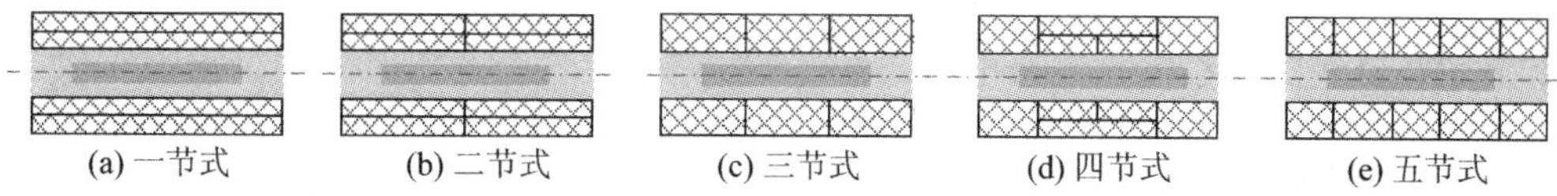

图 4-8 线圈排列方式

不管绕组排列方式如何，其主要结构都由三部分组成：线圈绕组、可移动衔铁和导磁外壳。线圈绕组由初级线圈、次级线圈和骨架组成。线圈通常采用高强度漆包线密绕而成，一般用 36～48 号漆包线，导线的直径取决于电源电压和频率高低。骨架通常采用圆柱形，由绝缘材料制成。骨架材料应选用高频损耗小、抗潮湿、温度膨胀系数小的绝缘材料。普通的可用胶木棒，要求高的则用环氧玻璃纤维、聚四氟乙烯等。骨架的形状和尺寸要精确地对称。

导磁外壳的作用是提供闭合回路、磁屏蔽和机械保护。可移动衔铁与导磁外壳同种材料制造，通常选用电阻率大、导磁率高、饱和磁感应强度大的材料，如纯铁、坡莫合金铁氧体等。

4.2.2 工作原理

差动变压器式传感器中两个二次线圈反向串联，并且在忽略铁损、导磁体磁阻和线圈分布电容的理想条件下，其等效电路如图 4-9 所示。

当初级绕组 L_1 加以激励电压 U_i 时，根据变压器的工作原理，在两个次级绕组 L_{21} 和 L_{22} 中便会产生感应电动势 U_1 和 U_2，它们的大小与衔铁位移有关。另外，差动变压器的两个次级线圈按差动方式工作，输出电压为 $U_o=U_1-U_2$。

- 当衔铁位于中间位置时，$U_1=U_2$，$U_o=0$，$M_1=M_2$；
- 当衔铁向上移动时，$U_1>U_2$，$U_o>0$，$M_1>M_2$；
- 当衔铁向下移 $U_1<U_2$，$U_o<0$，$M_1<M_2$。

当衔铁偏离中心位置时，则输出电压 U_o 随衔铁偏离中心位置程度使 U_1 或 U_2 逐渐增大，但相位相差 180°，如图 4-10 所示。实际上，衔铁位于中心位置，输出电压 U_o 并不是零电位，而是 U_x，U_x 被称为零点残余电压。U_x 产生的原因有很多，但不外乎是变压器的制作工艺和导磁体安装问题，U_x 一般在几十毫伏以下。在实际使用时，必须设法减小 U_x，否则将会影响传感器的测量结果。

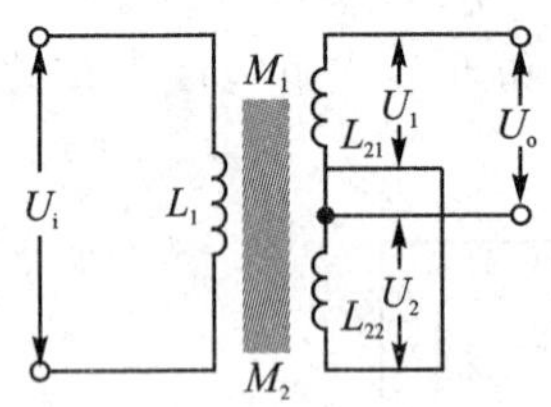

图 4-9　差动变压器式传感器等效电路

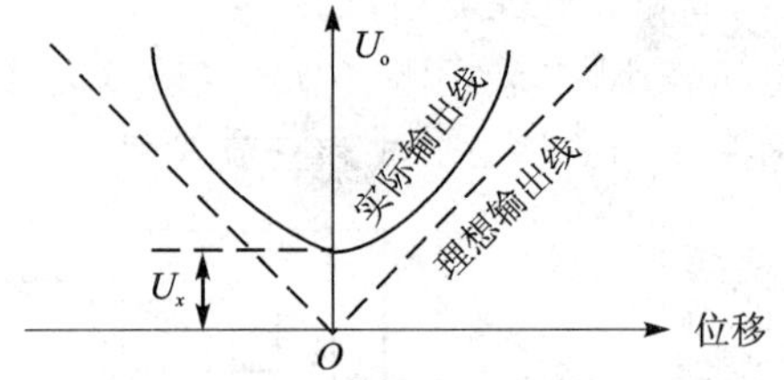

图 4-10　差动变压器式传感器输出电压的特性曲线

为了减小零点残余电压，可采取以下方法：

- 尽可能保证传感器几何尺寸、线圈电气参数和磁路的对称。磁性材料要经过处理，消除内部的残余应力，使其性能均匀稳定。
- 选用合适的测量电路(如采用相敏整流电路)，既可判别衔铁移动方向，又可改善输出特性，减小零点残余电压。
- 采用补偿线路减小零点残余电压。

4.2.3　等效电路

差动变压器是利用磁感应原理制作的。在制作时，理论计算结果和实际制作后的参数相差很大，往往还要借助于实验和经验数据来修正。如果考虑差动变压器的涡流损坏、铁损和寄生电容等，其等效电路是很复杂的，在这里就忽略上述因素，给出差动变压器的等效电路，如图 4-11 所示。

当次级开路时，初级线圈的交流电流为

$$I_1=\frac{e_1}{R_1+\mathrm{j}\omega L_1} \tag{4-24}$$

次级线圈感应电动势为

$$e_{21}=-\mathrm{j}\omega M_1 I_1$$
$$e_{22}=-\mathrm{j}\omega M_2 I_1$$

因此差动变压器输出电压为

$$e_2=e_{21}-e_{22}=-\mathrm{j}\omega(M_1-M_2)\ \frac{e_1}{R_1+\mathrm{j}\omega L_1} \tag{4-25}$$

输出电压有效值为

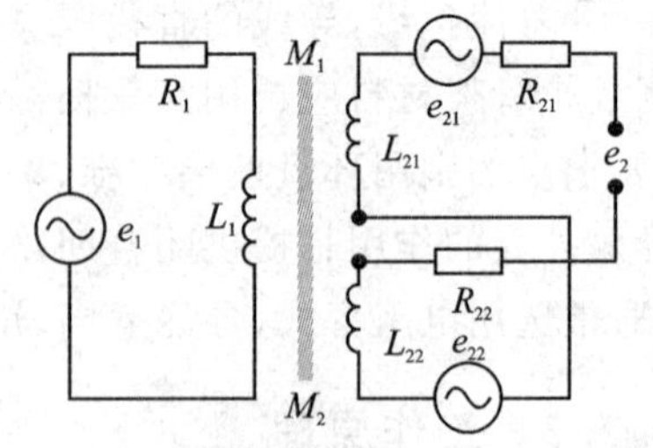

L_1，R_1—初级线圈电感和损耗电阻；
M_1，M_2—初级线圈与两次级线圈间的互感系数；
e_1—初级线圈激励电压；e_2—输出电压；
L_{21}，L_{22}—两次级线圈的电感；
R_{21}，R_{22}—两次级线圈的损耗电阻

图 4-11　差动变压器等效电路

$$e_2 = \frac{\omega(M_1 - M_2)e_1}{\sqrt{R_1^2 + (\omega L_1)^2}} \tag{4-26}$$

下面分三种情况进行分析：

① 当磁芯处于中间平衡位置时，$M_1 = M_2 = M$，$e_2 = 0$。

② 当磁芯上升时，$M_1 = M + \Delta M$，$M_2 = M - \Delta M$，于是

$$e_2 = \frac{2\omega \Delta M e_1}{\sqrt{R_1^2 + (\omega L_1)^2}} \tag{4-27}$$

与 e_{21} 同极性。

③ 当磁芯下降时，则 $M_1 = M - \Delta M$，$M_2 = M + \Delta M$，于是

$$e_2 = \frac{-2\omega \Delta M e_1}{\sqrt{R_1^2 + (\omega L_1)^2}} \tag{4-28}$$

与 e_{22} 同极性。

可见输出电压与互感有关。

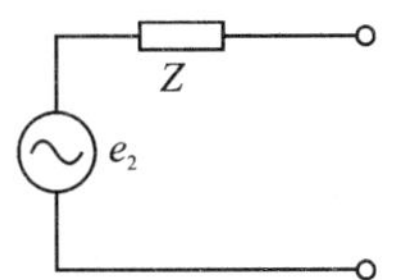

图 4-12　差动变压器等效为电压源

输出阻抗为 $Z = R_{21} + R_{22} + j\omega L_{21} + j\omega L_{22}$。

其复阻抗的模为

$$Z = \sqrt{(R_{21} + R_{22})^2 + (\omega L_{21} + \omega L_{22})^2}$$。

这样，从输出端看进去，差动变压器可等效为电压 e_2 和复阻抗 Z 相串联的电压源，如图 4-12 所示。

4.2.4　测量电路

差动变压器输出的是交流电压，输出一个调幅波，因而用电压表来测量存在下述问题：

① 总有零位电压输出，因而零位附近的小位移量困难。

② 交流电压表无法判别衔铁移动方向，为此常采用必要的测量电路来解决。

为了达到能辨别移动方向和消除零点残余电压的目的，实际测量时，常常采用差动整流电路和相敏检波电路。

1. 差动整流电路

差动整流电路是差动变压器常用的测量电路，把差动变压器两个输出线圈的次级电压分别整流后，以它们的差作为输出，这样次级电压上的零点残余电压就不会影响测量结果。图 4-13 列举了几种典型电路。其中图(a)、图(b)主要用于连接高阻抗负载的场合，属于电压输出型；图(c)、图(d)则用于连接低阻抗负载的场合，属于电流输出型。图中的可调电阻是用来调整零点输出电压的。

下面结合图 4-13(b)全波电压输出电路，分析差动整流电路的工作原理。全波整流电路是根据半导体二极管单向导通原理进行调节的。设某瞬间载波为正半周，此时差动变压器两个次级线圈的相位关系为 a 正 b 负，c 正 d 负。

在上线圈中，电流自 a 点出发，路径为 $a \to 1 \to 2 \to 9 \to 11 \to 4 \to 3 \to b$，流过电容 C_1 的电流是 $2 \to 4$，电容 C_1 上的电压为 U_{24}。

在下线圈中，电流自 c 点出发，路径为 $c \to 5 \to 6 \to 10 \to 11 \to 8 \to 7 \to d$，流过电容 C_2 的电流是 $6 \to 8$，电容 C_2 上的电压为 U_{68}。差动变压器的输出电压为上述电压的代数和，即 $U_2 = U_{24} - U_{68}$。

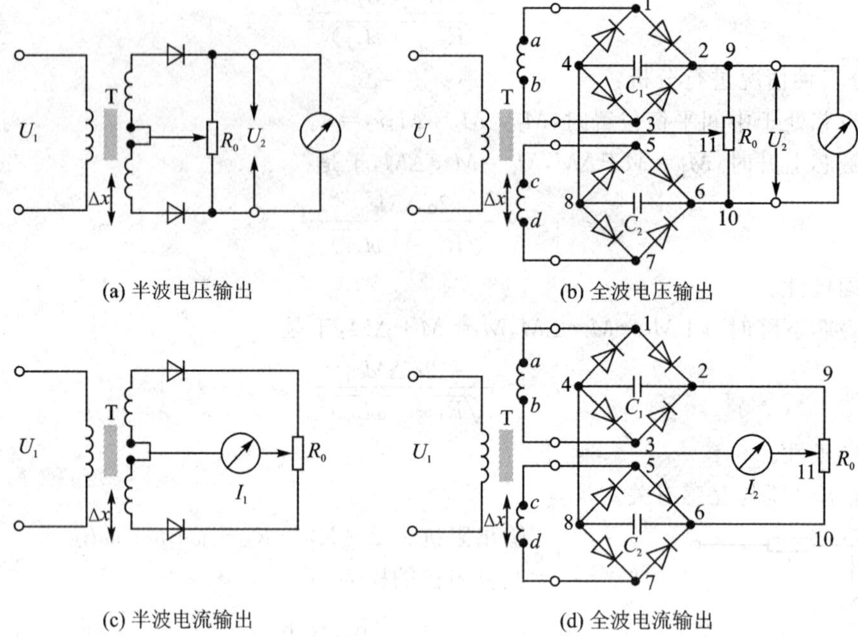

(a) 半波电压输出　(b) 全波电压输出

(c) 半波电流输出　(d) 全波电流输出

图 4－13　差动整流电路

同理，当某瞬间载波为负半周时，即两次级线圈的相位关系为 a 负 b 正，c 负 d 正。由上述分析可知，不论两个次级线圈的输出瞬时电压极性如何，流经 C_1 的电流方向总是 2→4，流经 C_2 的电流方向总是 6→8，可得差动变压器输出电压 $U_2=U_{24}-U_{68}$。

- 当铁芯位于中间位置时，$U_{24}=U_{68}$，$U_2=0$；
- 当铁芯位于零位以上时，$U_{24}>U_{68}$，$U_2>0$；
- 当铁芯位于零位以下时，$U_{24}<U_{68}$，$U_2<0$。

铁芯在零位以上或以下时，输出电压的极性相反，于是零点残余电压会自动抵消，图 4－14所示为各电压波形图。由此可见，差动整流电路可以不考虑相位调整和零点残余电压的影响。此外，还具有结构简单、分布电容影响小和便于远距离传输等优点，获得了广泛的应用。

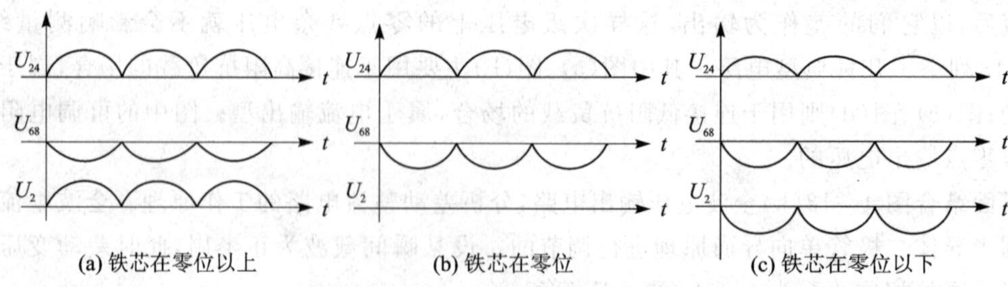

(a) 铁芯在零位以上　(b) 铁芯在零位　(c) 铁芯在零位以下

图 4－14　各电压波形图

2. 相敏检波电路

相敏检波电路要求比较电压与差动变压器次级侧输出电压的频率相同，相位相同或相反。

另外，还要求比较电压的幅值尽可能大，一般情况下，其幅值应为信号电压的 3～5 倍。图 4-15 所示为二极管相敏检波电路的一种形式。D_1、D_2、D_3、D_4 为四个性能完全相同的二极管，以同一个方向串联成一个闭合回路，R 为限流电阻，避免二极管导通时变压器 T_2 的次级电流过大。U_1 为差动变压器的输入电压，U_2 为 U_1 的同频参考电压，要求 U_1 和 U_2 的频率相同（在正位移时，同频相同；在负位移时，同频相反），且 $U_2>U_1$，它们分别作用于相敏检波电路中两个变压器 T_1 和 T_2；R_L 为负载电阻，输出电压 U_L 从变压器 T_1 和 T_2 的中心抽头引出。下面分析二极管相敏检波电路的工作原理。

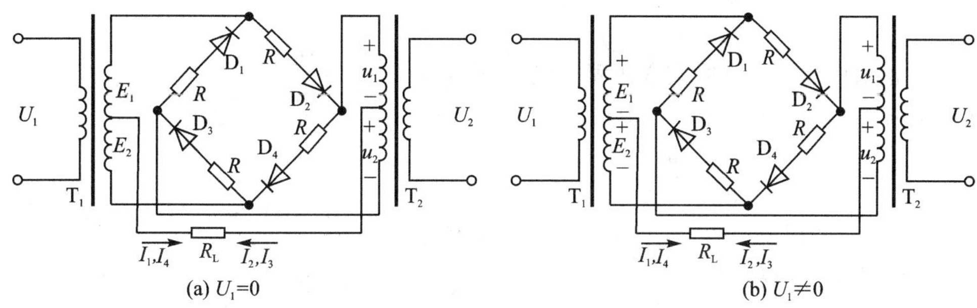

图 4-15　二极管相敏检波电路

① 当衔铁位于中间位置时，传感器输出电压 $U_1=0$。如图 4-15(a)所示，由于 U_2 的作用，在正半周时，电流 I_4 自 u_1 的正极出发，流过 D_4，再经过变压器 T_1 的下部线圈，自左向右经过负载电阻 R_L（规定该方向为正方向）后回到 u_1 的负极。I_4 的大小为

$$I_4=\frac{u_1}{R+R_L}$$

电流 I_3 自 U_2 的正极出发，自右向左经过电阻 R_L，经过变压器 T_1 的下部线圈，再流过 D_3，然后回到 u_2。I_3 的大小为

$$I_3=\frac{u_2}{R+R_L}$$

因为是从中心抽头，所以 $u_1=u_2$，故 $I_3=I_4$。流过 R_L 的电流为两个电流的代数和，即 $I_0=I_4-I_3=0$。

在负半周时，电流 I_1 自 u_2 的正极出发，流过 D_1，再经过变压器 T_1 的上部线圈，自左向右经过负载电阻 R_L（方向为正）后回到 u_2 的负极；电流 I_2 自 u_1 的正极出发，自右向左经过负载电阻 R_L 和变压器 T_1 的上部线圈，在经过 D_2，然后回到 u_1 的负极。

$$I_1=\frac{u_2}{R+R_L},\qquad I_2=\frac{u_1}{R+R_L}$$

同理可知 $I_1=I_2$，电流输出也为零。

由以上分析可知，衔铁在中间位置，无论参考电压处于正半周还是负半周，在负载 R_L 上得到的输出电压始终为零。

② 当衔铁在零位以上移动时，U_1 和 U_2 同频同相。如图 4-15(b)所示，在正半周时，由于 $U_2>U_1$，电流 I_4 的流向与 $U_1=0$ 时完全相同，只是回路中多了一个与 u_1 同向串联的电压 E_2，所以

$$I_4=\frac{u_1+E_2}{R+R_L}$$

电流 I_3 的流向与 $U_1=0$ 时也一样，只是回路中多了一个与 u_2 反向串联的电压 E_2，所以

$$I_3 = \frac{u_2 - E_2}{R + R_L}$$

故 $I_4 > I_3$，$I_0 = I_4 - I_3$。这说明 I_0 的方向与 I_4 相同。

负半周时，电流 I_1 的流向与 $U_1=0$ 时完全相同，只是回路中多了一个与 u_2 同向串联的电压 E_1，所以

$$I_1 = \frac{u_2 + E_1}{R + R_L}$$

电流 I_2 的流向与 $U_1=0$ 时完全相同，只是回路中多了一个与 u_1 反向串联的电压 E_1，所以

$$I_2 = \frac{u_1 - E_1}{R + R_L}$$

因为 $u_1=u_2$，所以 $I_1>I_2$，$I_0=I_1-I_2>0$，说明 I_0 的方向与规定的正方向相同。

由以上分析可知，衔铁在零位以上移动时，无论参考电压处于正半周还是负半周，在负载 R_L 上得到的输出电压始终为正。U_1 和 U_2 同相时各部分电压与电流的波形如图 4-16 所示。

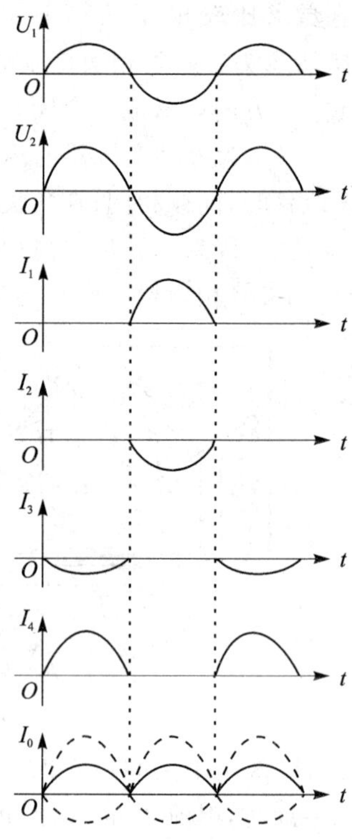

图 4-16　U_1 和 U_2 同相时的电压、电流波形

③ 当衔铁在零位以下移动时，U_1 和 U_2 同频反相。在 U_2 为正半周，U_1 为负半周时，由于 $U_1<U_2$，电流 I_4 的流向与上移时相同，只是回路中 u_1 与电压 E_2是反向串联的，所以

$$I_4 = \frac{u_1 - E_2}{R + R_L}$$

电流 I_3 的流向与上移时也一样，只是回路中 u_2 与电压 E_2 是同向串联的，所以

$$I_3 = \frac{u_2 + E_2}{R + R_L}$$

故 $I_0=I_4-I_3<0$，说明 I_0 方向与规定的正方向相反。同理，在 U_2 为负半周，U_1 为正半周时，$I_0=I_1-I_2<0$，说明 I_0 方向与规定的正方向相反。

由以上分析可知，衔铁在零位以下移动时，无论参考电压处于正半周还是负半周，在负载 R_L 上得到的输出电压始终为负。

综上所述，经过相敏检波电路后，正位移输出正电压，负位移输出负电压。差动变压器的输出经过相敏检波以后，特性曲线由图 4-17(a)变成 4-17(b)，残存电压自动消失。

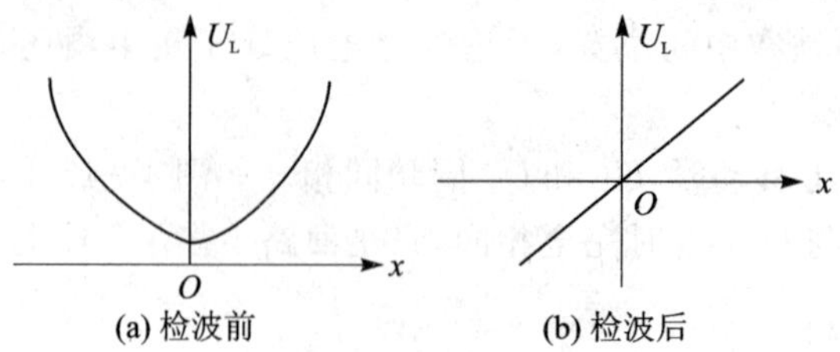

图 4-17　相敏检波前后电压输出特性曲线

4.3　电涡流式传感器

根据法拉第电磁感应原理，成块的金属导体置于变化着的磁场中时，金属导体内就要产生感应电流，这种电流的流线在金属导体内自动闭合，通常称为电涡流，这种现象称为电涡流效应。

根据电涡流效应制成的传感器称为电涡流式传感器。按照电涡流在导体内的贯穿情况，此传感器可分为高频反射式和低频透射式两类，但从基本工作原理上来说仍是相似的。电涡流式传感器最大的特点是能够对位移、厚度、表面温度、速度、应力、材料损伤等进行非接触式连续测量，另外还具有体积小、灵敏度高、频率响应宽等特点，应用极其广泛。

4.3.1　基本原理

电涡流式传感器的原理如图 4－18 所示。它由传感器激励线圈和被测金属体组成。根据法拉第定律，当传感器线圈通以正弦交变电流 I_1 时，线圈周围空间必然产生正弦交变磁场 H_1，使置于此磁场中的金属导体感应电涡流 I_2，I_2 又产生新的交变磁场 H_2。根据楞次定律，H_2 的作用将反抗原磁场 H_1，由于磁场 H_2 的作用，涡流要消耗一部分能量，导致传感器线圈的等效阻抗发生变化。线圈阻抗的变化完全取决于被测金属导体的电涡流效应。传感器线圈受涡流影响时的等效阻抗 Z 的函数关系式为

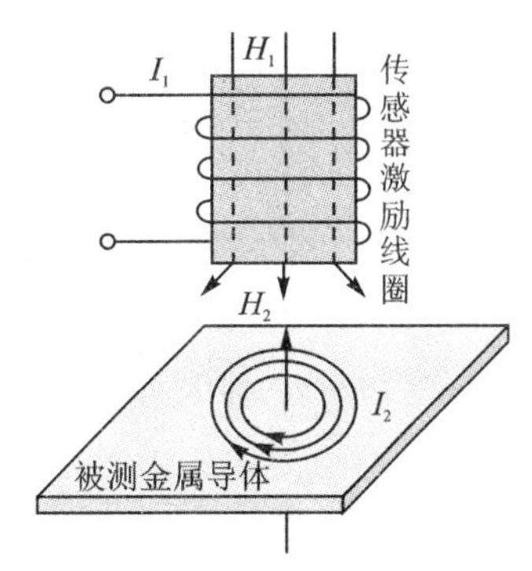

图 4－18　电涡流式传感器原理示意图

$$Z = F(\rho, \mu, r, f, x) \tag{4-29}$$

式中：ρ——被测体的电阻率；

μ——被测体的导磁率；

r——线圈与被测体的尺寸因子；

f——线圈中激励磁电流的频率；

x——线圈与导体的距离。

由此可见，线圈阻抗的变化完全取决于被测金属导体的电涡流效应，分别与以上因素有关。如果保持式(4－29)中其他参数不变，而只改变其中一个参数，传感器线圈阻抗 Z 就仅仅是这个参数的单值函数。通过与传感器配用的测量电路测出阻抗 Z 的变化量，即可实现对该参数的测量。

4.3.2　等效电路

图 4－19 所示为电涡流式传感器简化模型。在该简化模型中，把在被测金属导体上形成的电涡流等效成一个短路环，即假设电涡流仅分布在环体之内，电涡流的贯穿深度 h 可由下式求得

$$h=\sqrt{\frac{\rho}{\pi\mu f}} \tag{4-30}$$

式中：f——线圈激磁电流的频率。

电涡流式传感器的等效电路如图 4－20 所示。空心线圈可以看作变压器的初级线圈 L_1，金属导体中涡流回路可以看作变压器的次级 L_2。当对线圈 L_1 施加交变激励信号时，则在线圈周围产生交变磁场，环状涡流也产生交变磁场，其方向与线圈 L_1 产生磁场方向相反，因而可以抵消部分原来的磁场，线圈 L_1 和环状电涡流之间存在互感 M，其大小取决于金属和线圈之间的距离 x。根据基尔霍夫第二定律，可以列出以下方程：

$$\begin{cases}R_1 I_1+\mathrm{j}\omega L_1 I_1-\mathrm{j}\omega M I_2=E\\ R_2 I_2+\mathrm{j}\omega L_2 I_2-\mathrm{j}\omega M I_1=0\end{cases} \tag{4-31}$$

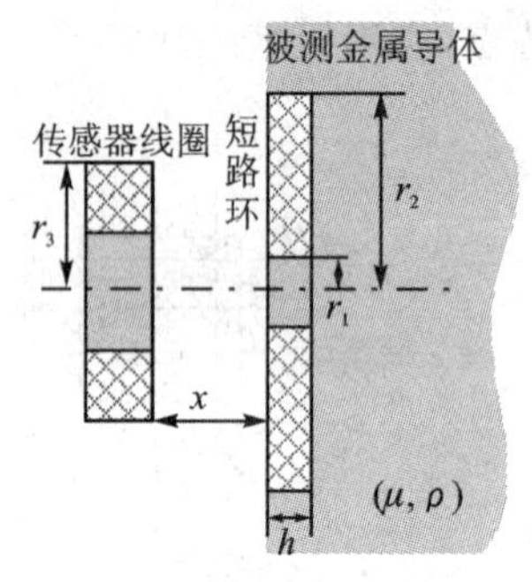

图 4－19　电涡流式传感器简化模型

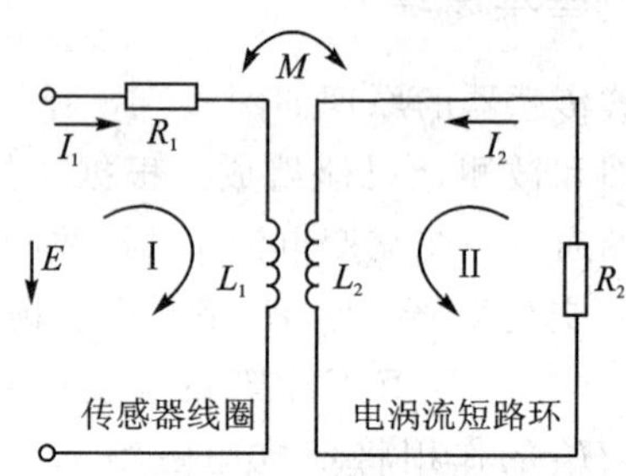

图 4－20　电涡流式传感器等效电路

解方程组得到

$$I_1=\frac{E}{R_1+\omega^2M^2\ R_2/[R_2^2+(\omega L_2)^2]+\mathrm{j}\{\omega L_1-\omega^3M^2\ L_2/[R_2^2+(\omega L_2)^2]\}} \tag{4-32}$$

$$I_2=\frac{\mathrm{j}\omega M I_1}{R_2+\mathrm{j}\omega L_2}=\frac{M\omega^2L_2I_1+\mathrm{j}\omega M R_2 I_1}{R_2^2+\omega^2L_2^2} \tag{4-33}$$

当线圈与被测金属导体靠近时(考虑到涡流的反作用)，线圈的等效阻抗 Z 的表达式为

$$Z=R_1+\frac{\omega^2M^2R_2}{{R_2}^2+(\omega L_2)^2}+\mathrm{j}\left[\omega L_1-\frac{\omega^3M^2L_2}{R_2^2+(\omega L_2)^2}\right] \tag{4-34}$$

线圈后电涡流影响后的等效电阻为

$$R_{\mathrm{eq}}=R_1+\frac{\omega^2M^2R_2}{R_2^2+(\omega L_2)^2} \tag{4-35}$$

线圈后电涡流影响后的等效电感为

$$L_{\mathrm{eq}}=L_1-\frac{\omega^2M^2L_2}{R_2^2+(\omega L_2)^2} \tag{4-36}$$

线圈的等效品质因数 Q 值为

$$Q=\frac{\omega L_{\mathrm{eq}}}{R_{\mathrm{eq}}} \tag{4-37}$$

无电涡流影响下线圈的 Q 值为

$$Q_0=\frac{\omega L_1}{R_1} \tag{4-38}$$

由式(4-34)可知,由于涡流的影响,线圈阻抗的实数部分增大,虚数部分减小,因此线圈 Q 值下降;同时可以看到,电涡流式传感器等效电路参数均是互感系数 M 和电感 L_1、L_2 的函数,故把这类传感器归为电感式传感器。

4.3.3　测量电路

由涡流式传感器的工作原理可知,被测量的变化可以转换成传感器线圈的品质因数 Q、等效阻抗 Z 和等效电感 L 的变化。转换电路的任务是把这些种参数转换为电压或电流输出。总的来说,利用 Q 值的转换电路使用较少,这里不作讨论。利用 Z 的转换电路一般用桥路,它属于调幅电路。利用 L 的转换电路一般用谐振电路,根据输出是电压幅值还是电压频率,谐振电路又分为调幅和调频两种,是用于电涡流传感器测量的两种主要电路。

1. 调频式电路

调频式测量电路原理如图 4-21(a)所示。传感器线圈接入 LC 振荡回路,当传感器与被测导体距离 x 改变时,在涡流影响下,传感器的电感变化将导致振荡频率的变化。该变化的频率是距离 x 的函数,即 $f=L(x)$。该频率可由数字频率计直接测量,或者通过 $f-U$ 变换,用数字电压表测量对应的电压。振荡电路如图 4-21(b)所示。它由克拉泼电容三点式振荡器(C_2、C_3、L、C 和 V_1)以及射极输出电路两部分组成。振荡频率为

$$f=\frac{1}{2\pi\sqrt{L(x)C}} \tag{4-39}$$

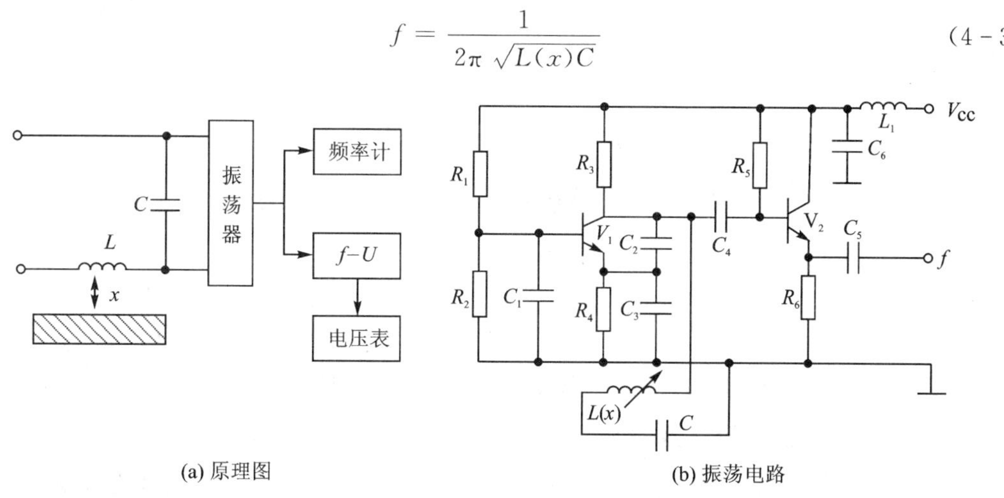

图 4-21　调频式测量电路

为了避免输出电缆分布电容的影响,通常将 L、C 装在传感器内。此时电缆分布电容并联在大电容 C_2、C_3 上,因而对振荡频率 f 的影响将大大减小。

频率稳定度的提高,可以通过提高谐振回路元件本身的稳定性来实现。因此,传感器线圈 L 可采用热绕工艺制在低膨胀系数材料的骨架上,并配以高稳定的云母电容或具有适当负温度系数的电容(进行温度补偿)作为谐振电容 C。

2. 调幅式电路

图 4-22 所示为调幅式测量电路。传感器线圈 L 和电容器 C 并联组成谐振回路,石英晶体组成石英振荡电路,起恒流源的作用。若给谐振回路提供一个稳定频率 f_0 的激励电流 i_0,则 LC 回路的输出电压为 $U_o=i_0\,f(Z)$,Z 为 LC 回路的阻抗。

当金属导体远离或去掉时，LC 并联谐振回路谐振频率即为石英振荡频率 f_0，回路呈现的阻抗最大，谐振回路上的输出电压也最大；当金属导体靠近传感器线圈时，线圈的等效电感 L 发生变化，导致回路失谐，从而使输出电压降低，L 的数值随距离 x 的变化发生而变化。因此，输出电压也随 x 而发生变化。输出电压经放大、检波后，由指示仪表直接显示出 x 的大小。

LC 并联回路谐振曲线的偏移如图 4－23 所示。当被测导体为软磁材料时，由于 L 增大导致谐振频率下降(向左偏移)。当被测导体为非软磁材料时则反之(向右偏移)。

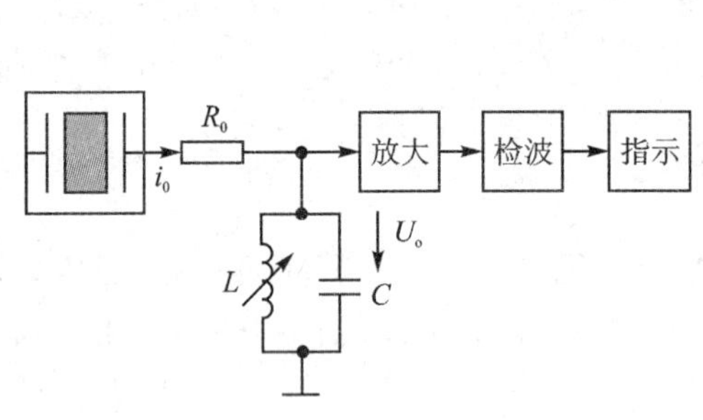

图 4－22　调幅式测量电路示意图

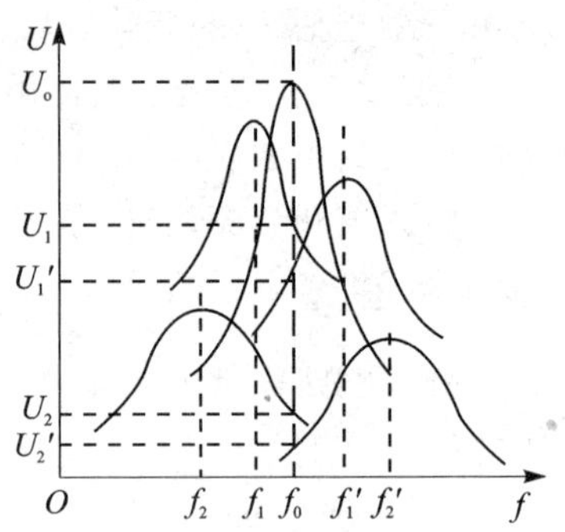

图 4－23　谐振曲线偏移

该电路采用石英晶体振荡器的目的在于获得高稳定度频率的高激励信号，以保证稳定的输出。因为振荡频率变化 1％，将引起输出电压 10％的漂移。图中耦合电阻 R_0 的作用是减小传感器对振荡器的影响。

4.4　电感式传感器的应用

目前电感式传感器已经广泛地应用于工业领域。与机械开关相比，电感式传感器具有完美的先决条件：无接触和无磨损的工作方式以及高的开关频率和开关精度。此外，它们抗振荡，防止灰尘和潮湿。电感式传感器可以无接触地检测所有的金属。

1. 变隙电感式压力传感器

图 4－24 所示为变隙电感式压力传感器结构。它由膜盒、铁芯、衔铁及线圈等组成。当压力进入膜盒时，膜盒的顶端在压力 P 的作用下产生与压力 P 大小成正比的位移，于是衔铁也发生移动，从而使气隙发生变化，流过线圈的电流也发生相应的变化，电流表的指示值就反映了被测压力的大小。

2. 变隙差动电感式压力传感器

图 4－25 所示为变隙差动电感式压力传感器结构。它主要由 C 形弹簧管、衔铁、铁芯和线圈等组成。当被测压力进入 C 形弹簧管时，C 形弹簧管产生变形，其自由端发生位移，带动与自由端连接成一体的衔铁运动，使线圈 1 和线圈 2 中的电感发生大小相等、符号相反的变化。即一个电感量增大，另一个电感量减小。电感的这种变化通过电桥电路转换成电压输出。由于输出电压与被测压力之间成比例关系，所以只要用检测仪表测量出输出电压，即可得知被测压力的大小。

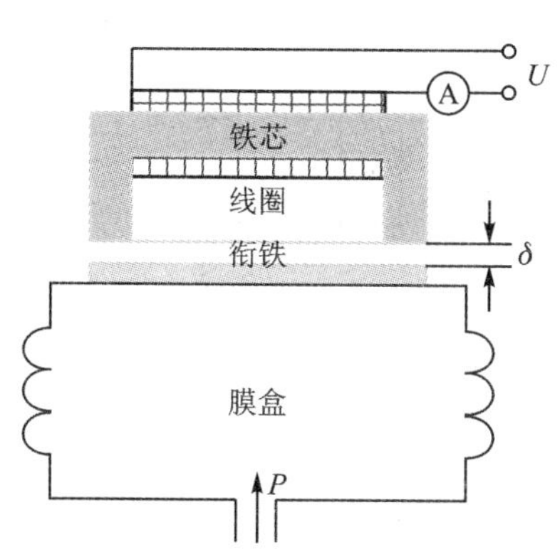

图 4-24　变隙电感式压力传感器结构

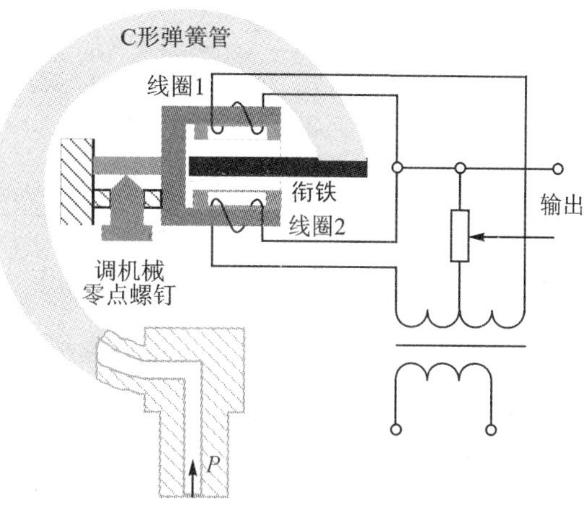

图 4-25　变隙差动电感式压力传感器结构

3. 低频透射式涡流厚度传感器

图 4-26 所示为低频透射式涡流厚度传感器结构。在被测金属板的上方设有发射传感器线圈 L_1，在被测金属板下方设有接收传感器线圈 L_2。当在 L_1 上加低频电压 U_1 时，L_1 上产生交变磁通 φ_1，若两线圈间无金属板，则交变磁通直接耦合至 L_2 中，L_2 产生感应电压 U_2。如果将被测金属板放入两线圈之间，则 L_2 线圈产生的磁场将导致在金属板中产生电涡流，并将贯穿金属板，此时磁场能量受到损耗，使到达 L_2 的磁通将减弱为 φ_1'，从而使 L_2 产生的感应电压 U_2 下降。金属板越厚，涡流损失就越大，电压 U_2 就越小。因此，可根据电压 U_2 的大小得知被测金属板的厚度。低频透射式涡流厚度传感器的检测范围可达 1～100 mm，分辨率为 0.1 μm，线性度为 1%。

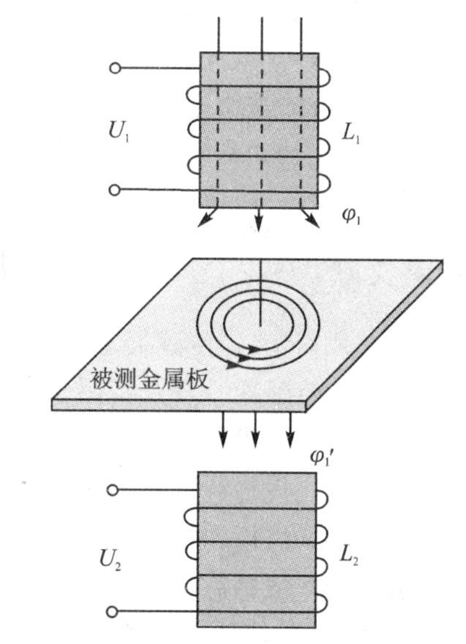

图 4-26　低频透射式涡流厚度传感器结构

4. 电涡流式转速传感器

图 4-27 所示为电涡流式转速传感器工作原理图。在软磁材料制成的输入轴上加工一键槽，在距输入表面 d_0 处设置电涡流传感器，输入轴与被测旋转轴相连。

当被测旋转轴转动时，电涡流传感器与输出轴的距离变为 $d_0+\Delta d$。由于电涡流效应，使传感器线圈阻抗随 Δd 的变化而发生变化，这种变化将导致振荡谐振回路的品质因数发生变化，它们将直接影响振荡器的电压幅值和振荡频率。因此，随着输入轴的旋转，从振荡器输出的信号中包含有与转速成正比的脉冲频率信号。该信号由检波器检出电压幅值的变化量，然后经整形电路输出频率为 f_n 的脉冲信号。该信号经电路处理便可得到被测转速。它可实现非接触式测量，抗污染能力很强。最高测量转速可达 600 000 r/min。

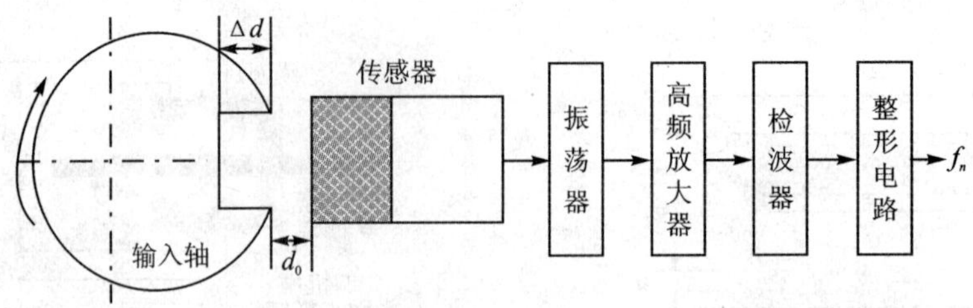

图 4-27　电涡流式转速传感器工作原理图

课后习题

1. 为什么电感式传感器一般采用差动形式？
2. 试说明 $L= N^2/[2\delta/(\mu_0 A)]=\mu_0 AN^2/2\delta$ 的具体意义。
3. 交流电桥的平衡条件是什么？
4. 试分析比较变磁阻式传感器、电涡流式传感器和差动变压器式互感传感器的工作原理和灵敏度。

参考文献

[1] 赵玉刚，邱东. 传感器基础[M]. 北京：北京大学出版社，2006.
[2] 刘伟. 传感器原理及实用技术[M]. 北京：电子工业出版社，2009.
[3] 樊尚春. 传感器技术及应用[M]. 北京：北京航空航天大学出版社，2010.
[4] 钱显毅. 传感器原理与应用[M]. 南京：东南大学出版社，2008.
[5] 周旭. 现代传感器技术[M]. 北京：国防工业出版社，2007.
[6] 高晓蓉. 传感器技术[M]. 成都：西南交通大学出版社，2003.
[7] 孙建民，杨清梅. 传感器技术[M]. 北京：清华大学出版社，2005.
[8] 董纯，赵炜平. 传感器与检测技术[M]. 成都：西南交通大学出版社，2009.
[9] 周润景，郝晓霞. 传感器与检测技术[M]. 北京：电子工业出版社，2009.
[10] 刘振廷. 传感器原理及应用[M]. 西安：西安电子科技大学出版社，2011.
[11] 牛永奎，冷芳. 传感器及应用[M]. 北京：北京大学出版社，2007.
[12] 王化祥，张淑英. 传感器原理及应用[M]. 天津：天津大学出版社，2004.

推荐书单

高晓蓉. 传感器技术[M]. 成都：西南交通大学出版社，2003.

第 5 章　光电式传感器

光电式传感器是利用光电效应将光信号转换为电信号的装置，使用它测量非电量时，需要将这些非电量的变化转换成光信号的变化。图 5－1 所示是光电式传感器的原理框图。它主要由发光元件、光学系统、光电接收元件和测量电路组成。被测量作用于光源或者光路，从而引起光量的变化。

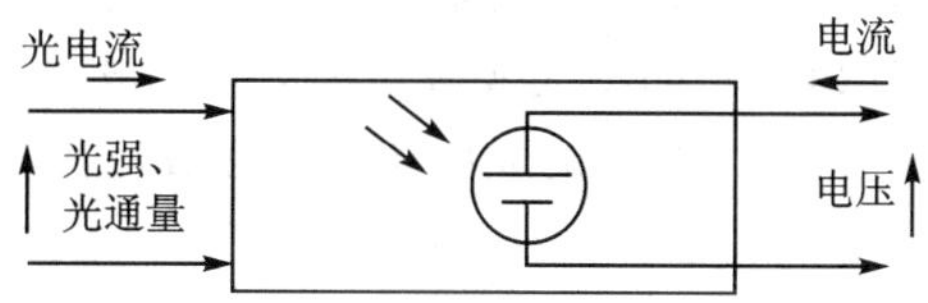

图 5－1　光电式传感器的原理框图

光电式传感器是以光电器件作为转换元件的传感器。光电接收元件主要有光敏电阻、光电池、光敏晶体管、固态成像器件、光栅、光导纤维等。由于光电测量方法具有精度高、响应快、非接触、性能可靠等优点，而且可测参数多，传感器的结构简单，形式灵活多样，因此使得光电传感器在检测和控制领域获得了广泛的应用。

按照工作原理，光电式传感器可分为光电效应传感器、固体图像传感器、热释电红外探测器、光纤传感器等几大类。近年来，新的光电器件不断涌现，特别是固态图像传感器的诞生，为光电式传感器的进一步应用开创了新的一页。

5.1　光电效应

爱因斯坦的光子假说指出，光可以看作是一串具有一定能量的运动着的粒子流，这些粒子流称为光子，每个光子所具有的能量等于普朗克常量 h 乘以光的频率 ν。由于光子的能量与其频率成正比，故光的频率越高，其光子的能量也越大。光照射在物体上就可看成是一连串的具有能量为 E 的粒子轰击在物体上。所谓光电效应，即是由于物体吸收了能量为 E 的光后产生的电效应。从传感器的角度看光电效应可分为两大类型：外光电效应和内光电效应。

5.1.1　外光电效应

在光的照射下，物质内的电子逸出物体表面向外发射的现象，称为外光电效应。光电管及光电倍增管均属这一类。它们的光电发射极，即光明极就是用具有这种特性的材料制造的。

光子是具有能量的粒子，每个光子具有的能量为

$$E = h\nu \tag{5-1}$$

式中：h——普朗克常量(6.626×10^{-34} J・S)；

ν——光的频率。

根据爱因斯坦假说：一个光子的能量只能给一个电子。因此，如果一个电子要从物体中逸出表面，则必须使光子能量 E 大于表面逸出功 E_0，这时逸出表面的电子就具有动能 E_K。

$$E_K = \frac{1}{2} mv^2 = h\nu - E_0 \tag{5-2}$$

式中：m——电子的质量；

v——电子逸出初速度。

式(5－2)称为光电效应方程，由该式可知：

① 光电子能否产生，取决于光子的能量 E 是否大于该物体的电子表面逸出功 E_0。这意味着每一种物体都有一个对应的光频阈值，称为红限频率。光线的频率小于红限频率，光子的能量不足以使物体内的电子逸出，因而小于红限频率的入射光，光强再大也不会产生光电发射。反之，入射光频率高于红限频率，即使光线微弱也会有光电子发射出来。

② 在入射光的频谱成分不变时，产生的光电流与光强成正比，光强越强，意味着入射的光子数目越多，逸出的电子数目也就越多。

③ 光电子逸出物体表面具有初始动能。因此，光电管即使没有加阳极电压，也会有光电流产生，为使光电流为零，必须加负的截止电压，而截止电压与入射光的频率成正比。

5.1.2　内光电效应

受光照物体(通常为半导体材料)电导率发生变化或产生光电动势的效应称为内光电效应。内光电效应是在光子与被晶格原子或掺入的杂质原子所束缚的电子相互作用的基础上产生的，包括光电导效应、光生伏特效应等。

1. 光电导效应

光电导效应是指半导体材料受到光照时会产生电子-空穴对，使其导电性能增强，光线愈强，阻值愈低，这种光照后电阻率发生变化的现象，称为光电导效应。基于这种效应的光电器件有光敏电阻(光电导型)和反向工作的光敏二极管、光敏三极管(光电导结型)。

光电导效应是入射光子改变物质电导率的一种物理现象，这种现象在所有的半导体中都能观察到，其机理可用图 5－2 所示的能级图说明。

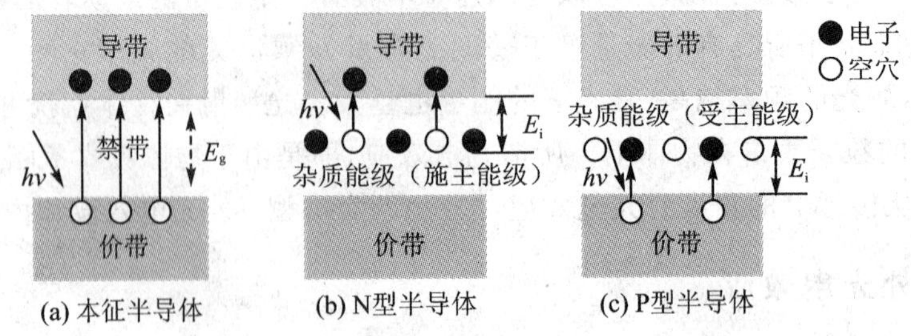

图 5－2　光电导体中载流子的形成

对于本征半导体，当吸收能量 E 大于禁带宽度 E_g 的光子后，价带中的束缚电子将跃迁到导带中，分别在导带和价带中形成能参与导电的电子和空穴，这些载流子在元件两端外加电压的作用下形成电流。

在掺杂半导体中，入射光子会被杂质能级吸收，在 N 型半导体的导带及杂质能级中分别

形成自由电子和束缚空穴，在P型半导体的价带和杂质能级上分别产生空穴与束缚电子。N型半导体通过自由电子改变电导率，P型半导体则通过空穴改变电导率。

N型半导体杂质能级与导带底之间或P型半导体杂质能级与价带顶之间的能量称为杂质电离能 E_i。要产生光生载流子，光子的波长必须小于一个最短的波长，这个最短波长称为临界波长或吸收边。本征半导体和杂质半导体的临界波长分别为

$$\lambda_g = \frac{1\ 240}{E_g(\text{eV})}(\text{nm}), \qquad \lambda_i = \frac{1\ 240}{E_i(\text{eV})}(\text{nm})$$

因为 $E_g > E_i$，所以要使光谱特性扩展到长波段，必须使用掺杂半导体。

2. 光生伏特效应

光生伏特效应是指半导体材料P－N结受到光照后产生一定方向的电动势的效应。基于该效应的光电器件主要有光电池等。

(1) 结光电效应(势垒效应)

接触的半导体和P－N结中，当光照射其接触区域时，便引起光电动势，这就是结光电效应。如图5－3所示，当光照射P－N结时，设光子能量大于禁带宽度 E_g，使价带中的电子跃迁到导带，而产生电子空穴对，在阻挡层内电场的作用下，被光激发的电子移向N区的外侧，被光激发的空穴移向P区的外侧，从而使P区带正电，N区带负电，形成光电动势。

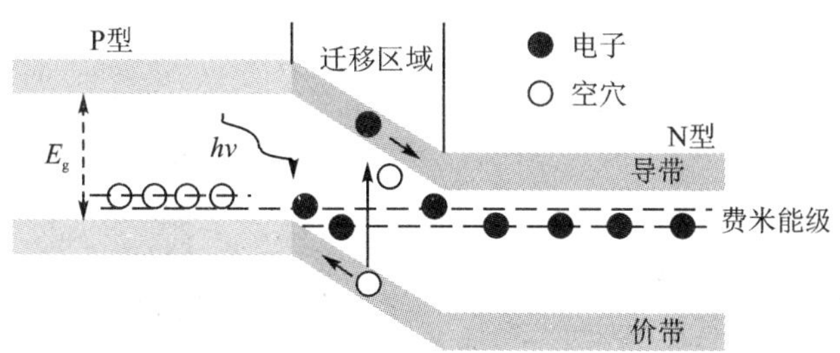

图5－3　P－N结的光电效应原理

(2) 侧向光电效应(丹培效应)

当半导体光电器件受光照不均匀时，由载流子的浓度梯度将会产生侧向光电效应。当光照部分吸收入射光子的能量产生电子-空穴对时，光照部分载流子的浓度比未受光照部分的载流子的浓度大，就出现了载流子的浓度梯度，因而载流子就要扩散。因为电子迁移率比空穴大，所以电子向未被光照部分扩散，造成光照部分带正电，未被光照射部分带负电，光照部分与未被光照部分之间产生光电动势，如图5－4所示。基于该效应的光电器件主要有半导体光电位置敏感器件(PSD)。

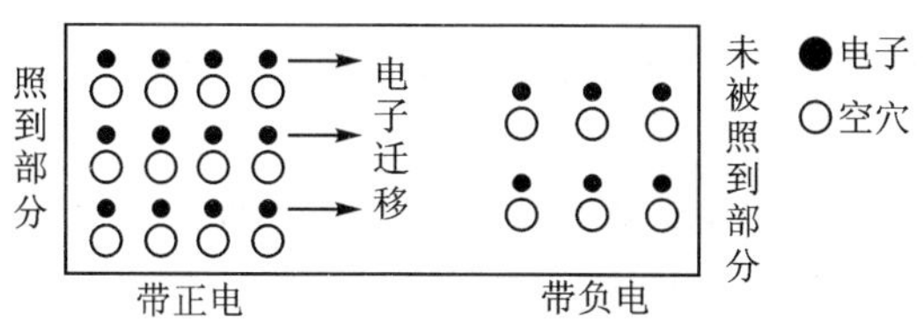

图5－4　侧向光电效应原理

5.2 光电器件

光电器件是光电式传感器的重要组成部分，对传感器的性能影响很大。光电器件是基于光电效应工作的，种类很多。一般地，光电器件分为外光电器件和内光电器件两类。

5.2.1 外光电效应器件

利用物质在光的照射下发射电子的外光电效应而制成的光电器件，一般都是真空的或者充气的光电器件，如光电管和光电倍增管。

1. 光电管

(1) 基本结构

光电管可分为真空光电管和充气光电管，是一个装有光电阴极和阳极的真空玻璃管，如图 5-5所示。图 5-5(a)中，光电阴极是在玻璃管内壁涂上阴极涂料构成的；图 5-5(b)中，光电阴极是在玻璃管内装入涂有阴极涂料的柱面极板构成的。

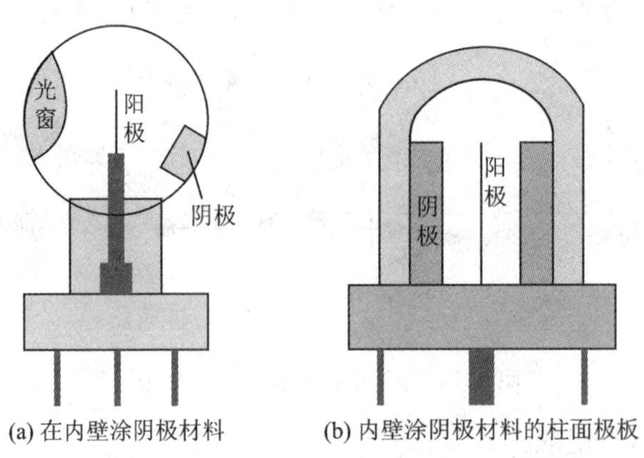

图 5-5 光电管的结构

真空光电管(又称电子光电管)由封装于真空管内的光电阴极和阳极构成。当入射光线穿过光窗照到光阴极上时，由于外光电效应，光电子就从极层内发射至真空。在电场的作用下，光电子在极间作加速运动，最后被高电位的阳极接收，在阳极电路内就可测出光电流，其大小取决于光照强度和光阴极的灵敏度等因素。按照光阴极和阳极的形状和设置的不同，光电管一般可分为以下 5 种类型：

- 中心阴极型——阴极面积小，受照光通量不大，适用于低照度探测和光子初速度分布的测量；
- 中心阳极型——阴极面积大，对入射聚焦光斑大小要求不高，电子渡越时间一致性好；
- 半圆柱面阴极型——利于增加极间绝缘性能和减少漏电流；
- 平行平板极型——光电子从阴极飞向阳极基本上保持平行直线轨迹，电极对于光线入射的一致性好；
- 带圆筒平板阴极型——结构紧凑，体积小，工作稳定。

充气光电管(又称离子光电管)由封装于充气管内的光阴极和阳极构成。它不同于真空光电管的是,光电子在电场作用下向阳极运动时与管中气体原子碰撞而发生电离现象。由电离产生的电子和光电子一起都被阳极接收,正离子却反向运动被阴极接收。因此在阳极电路内形成数倍于真空光电管的光电流。充气光电管的电极结构也不同于真空光电管。

其常用的电极结构有中心阴极型、半圆柱阴极型和平板阴极型。充气光电管最大的缺点是在工作过程中灵敏度衰退很快,其原因是正离子轰击阴极而使发射层的结构破坏。充气光电管按管内充气不同可分为以下 2 种类型。

- 单纯气体型——多数充氩气,氩原子量小,电离电位低,管子工作电压不高,管内充纯氦或纯氖,可提高工作电压;
- 混合气体型——常用氩氖混合气体,氩占 10%左右,氩原子的存在使处于亚稳态的氖原子碰撞后能恢复常态,减少了惰性。

光电管的光电阴极通常是用逸出功小的光敏材料涂敷在玻璃泡内壁上做成的,其感光面对准光的照射孔。当光线照射到光敏材料上,便有电子逸出,这些电子被具有正电位的阳极所吸引,在光电管内形成空间电子流,在外电路就产生电流。图 5-6 所示为光电管的等效电路,随着光照强度的逐渐增强,R 也渐渐减小,而电流 I 则慢慢增强。

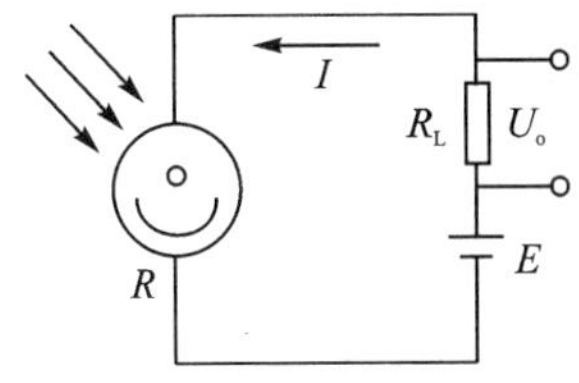

图 5-6　光电管的等效电路

(2) 基本特性

光电器件的性能主要由伏安特性、光照特性、光谱特性、响应时间、峰值探测率和温度特性来描述。

① 光电管的伏安特性

在一定的光照射下,对光电器件的阴极所加电压与阳极所产生的电流之间的关系称为光电管的伏安特性。图 5-7(a)和 5-7(b)分别为真空光电管和充气光电管的伏安特性。当阳极电压较低时,阴极所发射的电子只有一部分到达阳极,其余部分受光电子在真空中的运动时所形成的负电场作用,回到阴极。随着阳极电压的增高,光电流随之增大。当阴极发射的电子能全部到达阳极时,阳极电流便很稳定,称为饱和状态。

② 光电管的光照特性

当光电管的阳极和阴极之间所加电压一定时,光通量与光电流之间的关系为光电管的光照特性。其特性曲线如图 5-8 所示。曲线 1 表示氧铯阴极光电管的光照特性,光电流 I 与光通量呈线性关系。曲线 2 为锑铯阴极的光电管光照特性,它呈非线性关系。光照特性曲线的斜率(光电流与入射光光通量之比)称为光电管的灵敏度。

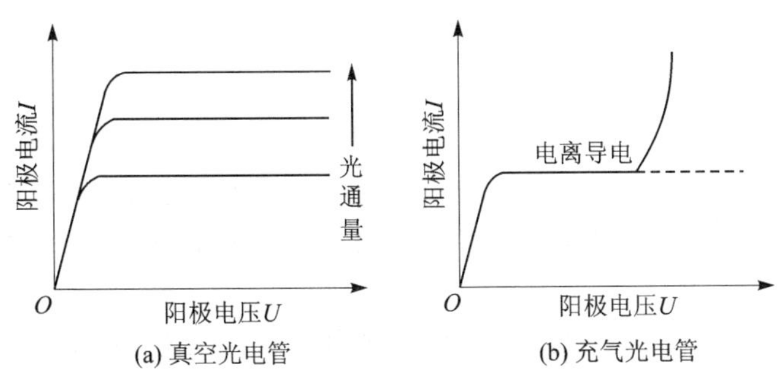

图 5-7　光电管的伏安特性

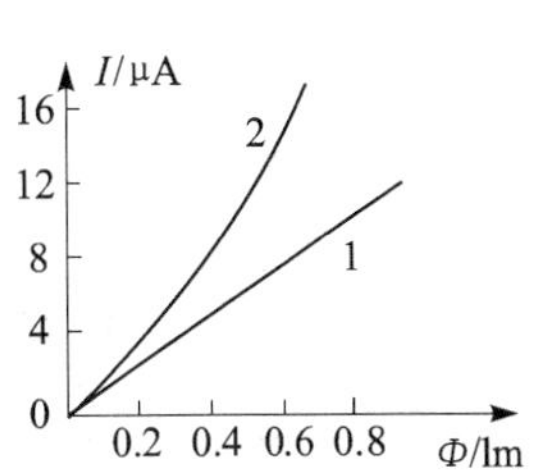

图 5-8　光电管的光照特性

③ 光电管的光谱特性

对于不同光电阴极材料的光电管,它们的红限频率 ν_0 是不同的,因此它们可用于不同的光谱范围。即使照射在阴极上的入射光的频率高于红限频率,强度相同,但是随着入射光频率的不同,阴极发射的光电子的数量也会不同,即同一光电管对于不同频率的光的灵敏度不同,这就是光电管的光谱特性。所以,对各种不同波长区域的光,应选用不同材料的光电阴极。图 5-9 中的 I、II 为铯氧银和锑化铯阴极对应不同波长光线的灵敏系数,III 为人眼视觉特性。

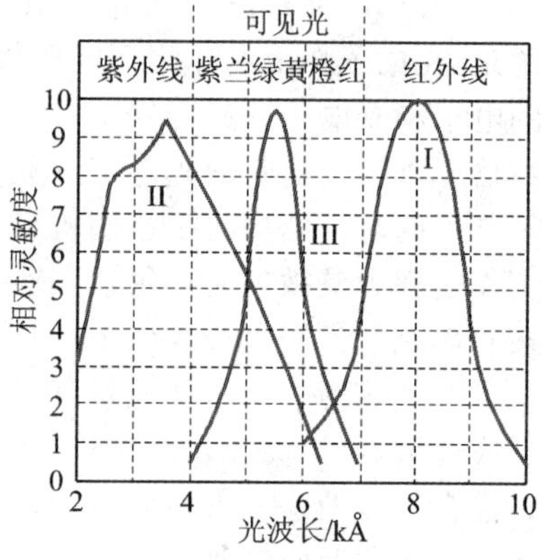

图 5-9 各光电管的光谱特性

2. 光电倍增管

采用光电管检测微弱光时,光电管输出的光电流很小,放大部分所产生的噪声比决定光电管本身检测能力的光电流散粒效应的噪声大得多,检测极其困难。因此,通常在对微弱光进行检测时,采用光电倍增管。

(1) 基本结构

图 5-10 所示为光电倍增管原理图,它由光阴极、次阴极(倍增电极)以及阳极三部分组成。光阴极是由半导体光电材料锑铯做成的,次阴极是在镍或铜-铍的衬底上涂上锑铯材料而形成的,次阴极多的可达 30 级,通常为 12～14 级。阳极是最后用来收集电子的,它输出的是电压脉冲。

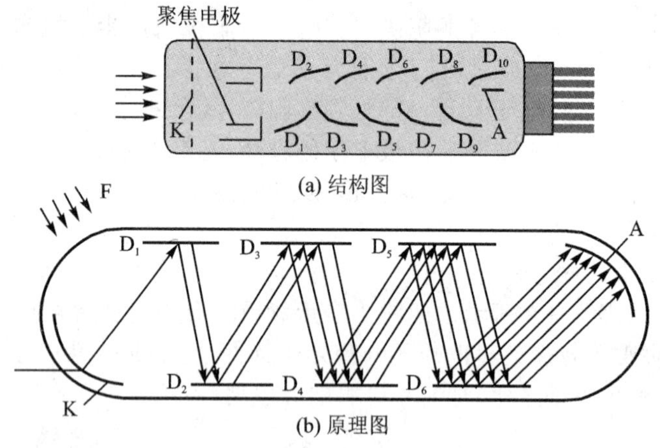

图 5-10 光电倍增管

(2) 工作原理

光电倍增管是利用二次电子释放效应,将光电流在管内进行放大。所谓二次电子,是指当电子或光子以足够大的速度轰击金属表面而使金属内部的电子再次逸出金属表面,这种再次逸出金属表面的电子叫做二次子。

如图 5-10(b)所示,当入射光的光子打在光电阴极上时,光电阴极发射出电子,该电子流又打在电位较高的第一倍增极上,于是又产生新的二次电子;第一倍增极产生的二次电子又打在比第一倍增极电位高的第二倍增极上,该倍增极同样也会产生二次电子发射,如此连续进行

下去，直到最后一级的倍增极产生的二次电子被更高电位的阳极收集为止，从而在整个回路里形成光电流 I_A，如图 5－11 所示。

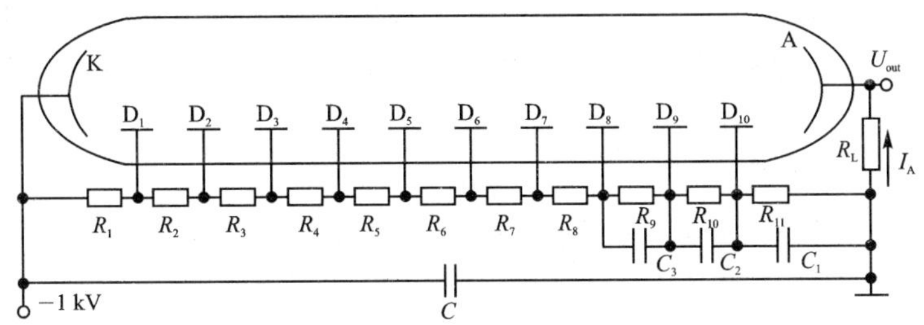

图 5－11　光电倍增管的电路

(3) 倍增系数 M

倍增系数 M 等于各倍增电极的二次电子发射系数 δ_i 的乘积。如果 n 个倍增电极的 δ_i 都一样，则

$$M = \delta_i^n \tag{5-3}$$

因此，阳极电流 I 为

$$I = i\delta_i^n \tag{5-4}$$

式中：i——光电极的光电流。

设光电倍增管的电流放大倍数为 β，则

$$\beta = I/i = \delta_i^n \tag{5-5}$$

光电倍增管的倍增系数与工作电压的关系是光电倍增管的重要性。随着工作电压的增加，倍增系数 M 也相应增加，图 5－12 给出了典型光电倍增管的这一特性。

一般 M 在 $10^5 \sim 10^6$ 之间。如果电压有波动，倍增系数也要波动，因此 M 具有一定的统计涨落。一般阳极和阴极之间的电压差为 1 000～2 500 V，两个相邻的倍增电极的电位差为 50～100 V。所以要求对所加电压越稳越好，这样可以减小统计涨落，从而减小测量误差。

(4) 基本特性

① 光电倍增管的光电特性

光电倍增管的光电特性反映了阳极输出电流与照射在光电极上的光通量之间的函数关系。图 5－13 所示为光电倍增管的光电特性，在入射光通量小于 10^{-4} lm 时，有较好的线性关系。当光通量再增大时，将呈现非线性特性。

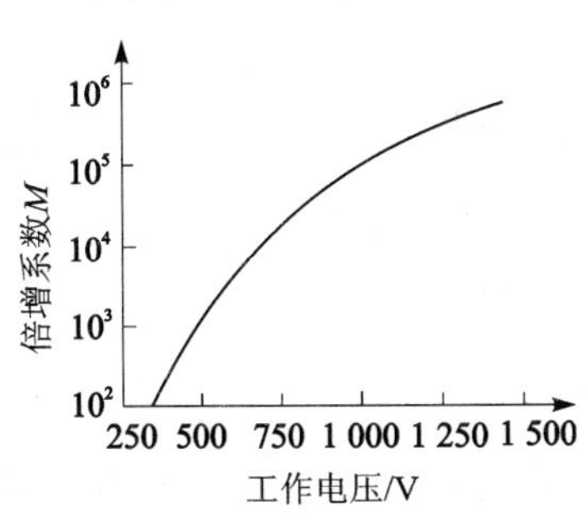

图 5－12　光电倍增管倍增系数与工作电压的关系

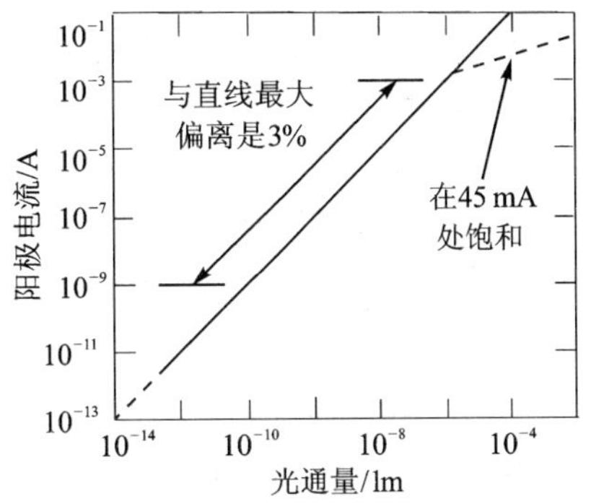

图 5－13　光电倍增管的光电特性

② 光电倍增管的阳极特性

光电倍增管的阳极特性指光电倍增管阳极电流与阳极和末级之间的电压 U_{ab} 的关系，如图 5－14 所示。典型阳极特性曲线有饱和区域，阳极电流的饱和值随照射到阴极上的光通量的增大而提高，并且达到饱和值所需的电压也提高。因为光通量越大，管内阳极区域的空间电荷越多，所以使阳极电流达到饱和的电压就越高。

③ 光电倍增管的温度特性

光电倍增管的温度特性是指光电倍增管的温度升高将引起暗电流的增加，光电倍增管的温度与暗电流其关系曲线如图 5－15 所示。

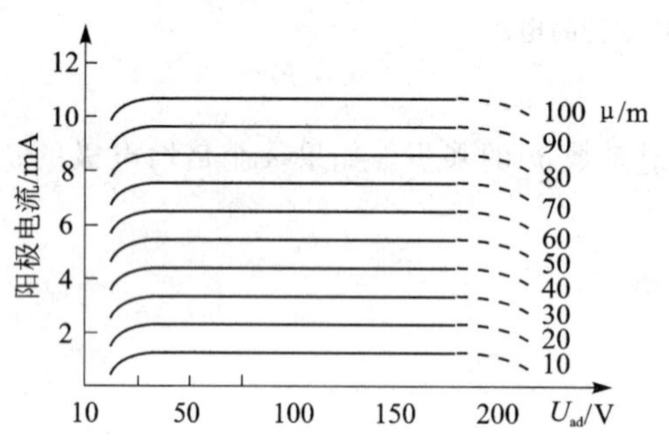

图 5－14　光电倍增管的阳极特性曲线

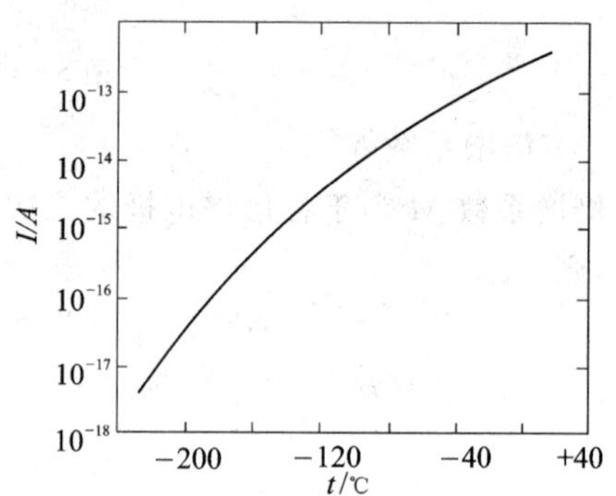

图 5－15　光电倍增管的温度特性曲线

5.2.2　内光电效应器件

利用半导体材料在光照下的光电导效应和光生电动势效应制成的器件，称为内光电效应器件，主要有光敏电阻、光电池、光敏二极管和光敏晶体管，其中光敏电阻的工作原理为光电导效应，后三者的工作原理是光生伏特效应。

1. 光敏电阻

（1）结构和原理

光敏电阻又称为光导管，是一种均质半导体光电器件，结构较简单，如图 5－16(a)所示。它是涂于玻璃底板上的一薄层半导体物质，半导体的两端装有金属电极，金属电极与引出线端相连接，光敏电阻就通过引出线端接入电路。为了防止周围介质的影响，在半导体光敏层上覆盖了一层漆膜，漆膜的成分应使它在光敏层最敏感的波长范围内透射率最大。如果把光敏电阻连接到外电路中，在外加电压的作用下，用光照射就能改变电路中电流的大小，如图 5－16(b)所示接线电路。

光敏电阻在受到光的照射时，由于内光电效应使其导电性能增强，电阻 R_G 值下降，所以流过负载电阻 R_L 的电流及其两端电压也随之变化。光线越强，电流越大。当光照停止时，光电效应消失，电阻恢复原值，因而可将光信号转换为电信号。

（2）基本特性

① 暗电阻、明电阻与光电流

光敏电阻在无光照时的阻值称为暗电阻，此时流过的电流为暗电流，而在有光照时的电阻为明电阻，此时的电流为明电流。明电流与暗电流之差为光电流。

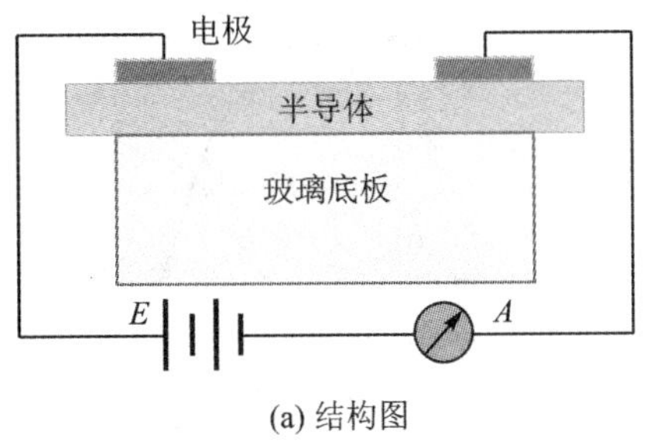

(a) 结构图

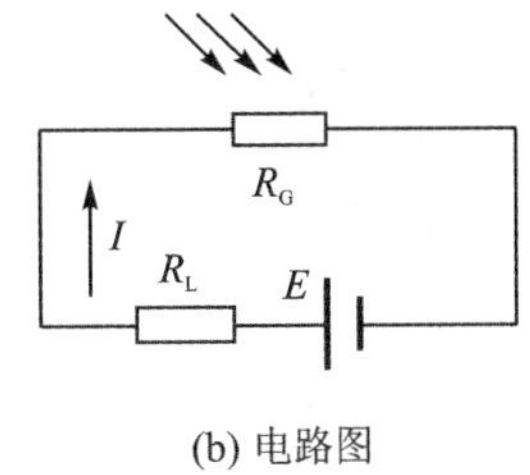

(b) 电路图

图 5-16　光敏电阻

暗电阻越大，明电阻越小，光敏电阻的灵敏度就越高。光敏电阻暗电阻的阻值一般在兆欧(MΩ)数量级，明电阻在几千欧(kΩ)以下，暗电阻与明电阻之比在 $10^2 \sim 10^6$ 之间。

② 伏安特性

在一定照度下，流过光敏电阻的电流与光敏电阻两端的电压关系称为光敏电阻的伏安特性，如图 5-17 所示。电压越高，光电流越大，且没有饱和现象。

③ 光照特性

光敏电阻的光照特性用于描述光电流 I 与光通量之间的关系，如图 5-18 所示。绝大多数光敏电阻的光照特性曲线是非线性的，因此不宜作线性测量元件，一般用作开关式的光电转换器。

④ 光谱特性

光敏电阻的相对灵敏度与入射光波长的关系称为光谱特性，亦称光谱响应。图 5-19 所示是几种常见光敏材料的光谱特性。对于不同波长，光敏电阻的灵敏度是不同的。从图中可见，硫化镉光敏电阻光谱响应的峰值在可见光区域，常被用作光度量测量(照度计)的探头，而硫化铅光敏电阻响应在近红外和中红外区，常用作火焰探测器的探头。

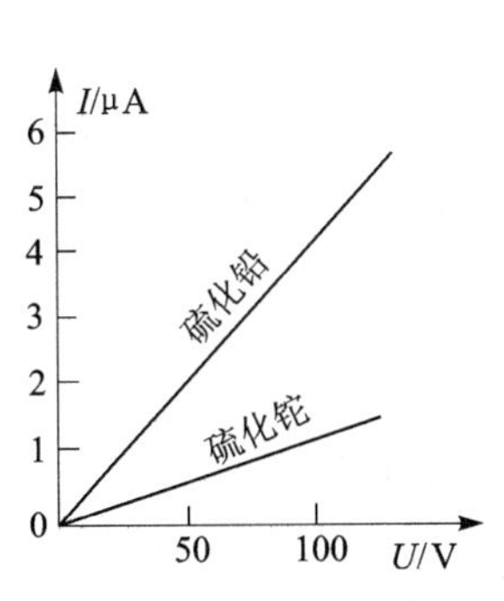

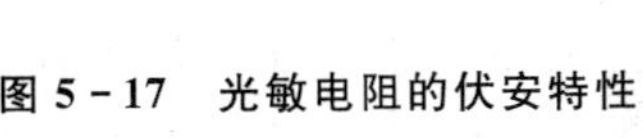

图 5-17　光敏电阻的伏安特性

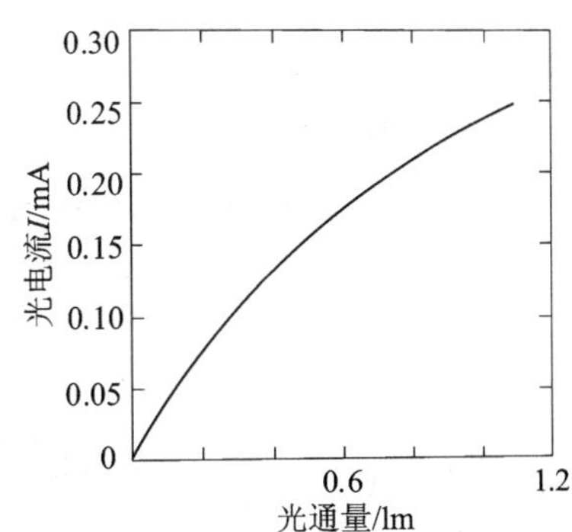

图 5-18　光敏电阻的光照特性

⑤ 响应时间和频谱特性

实验证明，光敏电阻的光电流不能随着光照量的改变而立即改变，而是有一定的惰性的，用时间常数 t 来描述。t 越小，响应越迅速，但大多数光敏电阻的时间常数都较大，这是它的缺点之一。图 5-20 所示是光敏电阻的频谱特性，硫化铅的使用频率范围最大，其他都较差。目前正通过改进工艺来改善光敏电阻的频谱特性。

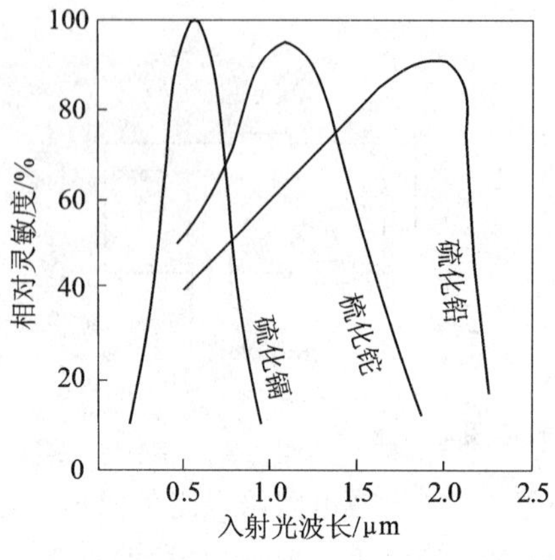

图 5-19　光敏电阻的光谱特性

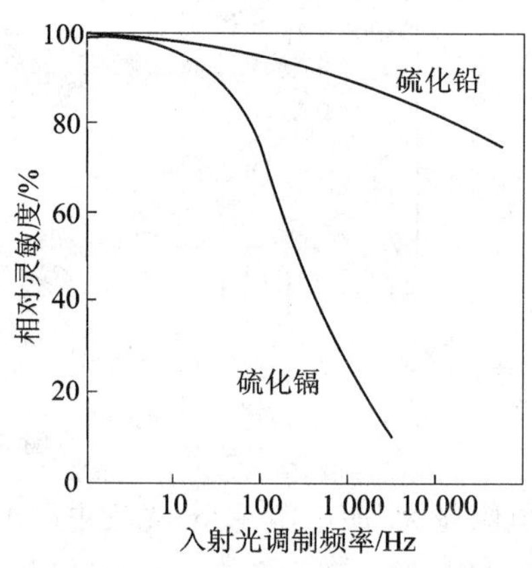

图 5-20　光敏电阻的频谱特性

⑥ 温度特性

随着温度的升高，光敏电阻的暗电阻和灵敏度均下降，同时温度变化也影响其光谱特性曲线。如图 5-21 所示，由硫化铅光敏电阻的光谱温度特性曲线看出，峰值随温度上升向波长短的方向移动。因此，采用制冷措施，可提高光敏电阻的灵敏度，并能接收较长波段的红外辐射。

2. 光电池

光电池是一种电源器件，当受到光照射时，它直接将光能转换为电能，可在电路中充当电源。光电池的种类很多，有硒光电池、氧化亚铜光电池、锗光电池、硅光电池、砷化镓光电池等。其中硅光电池的性能稳定，光谱范围宽，频谱特性好，光电转换效率高，寿命长，耐高温，价格低廉，适于在红外波长区域工作，因此受到人们的青睐。

(1) 结构和工作原理

硅光电池的结构如图 5-22 所示，它实质上是一个大面积的 PN 结。当光照射到 PN 结上时，便在 PN 结两端产生电动势（P 区为正，N 区为负）形成电源。如果在 PN 结两端装上电极，用一只内阻极高的电压表接在两个电极上，就可发现 P 区端和 N 区端之间存在着电势差。如果用导线把 P 区端和 N 区端连接起来，导线中串接一只电流表，如图 5-22(b)所示，则电流表中有电流流过。

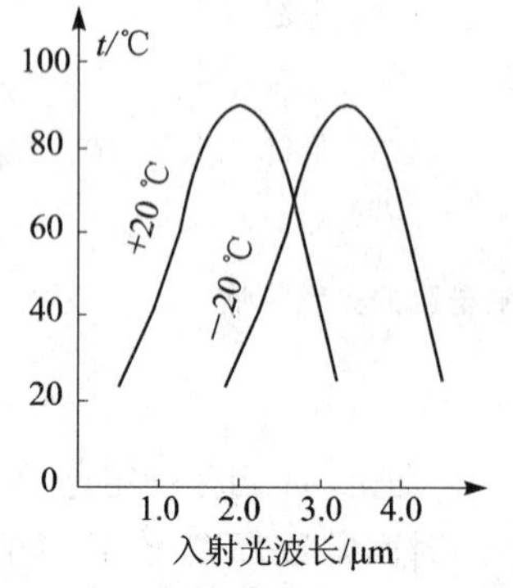

图5-21　硫化铅光敏电阻的光谱温度特性

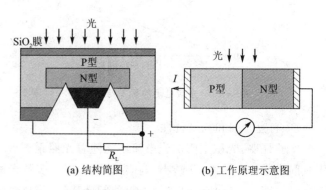

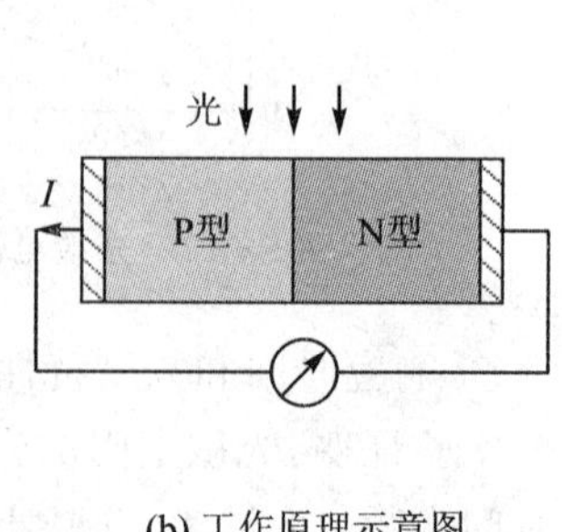

图 5-22　硅光电池

当光照射到 PN 结上时，在其附近激发的电子-空穴对，在 PN 结电场作用下，N 区的光生空穴被拉向 P 区，P 区的光生电子被拉向 N 区，结果在 N 区聚集了电子，带负电；P 区聚集了空穴，带正电。这样 N 区和 P 区间出现了电位差，若用导线连接 PN 结两端，则电路中便有电流流过，电流方向由 P 区经外电路至 N 区；若将电路断开，则可测出光生电动势。

(2) 基本特性

① 光谱特性

光电池对不同波长的光，其光电转换灵敏度是不同的，即光谱特性，如图 5－23 所示。由图可知，不同材料的光电池，光谱响应峰值所对应的入射光波长是不同的，通常硅光电池的光谱响应范围为 400～1 200 nm，光谱响应峰值波长在 800 nm 附近；硒光电池的光谱响应范围为 380～750 nm，光谱响应峰值波长在 500 nm 附近。可见硅光电池可以在很宽的波长范围内得到应用。

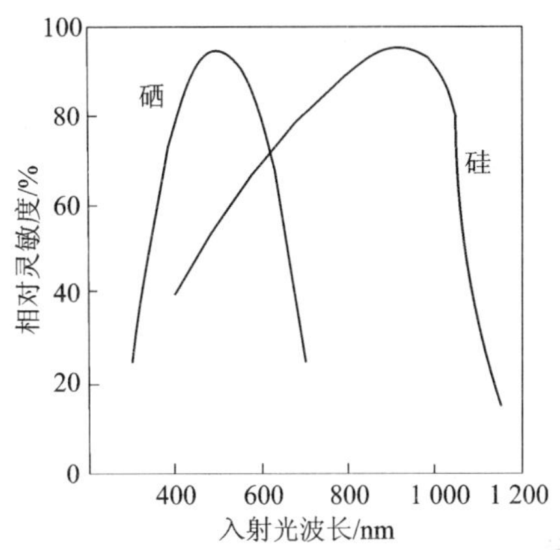

图 5－23　光电池的光谱特性

② 光照特性

光电池在不同照度下，其光生电流和光生电动势是不同的。硅电池的开路电压和短路电流与光照度的关系曲线如图 5－24 所示。

开路电压与光照度的关系是非线性的，而且在光照度为 1 000 lx 时出现饱和，故不宜作为检测信号；短路电流（负载电阻很小时的电流）与光照度的关系在很大范围内是线性的，负载电阻越小，线性度越好，如图 5－25 所示。因此，将光电池作为检测元件时，是利用其短路电流作为电流源的形式使用。

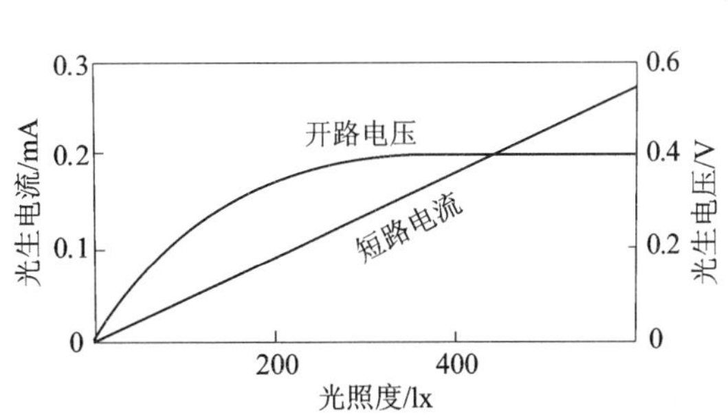

图 5－24　硅光电池的开路电压和短路电流与光照度的关系

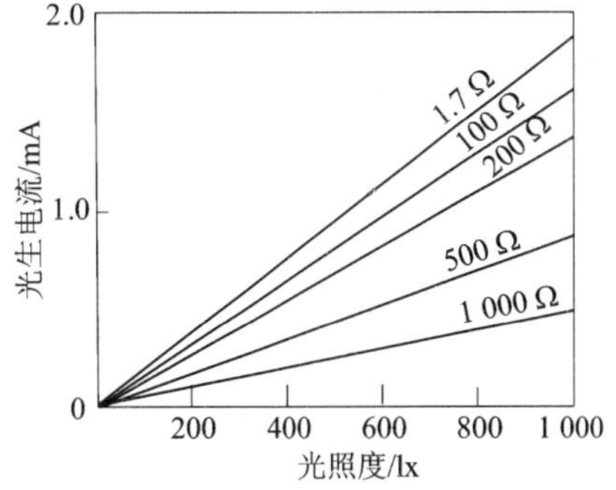

图 5－25　硅光电池在不同负载下的光照特性

③ 频率特性

光电池的频率特性是指其相对光电流随照射光频率发生变化的关系，如图 5－26 所示。硅光电池响应频率较高，而硒光电池响应频率较低，因此在高速计数的光电转换中一般采用硅电池。

④ 温度特性

光电池的温度特性用于描述光电池的开路电压和电路电流随温度发生变化的情况。光电

池都是半导体器件，温度对其工作有很大的影响，它直接影响到应用光电池的仪器或设备的温度漂移，从而会影响测量精度或控制精度等重要指标，因此温度特性是光电池的重要特性之一。硅光电池的温度特性如图 5-27 所示。从图中可以看出，随着温度的升高，开路电压下降的速度较快，而短路电流呈现缓慢增加的趋势，因此把它作为测量元件使用时，最好能采用电流源工作模式，并保证温度恒定或采取温度补偿措施。

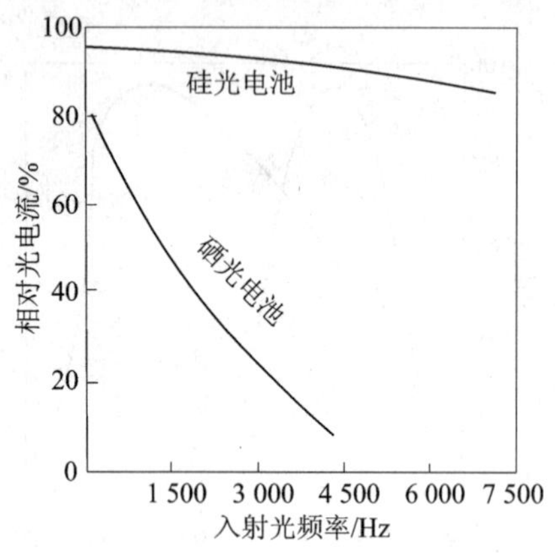

图 5-26　光电池的频率特性

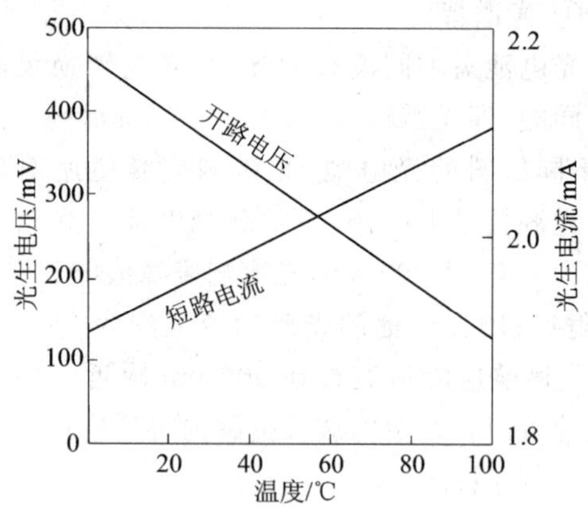

图 5-27　硅光电池的温度特性(1 000 lx)

3. 光敏二极管和光敏三极管

(1) 结构和工作原理

光敏二极管、光敏三极管统称为光敏晶体管，前者的灵敏度比后者高，但频率特性较差。光敏二极管的结构与一般的二极管相似，其 PN 结对光敏感。将其 PN 结装在管的顶部，上面有一个透镜制成的窗口，以便使光线集中在 PN 结上。

光敏二极管在电路中通常工作在反向偏压状态，如图 5-28 所示。当无光照时，与一般二极管一样，电路中仅有很小的反向饱和漏电流，称暗电流（10^{-9}～10^{-8} A）。当有光照时，PN 结附近受光子轰击，产生电子-空穴对，使 PN 结内的载流子大大增加。在反向电压的作用下，反向饱和漏电流增大，称为光电流。

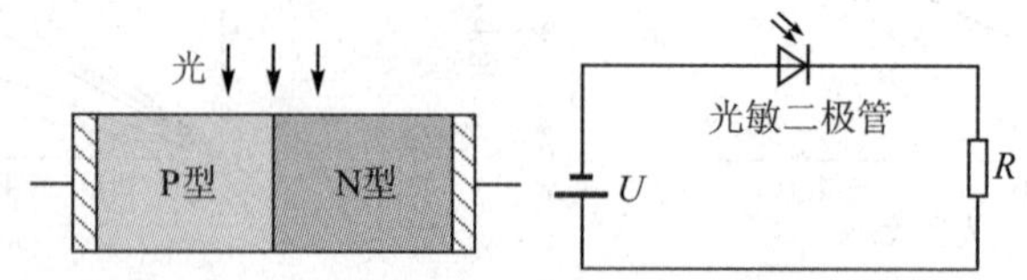

图 5-28　光敏二极管的原理及基本电路

光敏三极管的结构类似于光敏二极管，只不过内部有两个 PN 结。光敏三极管与一般三极管的不同之处是，它的发射极一边做得很大，以扩大光照面积，通常基极无引出线。

图 5-29 所示为 NPN 型光敏三极管基本电路。基极开路，基极-集电极处于反向偏置状态。当光照射到 PN 结附近时，由于光生伏特效应，产生光电流。该电流相当于普通三极管的基极电流，因此将被放大($1+\beta$)倍，从而使光敏三极管具有比光敏二极管更高的灵敏度。

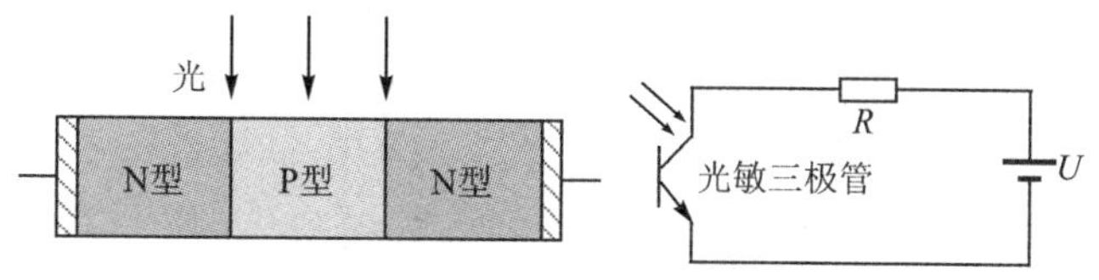

图 5－29　光敏三极管的原理及基本电路

(2) 基本特性

① 伏安特性

图 5－30 所示为硅光敏二(三)极管在不同照度下的伏安特性曲线。由图可知，光敏三极管的光电流比相同管型的二极管大上百倍。此外，从曲线还可以看出，在零偏压时，二极管仍有光电流输出，而三极管则没有。

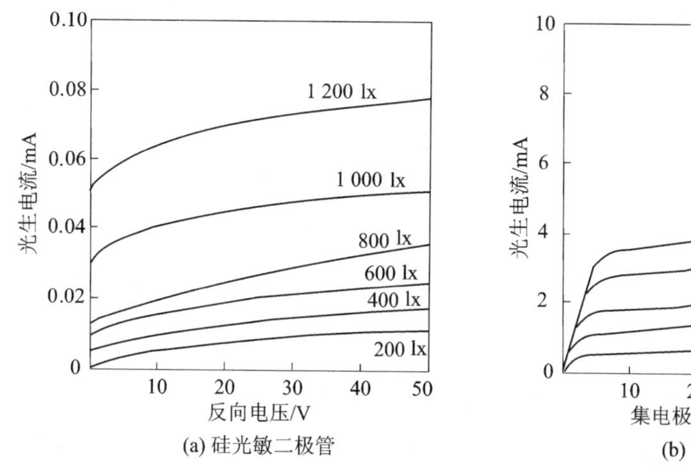

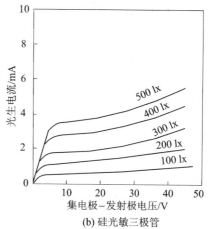

图 5－30　硅光敏管的伏安特性曲线

② 光谱特性

图 5－31 所示为硅和锗光敏二(三)极管的光谱响应曲线。由图可知，硅光敏二(三)极管的响应光谱的长波限为 11 000 Å(1 Å$=1\times10^{-10}$ m)，锗为 18 000 Å，而短波限一般为 4 000～5 000 Å。

两种材料的光敏二(三)极管的光谱响应峰值所对应的波长各不相同。以硅为材料的为 8 000～9 000 Å，以锗为材料的为 14 000～15 000 Å，都是红外区。

图 5－32 所示为 PIN 光敏二极管的光谱响应曲线。器件光敏区为直径 500 μm 的圆形，工作电压为 15 V，暗电流 $I_d\approx10^{-9}$ A，峰值在波长 $\lambda\approx0.9$ μm 处，响应速度达 0.6 μA/μW，量子效率 $\eta=83\%$。

图 5－33 所示是一种硅肖特基光敏二极管的光谱响应曲线，该器件为 N 型硅，杂质浓度 $Nd\approx10^{13}\,cm^{-3}$，工作电压为 10 V，用金作为肖特基势垒的金属材料，在波长 λ 为 0.6～0.9 μm 区间，其量子效率为 $\eta=70\%$。

③ 光照特性

图 5－34 所示为硅光敏二(三)极管的光照特性曲线。可以看出，光敏二极管的光照特性曲线的线性较好，而三极管在照度较小时，光电流随照度增加较好，并且在大电流(光照度为几千 lx)时有饱和现象，这是由于三极管的电流放大倍数在小电流和大电流时都要下降。

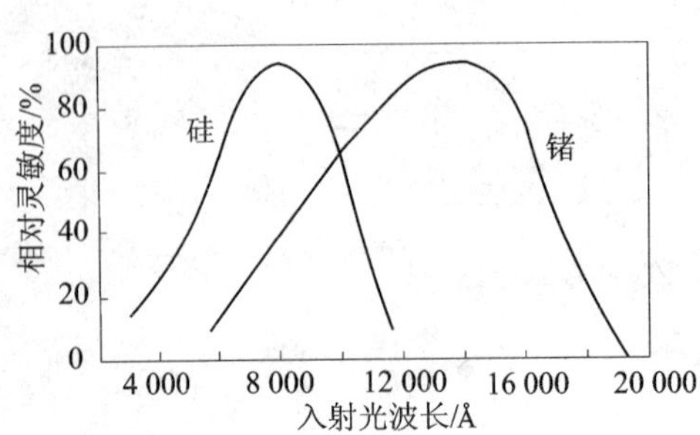

图 5-31　硅和锗光敏二(三)极管的光谱响应曲线

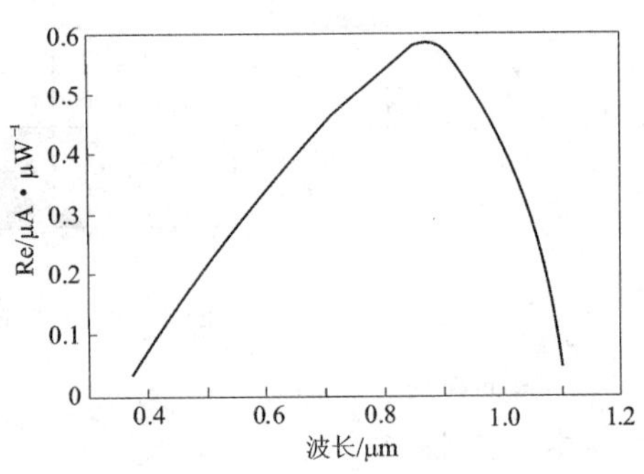

图 5-32　硅 PIN 光敏二极管的光谱响应

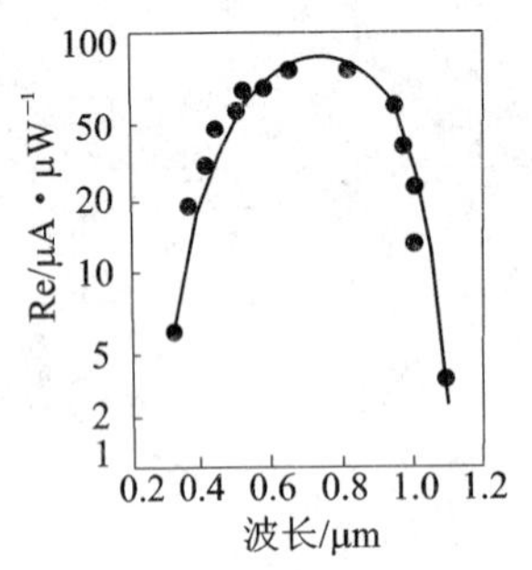

图 5-33　Au-Si 肖特基势垒光敏二极管的光谱响应

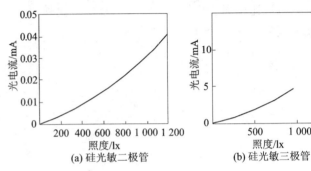

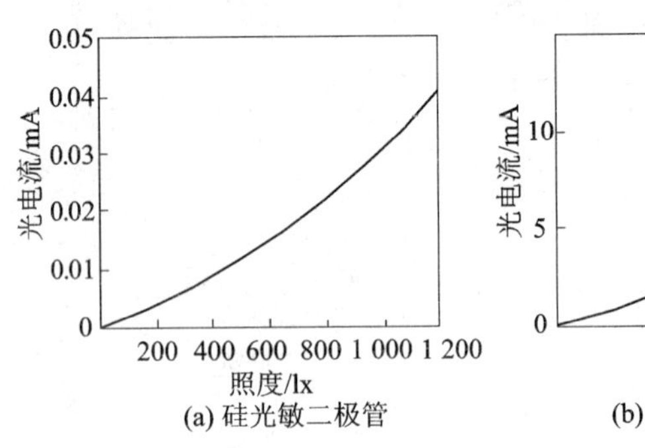

图 5-34　硅光敏管的光照特性曲线

④ 频率响应

光敏管的频率响应是指具有一定频率的调制光照时，光敏管输出的光电源(或负载上的电压)随频率的变化关系。光敏感的频率响应与本身的物理结构、工作状态、负载以及入射光波长等因素有关。图 5-35 所示为硅光敏三极管的频率响应曲线。由曲线可知，减小负载电阻 R_L 可以提高响应频率，但同时却又会使输出降低。因此在实际使用中，应根据频率选择最佳的负载电阻。

光敏三极管频率响应，通常比同类二极管差得多。锗光敏三极管的频率响应比硅管小一个数量级。

⑤ 暗电流-温度特性

图 5-36 所示为锗和硅光敏管的暗电流-温度特性曲线。由图可见，硅光敏管的暗电流比锗光敏管的小得多(约为锗的百分之一到千分之一)。

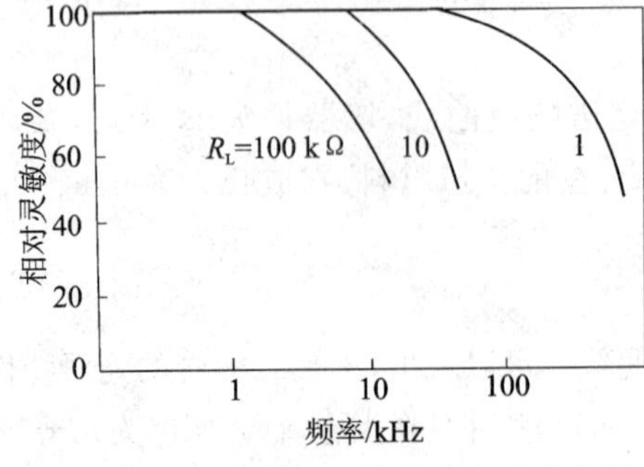

图 5-35　硅光敏三极管的频率响应曲线

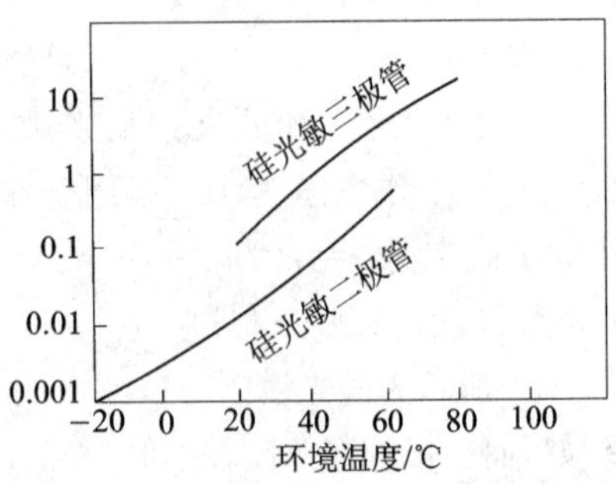

图 5-36　光敏管的温度特性曲线

5.3　光电式传感器的应用

5.3.1　应用形式

光电式传感器的结构包括光路和电路，按测量光路分类，有 4 种基本应用形式。

1. 吸收式

光源发出一恒定光通量的光，使之穿过被测物，其中部分光被吸收，而其余的光则到达光电元件上，转变为电信号输出。如图 5－37 所示，根据被测物吸收光通量的多少就可确定出被测对象的特性，此时，光电器件上输出的光电流是被测物所吸收光通量的函数。可用来测量液体、气体和固体的透明度及浑浊度等参数。

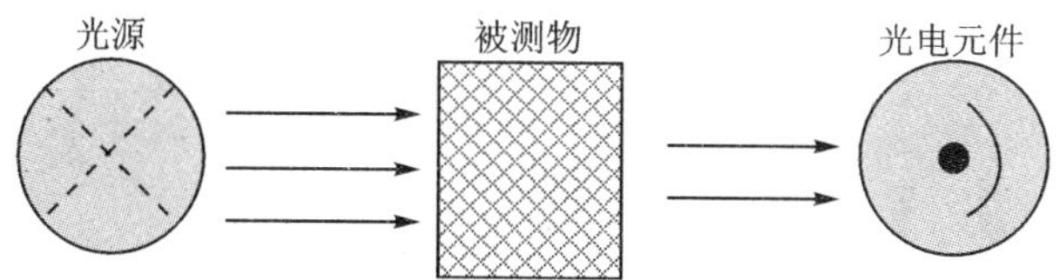

图 5－37　吸收式示意图

2. 反射式

将恒定光源发出的光投射到被测物上，由光电器件接收其反射光通量。如图 5－38 所示。反射光通量的变化反映出被测物的特性。例如：通过光通量变化的大小，可以反映出被测物体的表面光洁度；通过光通量的变化频率，可以反映出被测物体的转速。

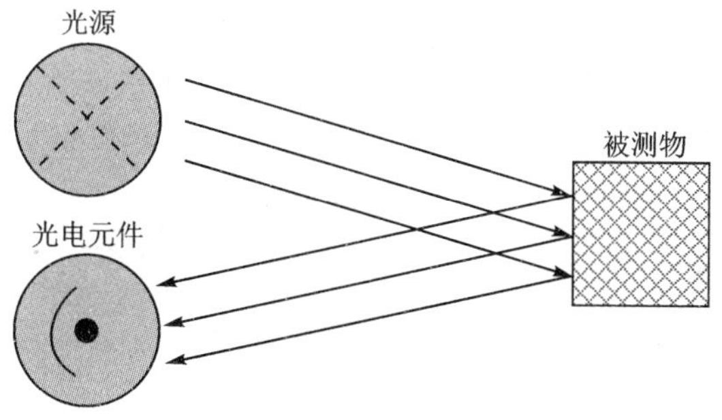

图 5－38　反射式示意图

3. 辐射式

这种形式的传感器其光源本身就是被测对象，即被测对象本身是一辐射源。光电器件接收辐射能的强弱变化，如图 5－39 所示，光通量的强弱与被测参量(如温度的高低)有关。

4. 遮光式

光源发出的光通量经被测物遮去其一部分，使作用在光电元件上的光通量减弱。减弱的

程度与被测物在光学通路中的位置有关，如图 5－40 所示。利用这个原理可以制作测量位移的位移计，也可制作光电测微计。

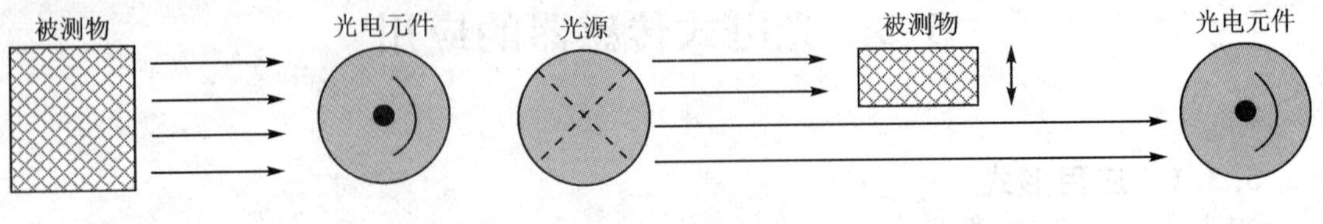

图 5－39　辐射式示意图

图 5－40　遮光式示意图

5.3.2　光电耦合器

光电耦合器的发光元件和接收元件都封装在一个外壳内，一般有金属封装和塑料封装两种。图 5－41(a)所示为窄缝透射式，可用于挡光物体的位置检测；图(b)所示为反射式，可用于反光体的位置检测，对被测物不限厚度；图(c)所示为全封闭式，用于电路的隔离。对于图(a)和图(b)所示的封装形式，为防止环境干扰，可选红外波段的发光元件和光敏元件。

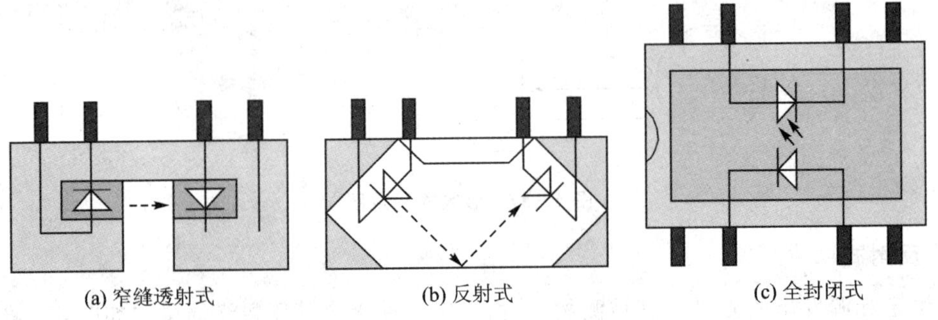

图 5－41　光电耦合器的典型结构

发光器件通常采用砷化镓发光二极管，其管芯由一个 PN 结组成，随着正向电压的增大，正向电流增加，发光二极管产生的光通量也增加。光电接收器件可以是光敏二极管和光敏三极管，也可以是达林顿光敏管。图 5－42 所示为光敏三极管和达林顿光敏管输出型的光电耦合器。为了保证光电耦合器有较高的灵敏度，应使发光元件和接收元件的波长匹配。

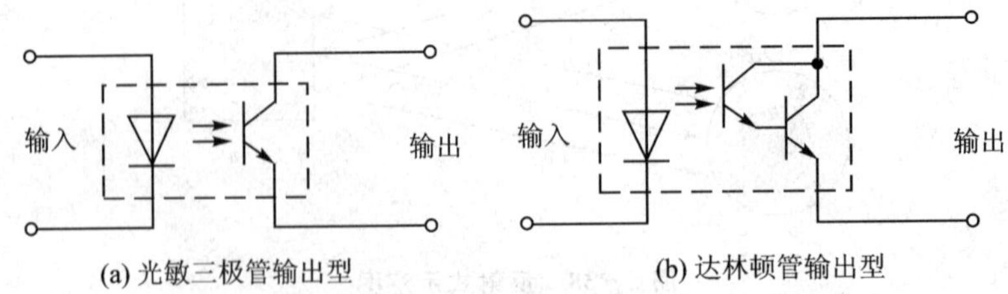

图 5－42　光电耦合器的组合形式

光电耦合器工作时，在输入端接入电信号，使发光器件发光，在这一光源辐射的作用下受光电器件输出光电流，由此通过电—光—电的转换过程完成了输入端和输出端时间的电能耦合。光电耦合器实际上是一个电量隔离转换器，它具有抗干扰性能和单向信号传输等功能，有时可取代继电器、变压器、斩波器等，广泛应用于电路隔离、电平转换、噪声抑制等场合。为了提高其抗干扰能力，通常要求其输入、输出两级分别采用独立电源供电，以达到电路隔离的目的。

5.3.3　光电转速计

光电转速传感器根据其工作方式可分为反射型和直射型两种。

反射型光电转速传感器的工作原理如图 5-43 所示。在电机的转轴上沿轴向均匀涂上黑白相间的条纹。光源发出的光照在电机轴上，再反射到光敏元件上。由于电机转动时，电机轴上的反光面和不反光面交替出现，所以光敏元件间断地接收光的反射信号，输出相应的电脉冲。电脉冲经放大整形电路变为方波，根据方波的频率，就可测得电机的转速。

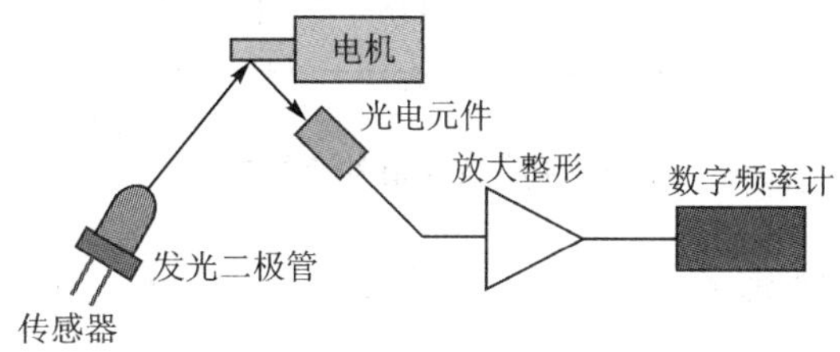

图 5-43　反射型光电转速传感器工作原理

直射型光电转速传感器工作原理如图 5-44 所示。电机轴上装有带孔的圆盘，圆盘的一边放置光源，另一边是光电元件。当光线通过圆盘上时，光电元件产生一个电脉冲。当电机转动时，圆盘随着转动，光电元件就产生一列与转速及圆盘上的孔数成正比的电脉冲数，由此可测得电机的转速。电机的转速 n 为

$$n = 60f/N \tag{5-6}$$

式中：N——圆盘的孔数或白条纹的条数；

f——电脉冲的频率。

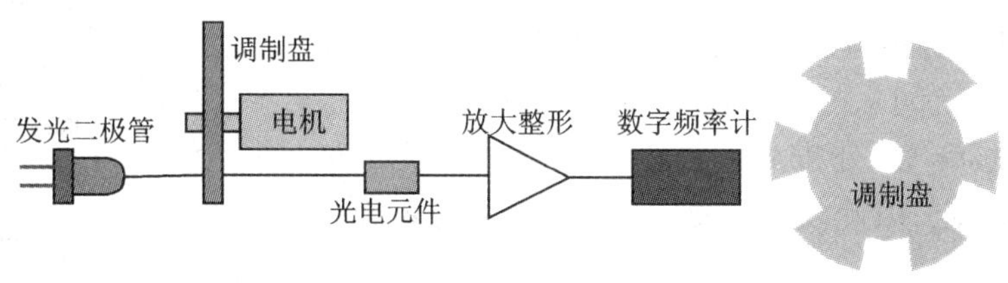

图 5-44　直射型光电转速传感器工作原理

图 4-55 所示为光敏二极管和整形放大电路。频率可用一般的频率计测量，光电器件采用光电池、光敏二极管和光敏三极管，光电脉冲转换电路如图 5-46 所示，T_1 为光敏三极管，光线照

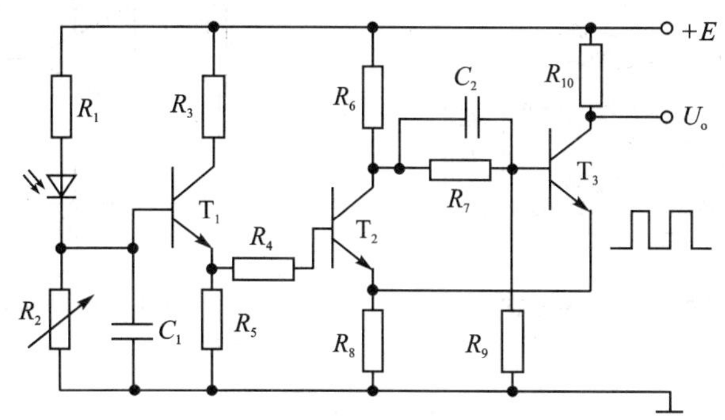

图 5-45　光电二极管和整形放大电路

射在 T_1 时，产生光电流，使 R_1 上压降增大，导致晶体管 T_2 导通，触发 T_3 和 T_4 组成的射极耦合触发器，使 U_o 为高电位；反之，U_o 为低电位，该脉冲信号 U_o 可送到计数电路计数。

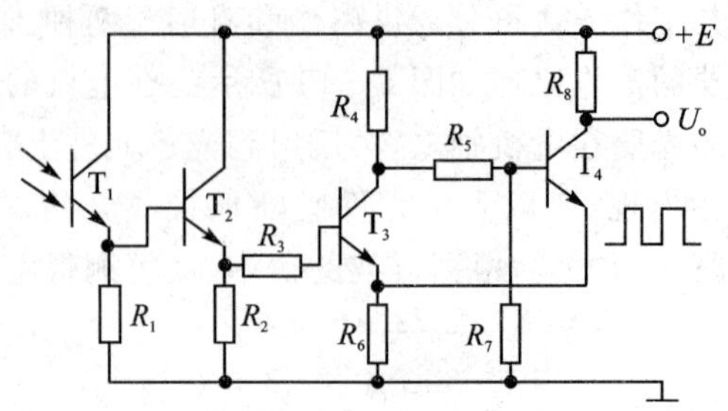

图 5-46　光电脉冲转换电路

5.3.4　光电脉搏传感器

从光源发出的光除被手指组织吸收以外，一部分由血液漫反射返回，其余部分透射出来。光电式脉搏传感器可分为透射式和反射式两种，其中透射式的发光源与光敏接收器件的距离相等并且对称布置，如图 5-47 所示，接收的是透射光，这种方法可较好地反映出心律的时间关系，但不能精确地测量血液容积量的变化；反射式的反射光源和光敏器件位于同一侧，如图 5-48 所示，接收的是血液反射回来的光，此信号可以精确地测得血管内的容积变化。

在测量脉搏信号的过程中，为了尽量减少光源供电波动对测量脉搏信号的影响，需要恒流源电路来控制光源的稳定供电，使在测量脉搏信号的过程中，发射光源发出的光强是恒定的。

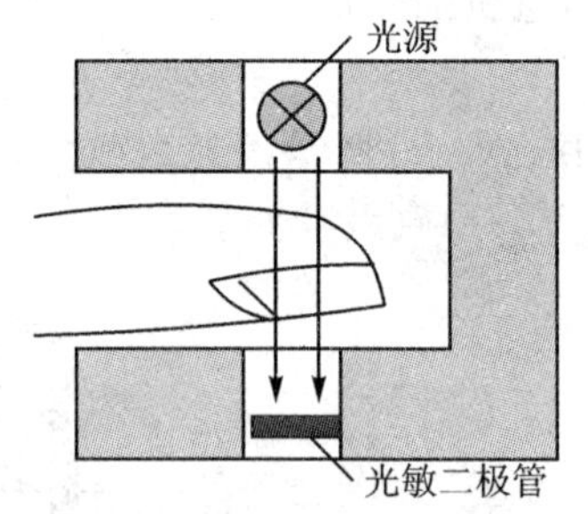

图 5-47　透射式的工作原理

图 5-49 所示为恒流源电路，在电路中 R_1 两端的电压值恒等于稳压二极管 D_1 的稳压值，因此流经 R_1 的电流值恒定，控制使三极管 Q_1 处于放大状态，那么流过发光二极管 D_3 的电流值恒定，因此发光二极管 D_3 能输出稳定光强的光。

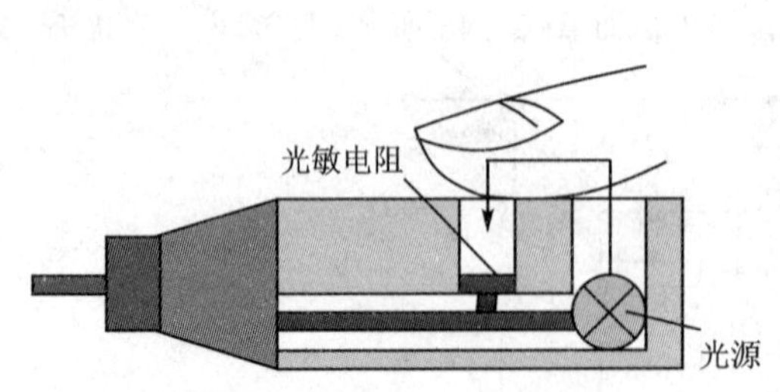

图 5-48　反射式的工作原理

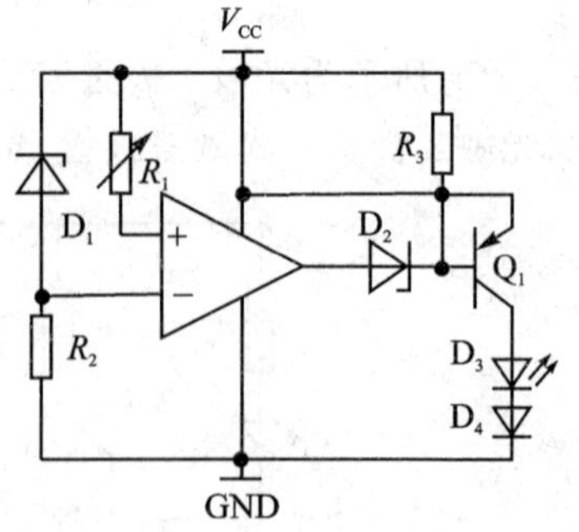

图 5-49　恒流源电路

5.4　图像传感器

图像传感器是传感技术中最主要的一个分支，广泛应用于各种领域，是 PC 机多媒体世界今后不可缺少的外设，也是保安器件，包括光电鼠标、支持数码照相技术的手机以及消费电子、医药和工业市场中的各种新应用。每种应用都有其独特的客户系统要求。

电荷耦合元件 CCD(Charge Coupled Device)与互补金属氧化物半导体元件 CMOS(Complementary Metal-Oxide Semiconductor)传感器是当前被普遍采用的两种图像传感器，都能将光图像转换为电荷图像，而其主要差异是电信号传送方式不同。

CCD 传感器每一行每一个像素的电荷数据都会依次传送到下一个像素中，由最底端部分输出，再经由传感器边缘的放大器进行放大输出；而 CMOS 传感器则是每个像素都会邻接一个放大器及 A/D 转换电路，用类似于内存电路的方式将数据输出。

5.4.1　CCD 固体图像传感器

CCD 图像传感器(Charged Coupled Device)于 1969 年在贝尔试验室研制成功，之后由日商等公司开始量产，其发展历程已经将近 30 多年，从初期的 10 多万像素已经发展至目前主流应用的 500 万像素。它将 MOS 光敏单元阵列和读出移位寄存器集成为一体，构成具有扫描功能的图像传感器。

1. 单元结构

MOS(Metal Oxide Semiconductor)光敏单元的结构如图 5－50 所示。它是在半导体基片上(如 P 型硅片)生长一种具有介质作用的氧化物(如二氧化硅)，并在其上沉积一层金属电极，从而形成一种金属－氧化物－半导体结构单元(MOS)，是 CCD 器件最小的工作单元。

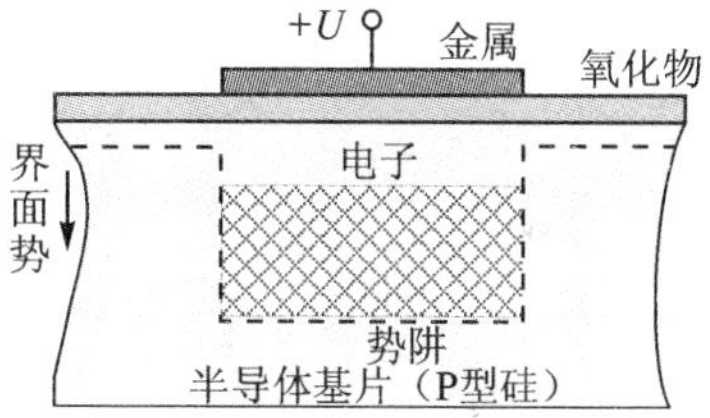

图 5－50　MOS 光敏单元的结构

2. 工作原理

当在金属电极上施加一正电压($U>0$)时，在电场的作用下，位于电极下方 P 型硅区域内的空穴被赶尽，形成一个耗尽区。所施加的正向电压越大，耗尽区越深。对于带负电的电子来说，耗尽区是一个势能很低的区域，U 越大势能就越低，是电子的势阱。势阱具有储能电子(电荷)的功能，每一个加正电压的电极下就是一个势阱，势阱的深度取决于正电压 U 的大小，势阱的宽度取决于金属电极的宽度。如果此时有光线入射到半导体硅片上，在光子的作用下，半导体硅上就会出现电子和空穴，光生电子被附近的势阱所俘获，而光生空穴则被电场排斥出耗尽区。势阱内所吸收的光生电子数量与入射到势阱附近的光强成正比。通常称这样一个基本单元为 MOS 光敏单元或一个像素，它既能储存电荷，又有感光作用；一个势阱所收集的若干光生电荷称为一个点荷包。

通常，在一个半导体硅片上制作许多相互独立的 MOS 光敏元，若在金属电极上施加一正电压，则在此半导体硅片上的每一个电极下形成一个势阱。如果照射在这些光敏元上的是一副明暗程度不同的图像，则在这些光敏元上的是一副与光照程度相对应的光生电荷图像。

3. 电荷转移

CCD的最基本结构是彼此非常靠近的一系列MOS电容器。这些电容器用同一半导体衬底制成，衬底上面生长均匀、连续的氧化层，只是各个金属化电极互相绝缘，但只相隔极小的距离。这是保证相邻的势阱耦合和电荷转移的基本条件。任何可移动的电荷信号都将力图向表面势大的位置移动，这就造成了相邻势阱间的电荷移动。下面分析电荷由一个栅极下面转移到相邻栅极下面的过程。

图5-51(a)所示为三相时钟控制转移存储电荷的过程，图5-51(b)所示为三相时钟电压随时间变化波形图。

① 在$t=t_1$时刻，Φ_1相为高电平，Φ_2、Φ_3为低电平，在Φ_1相控制下的电极1和电极4下面势阱深，并且存有电荷。

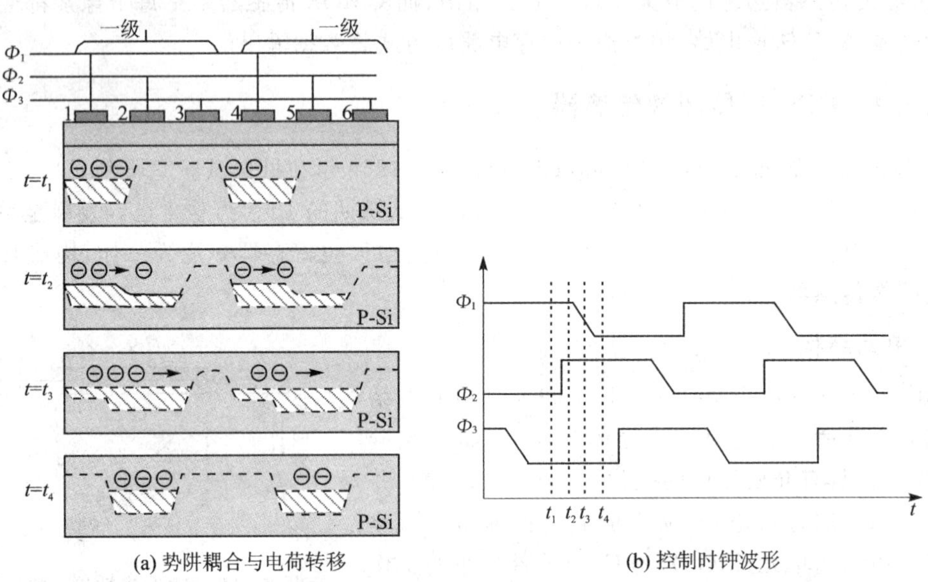

(a) 势阱耦合与电荷转移　　(b) 控制时钟波形

图5-51　三相CCD时钟电压与电荷转移关系

② 在$t=t_2$时刻，Φ_1相处于高电平，但Φ_2相电平也升高至高电平，此时，Φ_2相控制下的电极2和电极5下面的耗尽区加深，它们的势阱深度与电极1和电极4下面的势阱深度相同，原来存储在电极1和电极4下面势阱中的信号电荷就有向电极2和5下面势阱(或称耗尽区)移动的趋势。

③ 在$t=t_3$时刻，Φ_1相电平开始下降，电极1、4下面的势阱变浅，而Φ_2相仍处于高电平，这时，电极1、4下面势阱中存储的信号电荷开始向Φ_2相控制下的电极2、5下面的势阱中移动，因为电极2、5下面的势阱深。

④ 在$t=t_4$时刻，只有Φ_1相处于高电平，信号电荷全部移到电极2、5下面的势阱中。

以此类推，信号电荷可按事先设计的方向，在时钟控制下从一段位移到另一端。

这种彼此有一定相位差的时钟脉冲能使相邻电极下(MOS单元)耗尽区的某些时刻相通，即可实现电荷的耦合与移动。实现电荷移动的驱动脉冲有二相、四相脉冲，相应的称为二相CCD和四相CCD。

5.4.2　CMOS 图像传感器

CMOS(Complementary Metal-Oxide-Semiconductor)互补金属氧化物半导体的制造技术和一般计算机芯片无多大差别，主要是利用硅和锗这两种元素所做成的半导体，使其在 CMOS 上共存着 N(带负电)和 P(带正电)极的半导体，这两个互补效应所产生的电流即可被处理芯片记录和解读成影像。

CMOS 和 CCD 的主要区别是 CCD 集成在半导体单晶材料上，而 CMOS 集成在被称为金属氧化物的半导体材料上。CCD 图像传感器由于灵敏度高、噪声低，逐步成为图像传感器的主流。但由于工艺上的原因，敏感元件和信号处理电路不能集成在同一芯片上，造成由 CCD 图像传感器组装的摄像机体积大、功耗高，所以一般应用于数码相机。CMOS 图像传感器以其小体积、低功耗的优势在图像传感器市场上独树一帜，如今手机中的摄像头普遍使用的是 CMOS。

1. 光敏二极管型 CMOS 图像传感器结构

光敏二极管 CMOS 图像传感器的像素结构目前主要有两种：被动式像素传感器 PPS (Passive Pixel Sensor CMOS)与主动式像素传感器 APS(Active Pixel Sensor CMOS)，其结构如图 5－52 所示。

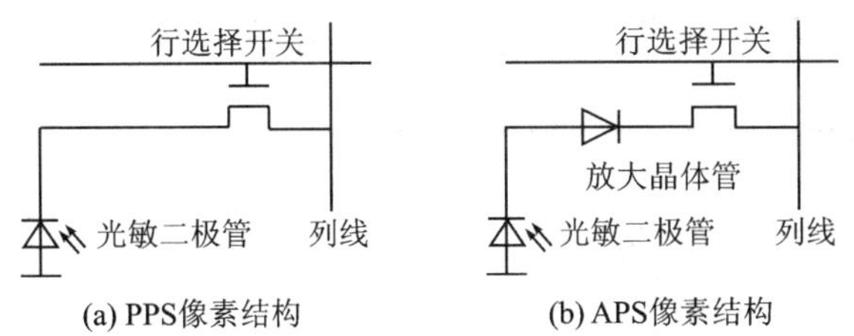

(a) PPS像素结构　(b) APS像素结构

图 5－52　CMOS 的两种像素结构

一个光敏二极管和一个 CMOS 型放大器组成一个像素。光敏二极管阵列在受到光照时，便产生相应于入射光量的电荷。

扫描电路以时钟脉冲的时间间隔轮流给 CMOS 型放大器阵列的各个栅极加上电压，CMOS 型放大器轮流进入放大状态，将光敏二极管阵列产生的光生电荷放大输出。

CMOS 线型图像传感器由光敏二极管和 CMOS 型放大器阵列以及扫描电路集成在一块芯片上制成。

2. CMOS 的特点

CMOS 图像传感器与 CCD 图像传感器一样，可用于自动控制、自动测量、摄影摄像、图像识别等各个领域。

CCD 和 CMOS 使用相同的光敏材料，因而受光后产生电子的原理相同，并且具有相同的灵敏度和光谱特性，但是读取信息的过程有很大的差别。CCD 是在同步信号和时钟信号的配合下以帧或行的方式转移，整个电路非常复杂；CMOS 则以类似于 DRAM 的方式读出信号，电路十分简单。CCD 的时钟驱动、逻辑时序和信号处理等其他辅助功能难以与 CCD 集成到一块芯片上，这些功能可由 3～8 个芯片组合实现，同时还需要一个多通道非标准供电电压来满足特殊时钟驱动的需要；而借助于大规模集成制造工艺，CMOS 图像传感器能很容易地把上述功能集成到单一芯片上。

CCD 大多需要三种电源供电，功耗较高，体积也比较大。CMOS 只需要一个 3～5 V 单电源，其功耗相当于 CCD 的 1/10；高度集成 CMOS 芯片可以做得比人的大拇指还小。到目前为止，面向数码相机的 CCD 固体摄像元件的最高像素已超过 800 万，而像素最高为 4 100 万的 CMOS 图像传感器已在诺基亚 1020 中得到应用。

CMOS 主要问题是在处理快速变化的影像时，由于电流变化过于频繁而过热。暗电流抑制得好就问题不大，如果抑制得不好就十分容易出现杂点。表 5-1 所列给出了 CCD 和 CMOS 图像传感器的主要差异。

表 5-1　两种图像传感器的主要差异

项　目	CCD	CMOS
制造工艺	CCD 专门工艺	CMOS 标准工艺
电源电压	15V/3.3～5.5 V	3.3 V
功耗	高	低
速度	相对较慢	相对较快
感光单元	无源像素，只产生电荷	有源像素，具有放大能力
动态范围	良好	由像素大小决定
信噪比	相对较高	相对较低
制造成本	高	低
成像效果	好	接近 CCD

5.4.3　图像传感器的应用

1. Coyote 数码相机

图 5-53 示出了 Coyote 低档数码相机系统的框图。此数码相机系统由以下部分组成："C"框架镜头、VGA CMOS 传感器、完整的景像 Clarity 2.0ASIC、2 MB SDRAM 和电源。

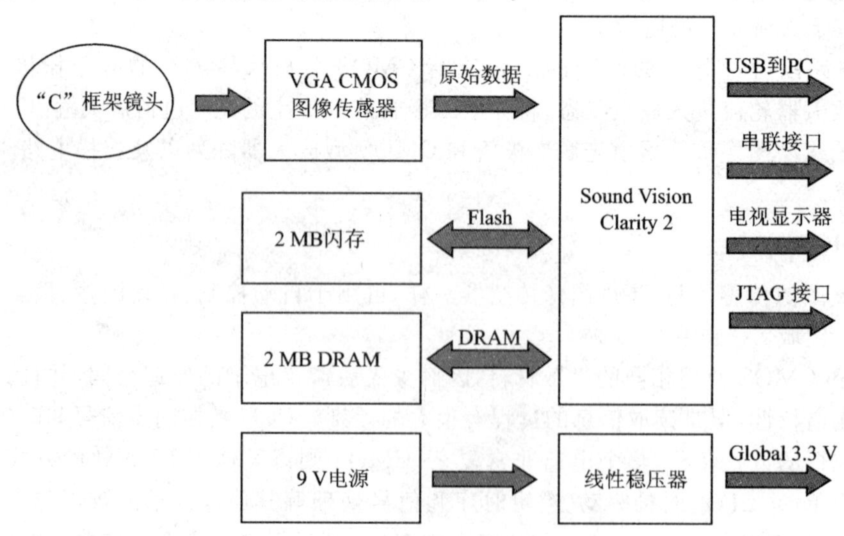

图 5-53　Coyote 数码相机系统框图

VGA CMOS 传感器和完整的景像 Clarity 2.0ASIC 构成 Coyote 数码相机的骨架。CMOS VGA 图像传感器(MCM20014)是完全集成的高性能 CMOS 图像传感器,它具有数字成像应用的积分定时、控制和模拟信号处理性能。此器件为设计人员提供一个完整的单片图像捕获和处理引擎成像方案,使其成为真正的"片上相机"。而完整景像 Clarity 2.0 ASIC 则提供了一组高级软件和硬件,用于数码相机或成像系统的开发。

2. 指纹识别仪

指纹识别仪除了用电容式传感器,也可以用图像传感器。利用 CMOS 数字图像传感器与 USB 接口数据传输来实现的指纹识别仪具有结构简单、体积小、便携化等优点。但是由于指纹传感器输出数据的速率(27 MB/s)与 USB 控制器(AN2131QC)的数据传输速率(12 Mb/s)不匹配,故系统采用了 SRAM 和 CPLD 构成中间高速缓冲区。图 5-54 所示为指纹识别系统硬件框图。

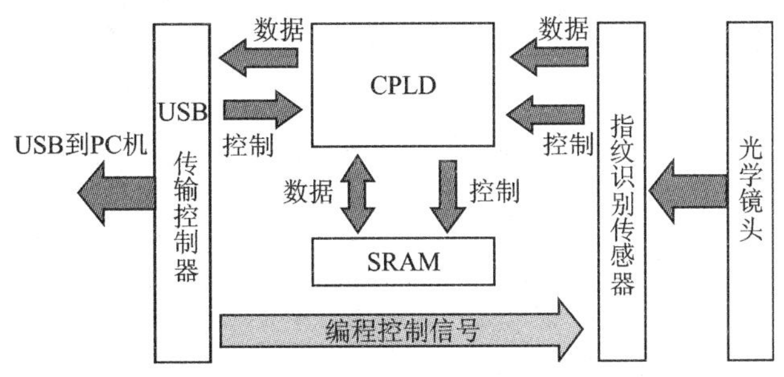

图 5-54　指纹识别系统硬件框图

CMOS 数字图像传感器 OV762M 集成了一个 664×492 的感光阵列、帧(行)控制电路、视频时序产生电路、模拟信号处理电路、A/D 转换电路、数字信号输出电路及寄存器 I^2C 编程接口。感光阵列得到原始的彩色图像信号后,模拟处理电路完成诸如颜色分离与均衡、增益控制、gamma 校正、白电平调整等主要的信号处理工作,最后可根据需要输出多种标准的视频信号。视频时序产生电路用于产生行同步、场同步、混合视频同步等多种同步信号和像素时钟等多种内部时钟信号,外部控制器可通过 I^2C 总线接口设置或读取 OV762M 的工作状态、工作方式以及数据的输出格式等。

3. 基于图像传感器的汽车安全系统

2012 年 7 月 25 日,电装对外宣布开发出了汽车安全系统所使用的图像传感器,如图 5-55 所示。新产品与该公司之前产品相比,体积减小了 50%。目前该产品已被丰田所采用,作为 2012 年 7 月开始供货的丰田"雷克萨斯 ES"的选配装备。

图 5-55　汽车安全系统中的图像传感器

该开发品具备两套"车道偏离警报系统"(LDW,Lane Departure Warning)和"远光灯自动控制系统"(AHB,Automatic High Beam)的图像识别功能:前者是通过识别道路上的白线来保持车道;后者是检测前方车辆的尾灯,然后自动切换远光灯/近光灯。该产品的外形尺寸在具备 LDW 和 AHB 功能的图像传感器中是"全球最小的"(电装),仅为 70 mm×73 mm×32 mm。

该开发品通过采用处理负荷小的算法，仅靠通用 MCU 就实现了 LDW 和 AHB 功能，而以往产品采用的是专用图像处理 IC。开发品采用的通用 MCU 可在高温下工作，将以往产品为－30～＋65 ℃的工作温度范围扩大到了－40～＋85 ℃。

5.5　光纤传感器

光纤传感器(简称 FOS)是 20 世纪 70 年代迅速发展起来的一种新型传感器。它具有灵敏度高、电绝缘性能好、抗电磁干扰、传输频带宽、耐腐蚀、耐高温、体积小、质量轻等优点，可广泛用于位移、速度、加速度、压力、温度、液位、流量、水声等物理量的测量。

光纤传感器的发展方向主要有以下几个方面：

- 以传统传感器无法解决的问题作为光纤传感器的主要研究对象；
- 集成化光纤传感器；
- 多功能全光纤控制系统；
- 充分发挥光纤的低传输损耗特性，发展远距离监测系统；
- 开辟新领域。

5.5.1　光纤的结构

光纤是一种多层介质结构的同心圆柱体，由纤芯、包层和保护层(涂覆层和护套)组成，如图 5－56 所示。纤芯和包层通常由不同掺杂的石英玻璃制成。纤芯的折射率 n_1 略大于包层的折射率 n_2，光纤的导光能力取决于纤芯和包层的性质。涂覆层可保护光纤，使其不受水蒸气的侵蚀和机械擦伤，同时增加了光纤的柔韧性，以延长光纤的寿命。护套采用不同颜色的管套(多为尼龙或塑料材料)，一方面起保护作用，另一方面以颜色区分多条光纤。多根单条光纤即电缆。

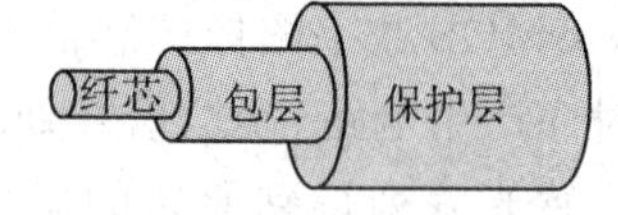

图 5－56　光纤的基本结构

5.5.2　光纤传光原理

众所周知，光在空间中是直线传播的。在光纤中，光的传输被限制在光纤中，并随着光纤能传送很远的距离，光纤的传输基于光的全反射。

假设有一段圆柱形光纤，如图 5－57 所示，它的两个端面均为光滑的平面。当光线射入一个端面并与圆柱的轴线成 θ_0 角时，在端面发生折射进入光纤后，又以 ϕ_1 角入射至纤芯与包层的界面，光线有一部分透射到包层，一部分反射回纤芯。当入射角 θ_0 小于临界入射角 θ_c 时，光线就不会透射进包层界面，而是全部被反射回来，这样光线就会在纤芯和包层的界面上反复逐次全反射，并向前传播，最后从光纤的另一端射出。

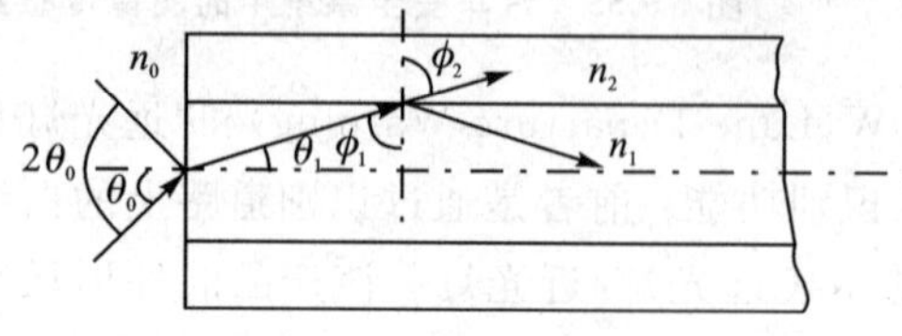

图 5－57　光纤传输原理

根据斯涅尔光的折射定律，由图 5－57 可得

$$n_0 \sin \theta_0 = n_1 \sin \theta_1 \tag{5-7}$$

$$n_1 \sin \phi_1 = n_2 \sin \phi_2 \tag{5-8}$$

式中：n_0——光纤外界介质的折射率。

若要在纤芯和包层的界面上发生全反射，则界面上的光线临界角 $\theta_c=90°$，即 $\phi_2 \geqslant \theta_c = 90°$。而

$$n_1 \sin\theta_1 = n_1 \sin\left(\frac{\pi}{2}-\phi_1\right) = n_1 \cos\phi_1 = n_2\sqrt{1-\sin\phi_1^2} = n_1\sqrt{1-\left(\frac{n_2}{n_1}\sin\phi_2\right)^2} \quad (5-9)$$

当 $\phi_2=\theta_c=90°$时，有

$$n_1 \sin\theta_1 = n_1^2 - n_2^2 \quad (5-10)$$

所以，为满足光在光纤内的全反射，光入射到光纤端面的入射角 θ_0 应满足

$$\theta_0 \leqslant \theta_c = \arcsin\left(\frac{1}{n_0}\sqrt{n_1^2-n_2^2}\right) \quad (5-11)$$

一般光纤所处环境为空气，则 $n_0=1$，这样式(5-11)可表示为

$$\theta_0 \leqslant \theta_c = \arcsin\sqrt{n_1^2-n_2^2} \quad (5-12)$$

实际工作时需要光纤弯曲，但只要满足全反射条件，光线仍然继续前进。可见这里的光线“转弯”实际上是由光的全反射形成的。

5.5.3　光纤传感器的类型

光纤传感器的发展虽然只有十几年的历史，但是人类已研制出百余种光纤传感器。按照不同的角度，其分类也有所不同。

1. 按工作原理分类

(1) 功能型(物性型、传感型)

图 5-58 所示为功能型光纤传感器，主要使用单模光纤。它不仅作为光传播的媒介，还充当敏感元件，将被测量转换成光信号的变化量。首先因为光纤既是电光材料又是磁光材料，所以可以利用克尔效应、法拉第效应等，制成测量强电流、高电压等传感器；其次可利用光纤的传输特性把输入量变为调制的光信号。因为表征光波特性的参量，如振幅(光强)、相位和偏振态会随着光纤的环境(如应变、压力、温度、电场、射线等)而改变，所以利用这些特性便可实现传感测量。

(2) 非功能型(结构型、传光型)

图 5-59 所示为非功能型光纤传感器。光纤在非功能型传感器中只作为传光的介质，它在光纤端面或中间加装其他敏感元件感受被测量的变化。非功能型传感器的特点是结构简单，能够充分综合其他敏感器件和光纤本身的优点，因此发展很快。

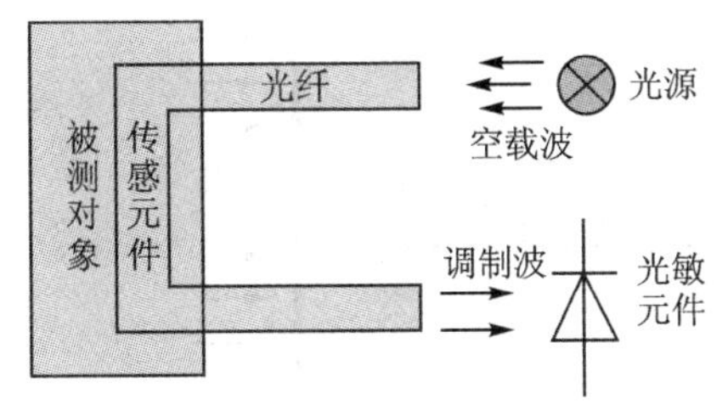

图 5-58　功能型光纤传感器

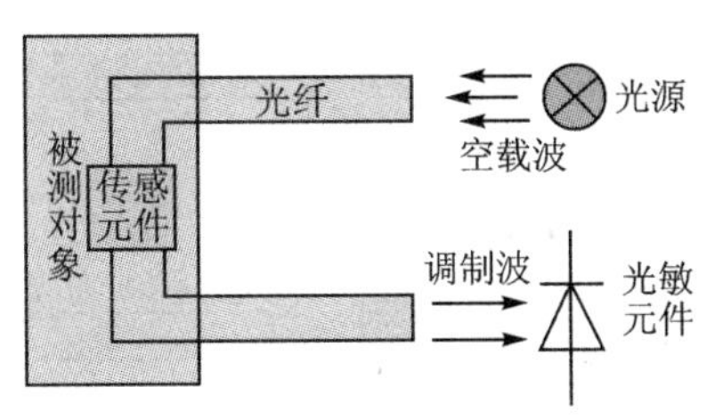

图 5-59　非功能型光纤传感器

在用途上，非功能型传感器要多于功能型传感器，而且非功能型传感器的制作和应用也比

较容易,因此目前非功能型传感器品种较多。功能型传感器的构思和原理往往比较巧妙,可解决一些特别困难的问题。但无论哪一种传感器,最终都是利用光探测器将光线的输出变为电信号。

(3) 拾光型

拾光型光纤传感器,用光纤作为探头,接收由被测对象辐射的光或被其反射、散射的光,如图 5-60 所示。其典型的例子如光纤多普勒速度计、辐射式光纤温度传感器等。

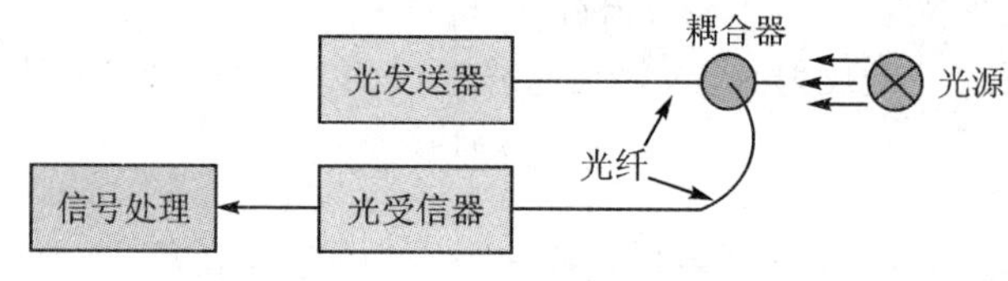

图 5-60 拾光型光纤传感器

2. 按调制手段分类

按调制手段不同,光纤传感器可分为强度调制、相位调制、频率调制、偏振调制、波长调制光纤传感器。

3. 按被测量分类

按被测量不同,光纤传感器可分为电压、电流、磁场、位移、速度、加速度、振动、应变、压力、温度、流量、化学量、生物量光纤传感器。

5.5.4 光纤传感器的应用

表 5-2 所列对各类光纤传感器所基于的光学效应、分类以及光纤的种类加以归纳、总结,便于对常用光纤传感器有一个概貌性的了解。

1. 膜片反射式光纤压力传感器

如图 5-61 所示,光源发出的光,耦合进传光束的一个分叉端 B 之后,由端面 A 上的投影光纤出射。出射光经由弹性膜片(或由其带动的反射面)发射后,部分由端面 A 上的接收光纤接收,所接收的光功率信号的强度与传光束端面至膜片的距离有关,也即与膜片在压力 P 作用下的变形有关。经由膜片变形所调制了的反射光功率信号,传输至分叉端 C,耦合至光接收器,获得与压力 P 有关的输出信号。

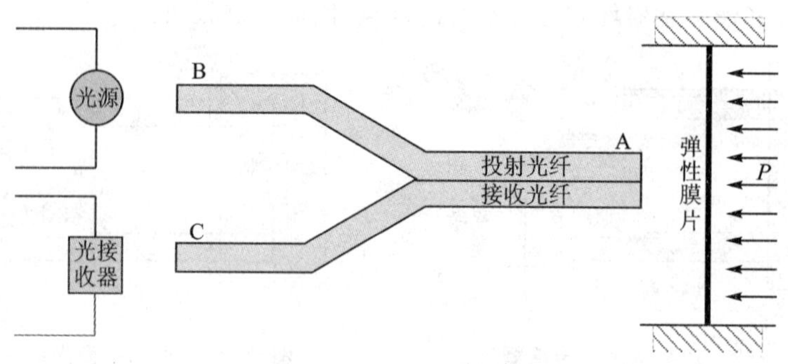

图 5-61 测量原理示意图

表 5-2　光纤传感器的分类

被测物理量	光的调制	光学效应	传感器分类	光纤类型
电流、磁场	偏光 相位	法拉第效应 干涉现象（磁致伸缩）	功能型 非功能型	单模、多模 单模
电压-电场	偏光 相位	泡克耳斯效应 干涉现象（电应变效应）	非功能型 功能型	多模 单模
温度	光强度	用隔板遮断光路 半导体光吸收效应 荧光发射	非功能型 非功能型 非功能型	多模 多模 多模
	光强度-光谱	发射体辐射	非功能型	多模
	偏光	双折射变化	非功能型	多模
角速度	相位	萨格纳克效应	非功能型	单模
速度-流速	频率	多普勒效应	非功能型	单模、多模
流量	相位	干涉现象	功能型	单模
位移 振动 加速度 压力	光强度	微弯曲损耗 用隔板遮断光路 反射光强度变化	功能型 非功能型 非功能型	多模 多模 多模
	偏光 相位 频率	光弹性效应 干涉现象（光弹性效应） 多普勒效应	非功能型 功能型 非功能型	多模 单模 单模、多模

2. 光纤微弯压力传感器

光纤微弯压力传感器是利用光纤的微弯损耗效应来探测外界物理量的变化，是典型的强度调制型光纤传感器，其工作原理如图 5-62 所示。图 5-62 中的微弯调制器（又称微弯变形器）由一对机械周期为 Λ 的变形板组成，敏感光纤从变形板中间穿过，在变形板的作用下产生周期性的弯曲，如图 5-63 所示。当变形受到外部扰动时光纤的微弯程度随之变化，一部分芯模能量转化为包层模能量，从而导致输出光功率的变化。因此，可以通过测量输出光功率变化来间接地测量外部扰动的大小，实现微弯传感功能。

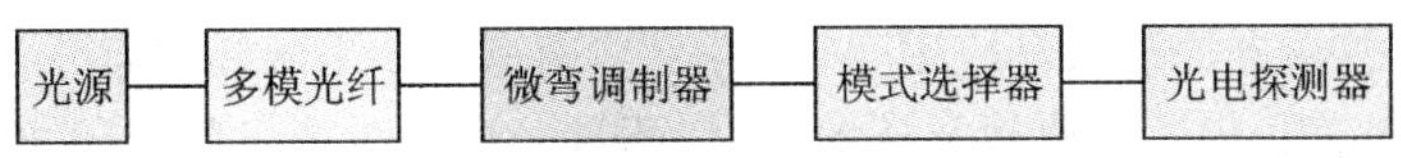

图 5-62　光纤微弯压力传感器示意图

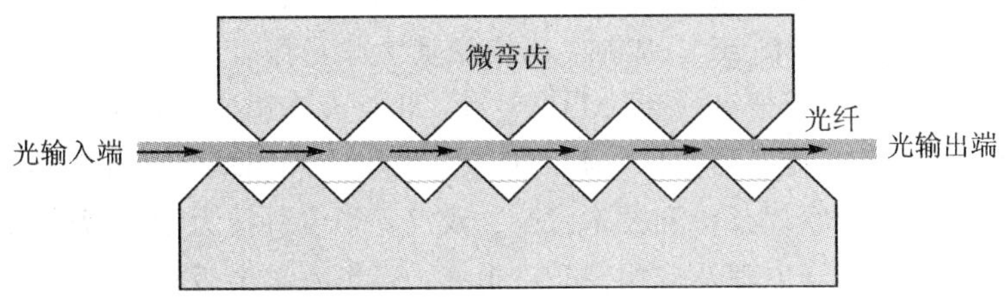

图 5-63　微弯变形器结构

目前被采用的光线微弯变形器结构有锯齿形、波纹形、螺旋形、弹性圆柱或圆筒形等。变形器对光纤微弯压力传感器性能的影响，主要是通过改变光纤波形的周期、振幅及弯曲长度来实现的。因此，合理选择变形器的变形参数，是设计光纤微弯压力传感器的关键。图 5-64 为微弯变形器的两种结构。

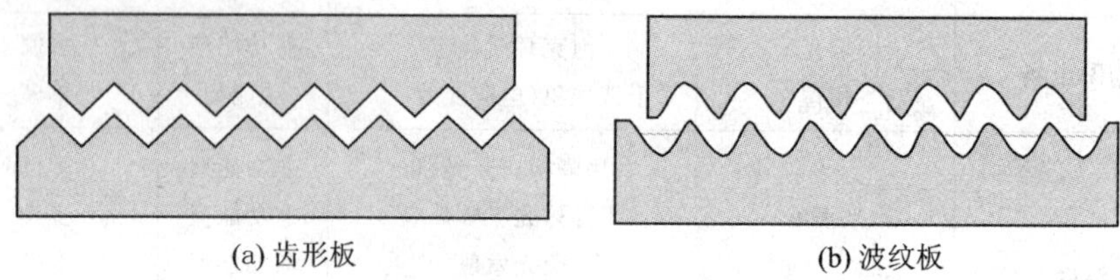

图 5-64　微弯变形板示意图

课后习题

1. 什么是光电效应？根据其表现形式如何分类？它们有什么异同点？

2. 简述 CCD 的工作原理。

3. 光敏电阻、光电池、光敏二极管和光敏三极管在性能上有什么差别？它们在什么情况下选用合适？

4. 假设光纤的纤芯折射率 n_1 为 1.46，包层的折射率 n_2 为 1.45，求解其临界入射角 θ_c（外界介质折射率为 1）。

参考文献

[1] 李艳红，李海华. 传感器原理及应用[M]. 北京：北京理工大学出版社，2010.
[2] 刘振廷. 传感器原理及应用[M]. 西安：西安电子科技大学出版社，2011.
[3] 吴光杰，王海宝. 传感器与检测技术[M]. 重庆：重庆大学出版社，2011.
[4] 陈杰，黄鸿. 传感器与检测技术[M]. 北京：高等教育出版社，2002.
[5] 李娟，陈涛. 传感器与测试技术[M]. 北京：北京航空航天大学出版社，2007.
[6] 朱蕴璞，孔德仁，王芳. 传感器原理及应用[M]. 北京：国防工业出版社，2005.
[7] 俞阿龙. 传感器原理及其应用[M]. 南京：南京大学出版社，2010.
[8] 孟立凡，郑宾. 传感器原理及技术[M]. 北京：国防工业出版社，2005.
[9] 邓长辉. 传感器与检测技术[M]. 大连：大连理工大学出版社，2012.
[10] 赵玉刚，邱东. 传感器基础[M]. 北京：北京大学出版社，2006.
[11] 高晓蓉. 传感器技术[M]. 成都：西南交通大学出版社，2003.
[12] 牛永奎，冷芳. 传感器及应用[M]. 北京：北京大学出版社，2007.
[13] 孙建民，杨清梅. 传感器技术[M]. 北京：清华大学出版社，2005.
[14] 梁福平. 传感器原理及检测技术[M]. 武汉：华中科技大学出版社，2010.
[15] 吕泉. 现代传感器原理及应用[M]. 北京：清华大学出版社，2006.
[16] 曹光跃. 传感器原理及应用[M]. 北京：化学工业出版社，2010.

[17] 韩振雷. 现代影视制作概论[M]. 杭州：浙江大学出版社，2009.

[18] 刘伟. 传感器原理及实用技术[M]. 北京：电子工业出版社，2009.

[19] 宋磊，刘海滨，任新. 反射式光强调制型光纤压力传感器[J]. 仪表技术与传感器，1994，3(3)：11-12.

[20] 刘艳，刘计朋，朱震，等. 基于光纤微弯损耗的压力传感器实验研究[J]. 仪表技术与传感器，2008，1(1)：4-6.

推荐书单

高晓蓉. 传感器技术[M]. 成都：西南交通大学出版社，2003.

第 6 章　压电式传感器

压电式传感器是一种典型的有源传感器(或发电型传感器),它以压电体受外力作用在晶体表面上产生电荷的压电效应为基础,以压电晶体为力-电转换器件,把非电量转换为电量。

压电式传感器元件是力敏感元件,所以它能测量最终能变换为力的那些物理量,如压力、加速度和扭矩等。

压电式传感器具有灵敏度高、固有频率高、信噪比大、结构简单、体积小、工作可靠等优点。其主要缺点是无静态输出,要求很高的输出阻抗,需要低电容低噪声电缆,很多压电材料居里点较低,工作温度在 250 ℃以下。近年来,由于电子技术的快速发展,随着与之配套的二次仪表以及低噪声、小电容、高绝缘电阻电缆的出现,使压电式传感器的使用更为方便。在工程力学、生物医学、通信、宇航等领域中获得广泛的应用。

6.1　压电效应和压电材料

6.1.1　压电效应

1. 正压电效应

若按某种方位从石英晶体上切割一块薄晶体片,在其表面接上电极,当沿着晶体的某些方向施加作用力而使晶片产生变形后,会在两个电极表面上出现等量的正、负电荷。电荷量与施加的作用力大小成正比;当作用力撤除后,电荷也就消失了。这种由于机械力的作用而使石英晶体表面出现电荷的现象,称为正压电效应,如图 6-1 所示。

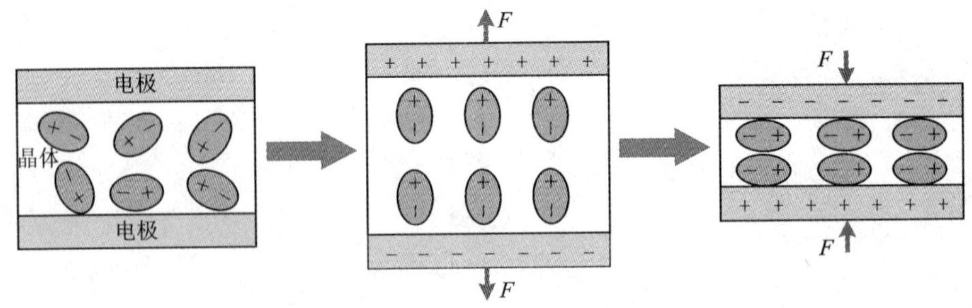

图 6-1　正压电效应原理

2. 逆压电效应

若将一块压电晶体置于外电场中,由于电场的作用会使压电晶体发生形变,而形变的大小与外电场的大小成正比,当电场撤除后,形变也就消失了。这种由于电场作用而使压电晶体产生形变的现象,称为逆压电效应。现在电极两端施加电压,在向下电场的作用下,晶体内部产

生内应张力，整体会被“拉长”，虽然这个物理现象并不明显，但是足以被利用起来。在施加反相电压时就会产生内应缩力，整体就会被“压缩“，如图 6－2 所示。

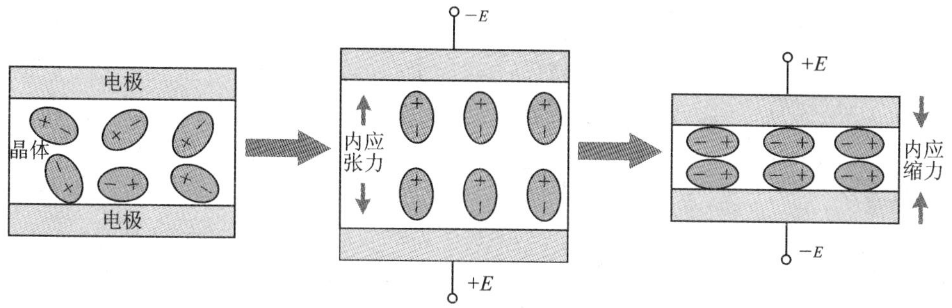

图 6－2　逆压电效应原理

6.1.2　压电效应的特性

1. 可逆性

压电效应的可逆性如图 6－3 所示。利用这种特性可以实现机械能和电能的相互转换。

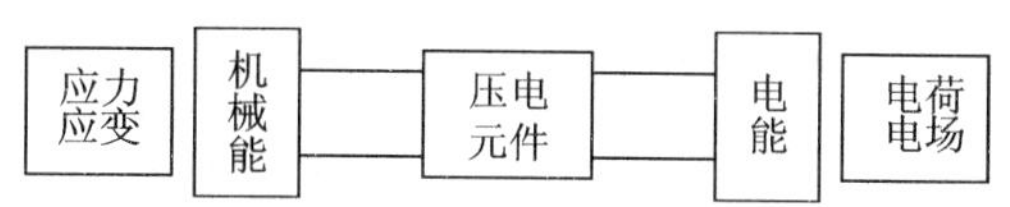

图 6－3　压电效应的可逆性

2. 瞬时性

当力的方向改变时，电荷的极性随之改变，输出电压的频率与动态力的频率相同。

3. 不稳定性

当动态力变为静态力时，电荷将由于表面漏电而很快泄漏、消失。

6.1.3　压电材料

压电材料的主要特性参数如下：

- 压电常数——具有衡量材料压电效应强弱的参数，它直接关系到压电输出的灵敏度。
- 弹性常数——压电材料的弹性常数、刚度决定着压电器件的固有频率和动态特性。
- 介电常数——对于一定形状、尺寸的压电元件，其固有电容与介电常数有关；而固有电容又影响着压电传感器的频率下限。
- 机械耦合系数——其意义是在压电效应中，转换输出能量（如电能）与输入的能量（如机械能）之比的平方根，这是衡量压电材料机械能-电能量转换效率的一个重要参数。
- 电阻——压电材料的绝缘电阻将减少电荷泄漏，从而改善压电传感器的低频率特性。
- 居里点温度——压电材料开始丧失压电特性的温度。

常用的压电材料的性能参数如表 6－1 所列。

表 6-1　常用压电材料的性能参数

性能参数 \ 压电材料	石　英	钛酸钡	锆钛酸铅 PZT-4	锆钛酸铅 PZT-5	锆钛酸铅 PZT-8
压电系数/$(pC \cdot N^{-1})$	$d_{11}=2.31$ $d_{14}=0.73$	$d_{15}=260$ $d_{31}=-78$ $d_{33}=190$	$d_{15}\approx410$ $d_{31}=-100$ $d_{33}=230$	$d_{15}\approx670$ $d_{31}=185$ $d_{33}=600$	$d_{15}=330$ $d_{31}=-90$ $d_{33}=200$
相对介电常数(ε_r)	4.5	1200	1050	2100	1000
居里点温度/℃	573	115	310	260	300
密度/$(10^3\ kg \cdot m^{-3})$	2.65	5.5	7.45	7.5	7.45
弹性密度/$(10^9\ kg \cdot m^{-2})$	80	110	83.3	117	123
机械品质因数	$10^5 \sim 10^6$		≥500	80	≥800
最大安全应力/$(10^5 \cdot m^{-2})$	95～100	81	76	76	83
体积电阻率/$(\Omega \cdot m)$	$>10^{12}$	10^{10}(25 ℃)	$>10^{15}$	10^{11}(25 ℃)	—
最高允许温度/℃	550	80	250	250	—
最高允许湿度/%	100	100	100	100	—

选择合适的压电材料是设计、制作高性能传感器的关键。一般应考虑一下因素：

- 转换性能——具有较大的压电系数；
- 机械性能——压电元件作为受力元件，希望它的机械强度高、刚度大，以获得宽的线性范围和高的固有振荡频率；
- 电性能——具有高的电阻率和大的介电常数，以减弱外部分布电容的影响并获得良好的低频率特性；
- 环境适应性——温度和湿度稳定性要好，要求具有较高的居里点，获得较宽的工作温度范围；
- 时间稳定性——压电特性不随时间退化。

压电材料的种类分为三种：无机压电材料、有机压电材料和复合压电材料。

1. 无机压电材料

无机压电材料可以分为压电晶体和压电陶瓷。压电晶体一般是指压电单晶体；压电陶瓷则泛指压电多晶体。

(1) 压电晶体

压电晶体是指按晶体空间点阵长程有序生长而成的晶体。这种晶体结构无对称中心，因此具有压电性，如石英晶体、镓酸锂、锗酸锂、锗酸钛以及铁晶体管铌酸锂、钽酸锂等。下面主要以石英来说明。

石英晶体是典型的压电晶体，其化学成分是二氧化硅(SiO_2)，其压电系数 $d_{11}=2.1\times10^{-12}$ C/N，在 20～200 ℃范围内，其压电系数几乎不变，但到 573 ℃时，完全丧失压电性质，这一温度称为居里点。石英的机械性能稳定，机械强度高，可以承受 700～1 000 kg/cm^2 的压力。但石英晶体材料价格高昂，且压电系数比压电陶瓷低得多，因此一般仅用于标准仪器或要求较高的传感器中。

石英晶体有天然和人工培养两种类型。人工培养的石英晶体的物理和化学性质几乎与天然石英晶体没有区别，因此目前广泛应用成本较低的人造石英晶体。

由于石英晶体是一种各向异性晶体，因此，按不同方向切割的晶片，其物理性质（如弹性、压电效应、温度特性等）相差很大。在设计石英传感器时，应根据不同使用要求正确地选择石英的切片。

(2) 压电陶瓷

压电陶瓷的种类很多，在传感器中应用较多的是钛酸钡和锆钛酸铅，尤其是锆钛酸铅压电陶瓷的应用更为广泛。

① 钛酸钡压电陶瓷

钛酸钡（$BaTiO_3$）具有较高的介电常数和压电系数（$d_{33}=107\times10^{-12}$ C/N，但它的居里点较低（约为 120 ℃）。此外，机械强度也不及石英，使用上受到一定限制。

② 锆钛酸铅系压电陶瓷

锆钛酸铅系压电陶瓷是由 $PbTiO_3$ 和 $PbZrO_3$ 按一定比例形成的二元系固溶体，其化学式为 $Pb(Zr_xTi_{1-x})O_3$，通常简称为 PZT。它具有较高的压电系数（$d_{33}=200\sim500\times10^{-12}$ C/N）和居里点（300 ℃以上），具有较好的时间稳定性和温度稳定性，是传感器经常采用的一种压电材料。PZT 压电陶瓷材料的性能可以通过改变锆钛比进行调节。在其基本配方中掺入另外一些成分，还可以进一步改善其性能。

在二元系 PZT 压电陶瓷的基础上，又相继发展了大量的三元系和四元系固溶体压电陶瓷，以提供性能更为优越、稳定性更好的压电陶瓷材料。目前，锆钛酸铅系压电陶瓷已在许多方面取代了原先的压电材料，得到越来越广泛的应用。

2. 有机压电材料

有机压电材料有聚偏二氟乙烯（PVF_2）、聚氟乙烯（PVF）、聚氯乙烯（PVC）等，其中以 PVF_2 压电常数最高。高分子压电材料是一种柔软的压电材料，不易破碎，可以大量生产和制成大面积的成品，这些优点是其他压电材料所不具备的，因此，在一些特殊用途的传感器中获得广泛使用。它与空气的声阻抗匹配具有独特的优越性，所以它是很有发展潜力的压电材料。

PVDF 柔韧性好、密度低、阻抗低，由 PVDF 压电高聚物制作的器件对温度、湿度和化学物质高度稳定，机械强度又高，用其制作的声电转换器件结构简单、形状细致、质量轻、失真小、音质好、稳定性高，能广泛应用于声学设备，特别适宜于高质量的立体声耳机、扬声器和话筒等。此外，PVDF 压电高聚物还可应用于红外探测器、辐射计、电荷分离器、滤波器、光扫描器、方位探测器、光相调制器等。

PVDF 压电高聚物对生物组织的适应性和相容性很好，用它们制成的电子型人工脏器及其组件将有可能移植到动物体内，用它们制成的医疗仪器已广泛使用。

3. 复合压电材料

复合压电材料是由两种或多种材料复合而成的压电材料，如图 6-4 所示。常见的复合压电材料为压电陶瓷和聚合物（例如聚偏氟乙烯活环氧树脂）的两相复合材料。这种复合材料兼具压电陶瓷和聚合物的长处，具有很好的柔韧性和加工性能，并具有较

图 6-4　某一复合压电材料结构图

低的密度，容易和空气、水、生物组织实现声阻抗匹配。此外，压电复合材料还具有压电常数高的特点。复合压电材料在医疗、传感、测量等领域有着广泛的应用。

复合压电材料的优点主要有以下几点：

- 横向振动很弱，串扰声压小；
- 机械品质因数 Q 值低；
- 带宽大(80%～100%)；
- 机电耦合系数大；
- 灵敏度高，信噪比优于普通 PZT 探头；
- 在较大温度范围内特性稳定；
- 可加工形状复杂的探头，仅需简易的切块和填充技术；
- 声速、声阻抗、相对绝缘常数及机电系数易于改变；
- 易与声阻抗不同的材料匹配；
- 可通过陶瓷体积率的变化，调节超声波灵敏度。

6.1.4 压电效应的基本原理

1. 石英晶体的压电效应

石英晶体是一种应用广泛的压电晶体。它是二氧化硅单晶，属于六角晶系。图 6-5(a)所示是理想石英晶体的外形图，为规则的六角棱柱体。在晶体学中它可用三根互相垂直的轴来表示，如图 6-5(b)所示，其中 z 轴方向称为光轴，它与晶体的纵轴线方向一致。z 轴又叫中性轴，因为沿着 z 轴方向受力时不产生压电效应。x 轴称为电轴，它通过六面体相对的两个棱线并垂直于光轴，在垂直于此轴的面上压电效应最强。y 轴称为机械轴，它垂直两个相对的晶体棱柱面。

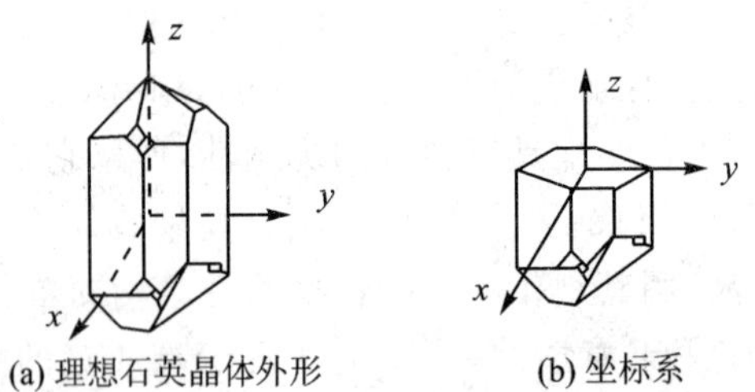

图 6-5 石英晶体

从晶体上切下的平行六面体的薄片称为晶体切片。当沿着 x 轴对压电晶片施加力时，将在垂直于 x 轴的表面上产生电荷，这种现象称为“纵向压电效应”，如图 6-6(a)所示；沿着 y 轴施加力的作用时，电荷仍出现在与 x 轴垂直的表面上，这种现象称为“横向压电效应”，如图 6-6(b)所示；沿相对两棱加力时产生的压电效应称为“切向压电效应”，如图 6-6(c)所示；当沿着 z 轴方向受力时不产生压电效应。

(1) 石英晶体产生压电效应的微观机理

石英晶体具有压电效应，是由其内部分子结构决定的。图 6-7(a)所示是一个单元组体中，构成石英晶体的硅离子 Si^{4+} 和氧离子 O^{2-} 在垂直于 z 轴的 xy 平面上的投影。为讨论方便，将这些硅、氧离子等效为图 6-7(b)中的正六边形排列，图中“⊕”代表 Si^{4+}，⊖代表 $2O^{2-}$。

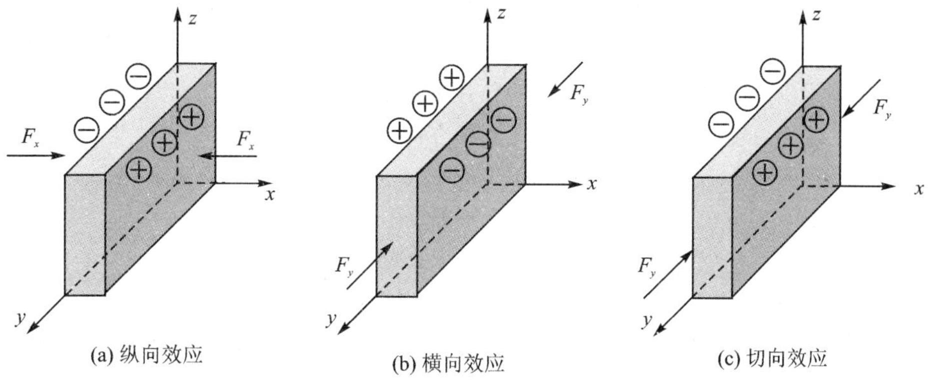

图 6-6　压电效应模型

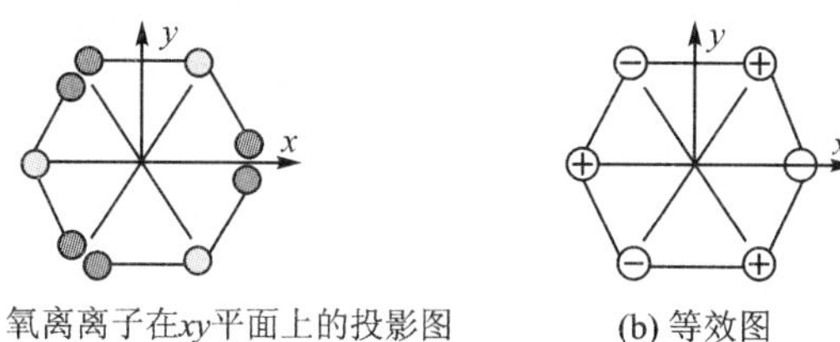

图 6-7　硅、氧离子的排列示意图

当作用力 $F_x=0$ 时，正负离子(即 Si^{4+} 和 O^{2-})正好分布在正六边形顶角上，形成三个互成120°夹角的电偶极矩 P_1、P_2、P_3，如图 6-8(a)所示。因为 $P=qL$(q 为电荷量，L 为正负电荷之间的距离)，此时正负电荷中心重合，电偶极矩的矢量和等于零，即

$$P_1+P_2+P_3=0$$

所以晶体表面不产生电荷，呈电中性。

当晶体受到沿 x 轴方向的压力($F_x<0$)作用时，晶体沿 x 轴方向将产生收缩，正负离子的相对位置随之发生变化，如图 6-8(b)所示。此时正负电荷中心不再重合，电偶极矩 P_1 减小，P_2、P_3 增大，它们在 x 轴方向上的分量不再等于零。

$$(P_1+P_2+P_3)_x>0$$

在 y、z 方向上的分量为

$$(P_1+P_2+P_3)_y=0$$

$$(P_1+P_2+P_3)_z=0$$

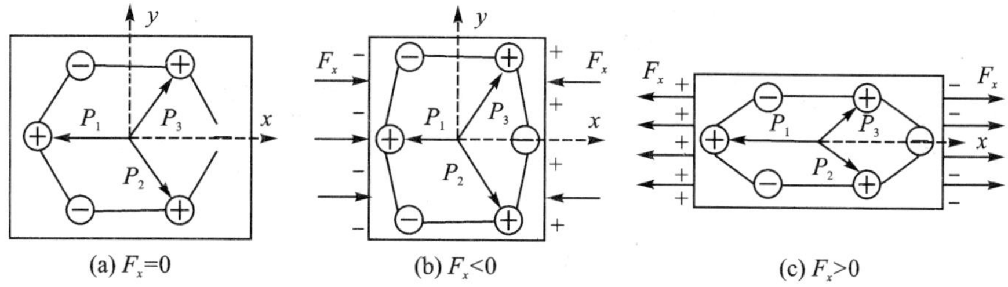

图 6-8　石英晶体压电效应示意图

由上面的三个式子可以看出，在 x 轴的正方向出现正电荷，在 y 轴和 z 轴方向则不出现电荷。

当晶体受到沿 x 轴方向的拉力（$F_x>0$）作用时，其变化情况如图 6-8(c)所示。电偶极矩 P_1 增大，P_2、P_3 减小，此时它们在 x、y、z 三个轴方向上的分量为

$$(P_1+P_2+P_3)_x<0$$

$$(P_1+P_2+P_3)_y=0$$

$$(P_1+P_2+P_3)_z=0$$

在 x 轴的正向出现负电荷，在 y、z 轴方向但依然不出现电荷。

可见，当晶体受到沿 x 轴（电轴）方向的力 F_x 作用时，它在 x 轴方向产生正压电效应，而 y、z 轴方向则不产生压电效应。

晶体在 y 轴方向受力 F_y 作用下的情况与 F_x 相似。当 $F_y>0$ 时，晶体的形变与图 6-8(b)相似；当 $F_y<0$ 时，则与图 6-8(c)相似。由此可见，晶体在 y 轴（机械轴）方向的力 F_y 作用下，在 x 轴方向产生正压电效应，在 y、z 轴方向同样不产生压电效应。

晶体在 z 轴方向受力 F_z 的作用时，因为晶体沿 x 轴方向和沿 y 轴方向所产生的正应变完全相同，所以，正负电荷中心保持重合，电偶极矩矢量和等于零。这就表明，在沿 z（光轴）方向的力 F_z 作用下，晶体不产生压电效应。

(2) 作用力与电荷的关系

假设从石英晶体上沿 y 轴线切下一片晶片，如图 6-9(a)所示，使它的晶面分别平行于 x、y、z 轴，在垂直于 x 轴方向，两面用真空镀膜或沉银法得到电极面，如图 6-9(b)所示。当晶片受到沿 x 轴方向的压缩应力 σ_x 作用时，晶片将产生厚度变形，并发生极化现象。在晶体线性弹性范围内，极化强度 P_{11} 与应力 σ_x 成正比，即

$$P_{11}=d_{11}\sigma_x=d_{11}\frac{F_x}{bc} \tag{6-1}$$

式中：F_x——沿晶轴 x 方向施加的压力；

d_{11}——压电系数，当受力方向和变形不同时，压电系数不同，下标的意义为产生电荷的面的轴向及施加作用力的轴向，d_{11} 为石英晶体在 x 轴受力时的压电系数，$d_{11}=2.3\times10^{-12}$ C/N；

b、c——石英晶体的长度和宽度。

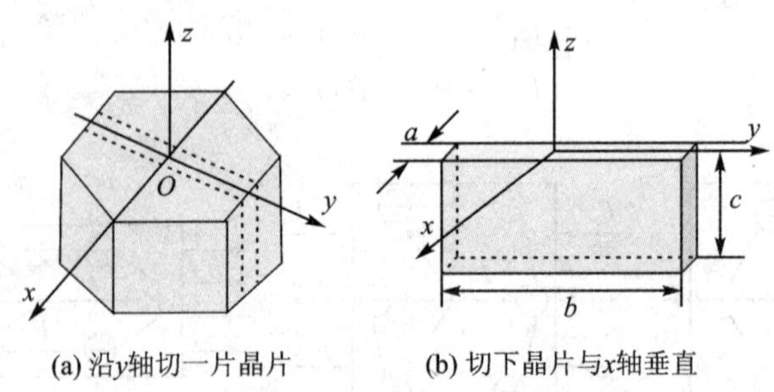

图 6-9 石英晶体剖面与切片

极化强度 P_{11} 在数值上等于晶面上的电荷密度，即

$$P_{11} = \frac{q_x}{bc} \tag{6-2}$$

式中：q_x——垂直于 x 轴平面上的电荷。

将式(6-1)和式(6-2)联立，得

$$q_x = d_{11} F_x \tag{6-3}$$

反之，若沿 x 方向对晶片施加电场，电场强度大小为 E_x。根据逆压电效应，晶体在 x 轴方向将产生伸缩，即

$$\Delta a = d_{11} U_x \tag{6-4}$$

式中：U_x——两电极面间的电压。

由于压电晶体是绝缘体，当它的两极表面聚集电荷时，它相当于一个电容器。所以

$$U_x = \frac{q_x}{C_x} = d_{11} \frac{F_x}{C_x} \tag{6-5}$$

式中：$C_x = \varepsilon_r \varepsilon_0 cb/a$——电极面间电容。也可用相对应变表示为

$$\frac{\Delta a}{a} = d_{11} \frac{U_x}{a} = d_{11} E_x \tag{6-6}$$

在 x 轴方向施加压力时，石英晶体的 x 轴正向带正电；如果作用力 F_x 改为拉力，则在垂直于 x 轴的平面上仍出现等量电荷，但极性相反，如图 6-10(a)所示。

如果在同一晶片上作用力是沿着机械轴 y 方向，其电荷仍在与 x 轴垂直平面上出现，其极性如图 6-10(b)所示，此时电荷的大小为

$$q_{12} = d_{12} \frac{bc}{ac} F_y = d_{12} \frac{b}{a} F_y \tag{6-7}$$

式中：d_{12}——石英晶体在 y 轴方向受力时的压电系数；

　　a——晶片厚度。

根据石英晶体轴对称条件

$$d_{11} = -d_{12} \tag{6-8}$$

则有

$$q_{12} = -d_{11} \frac{b}{a} F_y \tag{6-9}$$

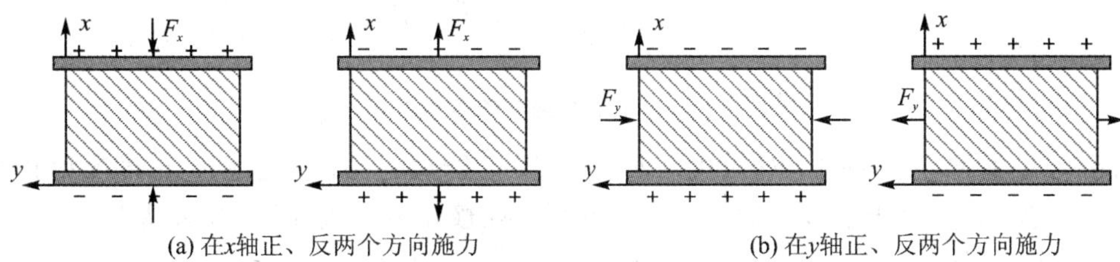

图 6-10　石英晶体受力方向与电荷极性关系

式(6-9)中的负号表示沿 y 轴的压力产生的电荷与沿 x 轴施加压力所产生的电荷极性是相反的。

反之，若沿 y 轴方向对晶片施加电场，根据逆电压效应，晶片在 y 轴方向将产生伸缩变形，即

$$\Delta b = -d_{11}\frac{b}{a}U_x \tag{6-10}$$

式中：U_x——两电极面间的电压，其计算式为

$$U_x = \frac{q_{12}}{C_x} = -d_{11}\frac{b}{a}\frac{F_x}{C_x} \tag{6-11}$$

或用相对应变表示

$$\frac{\Delta b}{b} = -d_{11}E_x \tag{6-12}$$

式中：E_x——x 轴方向上的电场强度。

由式(6-3)、式(6-6)、式(6-9)、式(6-12)可知：

- 当晶片受到 x 轴方向的压力作用时，q_x 只与作用力 F_x 成正比，而与晶片的几何尺寸无关；
- 沿机械轴 y 方向向晶片施加压力时，产生的电荷是与几何尺寸有关的；
- 石英晶体不是在任何方向都存在压电效应的；
- 晶体在哪个方向上有正压电效应，则在此方向上一定存在逆压电效应；
- 无论是正或逆压电效应，其作用力(或应变)与电荷(或电场强度)之间皆为线性关系。

2. 压电陶瓷的压电效应

压电陶瓷属于铁电体一类的物质，是人工制造的多晶体压电材料，它具有类似于铁磁体材料磁畴结构的电畴结构。电畴是分子自发形成的区域，它有一定的极化方向，从而存在一定的电场。在无外电场作用时，各个电畴在方向上杂乱分布，它们的极化效应相互抵消，因此原始的压电陶瓷内极化强度为零，如图 6-11(a)所示。

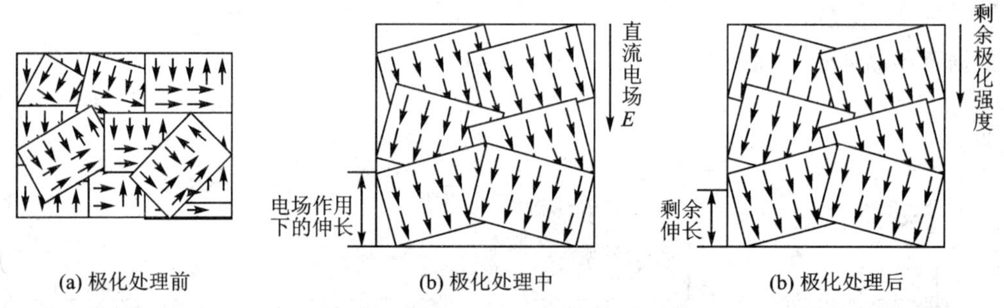

(a) 极化处理前　(b) 极化处理中　(b) 极化处理后

图 6-11　压电陶瓷中的电畴变化

当在一定的温度条件下，对压电陶瓷进行极化处理，即以强电场使电畴规划排列，如图 6-11(b)所示，这时压电陶瓷就具有了压电性。在极化电场去除后，电畴基本上保持不变，留下了很强的剩余强化，如图 6-11(c)所示。

但是，当把电压表接到陶瓷片的两个电极上进行测量时，却无法测出陶瓷片内部存在的极化强度。这是因为陶瓷片内的极化强度总是以电偶极矩的形式表现出来的，即在陶瓷的一端出现正束缚电荷，另一端出现负束缚电荷。由于束缚电荷的作用，在陶瓷片的电极面上吸附了一层来自外界的自由电荷。这些自由电荷与陶瓷片内的束缚电荷符号相反而数量相等，它屏蔽和抵消了陶瓷片内极化强度对外界的作用，所以电压表不能测出陶瓷片内的极化强度，如图 6-12所示。

如果在陶瓷片上加一个与极化方向平行的压力 F，如图 6-13 所示，陶瓷片将产生压缩形变(图中的虚线代表形变后的情况，实线代表形变前的情况)，片内正负束缚电荷之间的距离变小，极化强度也变小。因此，原来吸附在电极上的自由电荷有一部分被释放，而出现放电现象。当压力撤消后，陶瓷片恢复原状(膨胀过程)，片内正负电荷之间的距离变大，极化强度也变大，因此电极上又吸附一部分自由电荷而出现充电现象。这种由机械效应转变为电效应，或者由机械能转变为电能的现象，就是压电陶瓷的正压电效应。

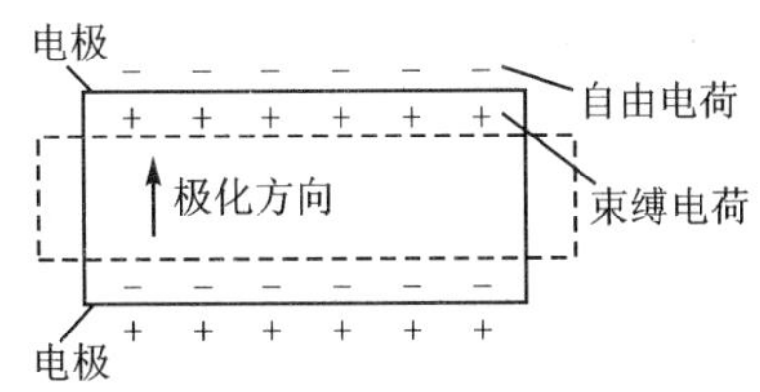

图 6-12　陶瓷片内束缚电荷与电极上吸附的自由电荷示意图

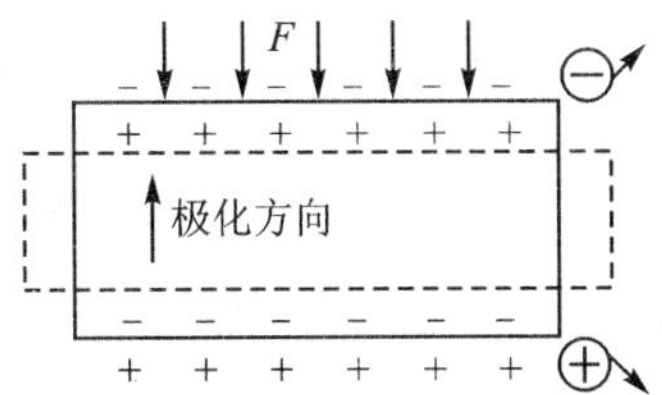

图 6-13　正压电效应示意图

同样，若在片上加一个与极化方向相同的电场，如图 6-14 所示，由于电场的方向与极化强度的方向相同，所以电场的作用使极化强度增大。这时，陶瓷片内的正负束缚电荷之间的距离也增大，即陶瓷片沿极化方向产生伸长形变(图中虚线表示形变后的情况，实线表示形变前的情况)。同理，如果外加电场的方向与极化方向相反，则陶瓷片沿极化方向产生缩短形变。这种由于电效应而转变为机械效应，或者由电能转变为机械能的现象，就是压电陶瓷的逆压电效应。

由此可见，压电陶瓷所以具有压电效应，是由于陶瓷内部存在自发极化。这些自发极化经过极化工序处理而被迫取向排列后，陶瓷内即存在剩余极化强度。如果外界的作用(如压力或电场的作用)能使此极化强度发生变化，陶瓷就出现压电效应。另外值得说明的是，陶瓷的极化电荷是束缚电荷，而不是自由电荷，这些束缚电荷不能自由移动。所以在陶瓷中产生的放电或充电现象，是通过陶瓷内部极化强度的变化，引起电极面上的自由电荷的释放或补充的结果。

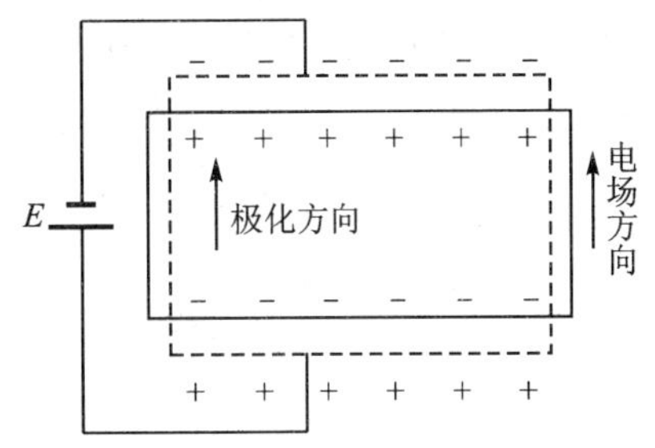

图 6-14　逆压电效应

对于压电陶瓷，通常取它的极化方向为 z 轴，垂直于 z 轴的平面上任何直线都可以作为 x 轴或 y 轴，这是和石英晶体的不同之处。当压电陶瓷在沿极化方向受力时，则在垂直于 z 轴的上下两面上将会出现电荷，如图 6-15(a)所示，其电荷量 q 与作用力 F_z 成正比，即

$$q = d_{33} F_z \tag{6-13}$$

式中：d_{33}——压电陶瓷的纵向压电系数，下标表示产生电荷的面的轴向及施加作用力的轴向。

压电陶瓷在受到如图 6-16(b)所示的作用力 F_y 或如图 6-15(c)所示的沿 x 轴方向的作用力 F_x 时，在垂直于 z 轴的上下平面分别出现负、正电荷，其电荷量 q 与作用力 F_y、F_x 也成正比，即

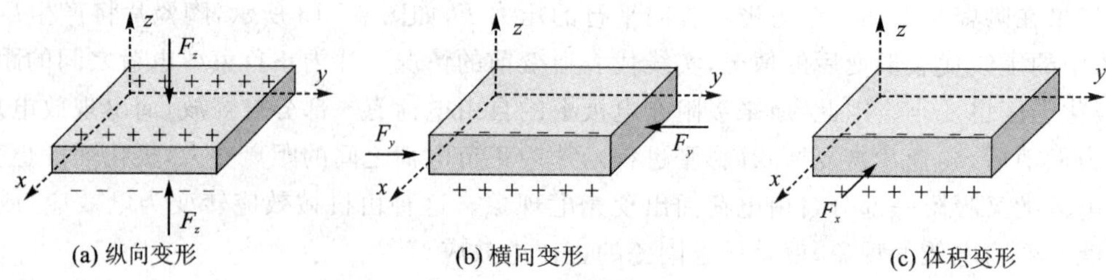

图 6-15　压电陶瓷的变形方式

$$q=-d_{32}F_y\frac{A_z}{A_y}=-d_{31}F_x\frac{A_z}{A_x} \tag{6-14}$$

式中：A_z——极化面面积；

A_x、A_y——受力面面积；

d_{31}、d_{32}——压电陶瓷的横向压电系数。

当作用力 F_z、F_y 或 F_x 反向时，电荷的极性也反向。

6.2　压电元件的常用结构

由于单片压电元件工作时产生的电荷量很少，测量时要产生足够的表面电荷就要很大的作用力。因此，在压电元件的实际应用中，为了提高电荷量，通常不采用单片结构，而是采用两片或多片组合结构，由于压电元件是有极性的，因此连接的方法有并联和串联两种。

1. 并　联

两个压电片的负端粘结在一起，中间插入的金属电极成为压电片的负极，正电极在两边的电极上。从电路上看，这就是并联接法。并联时，输出电荷量大、电容大、时间常量大；适宜测量缓变信号和以电荷输出的场合，如图 6-16 所示。

2. 串　联

两片压电片不同极性端粘结在一起，从电路上看是串联的，两压电片中间粘接处正负电荷中和，上、下极板的电荷量与单片时相同，总电容量为单片的一半，输出电压增大了 1 倍。串联时，输出电压大，电容小，时间常数小；适宜测量高频信号和以电压输出的场合，如图 6-17所示。

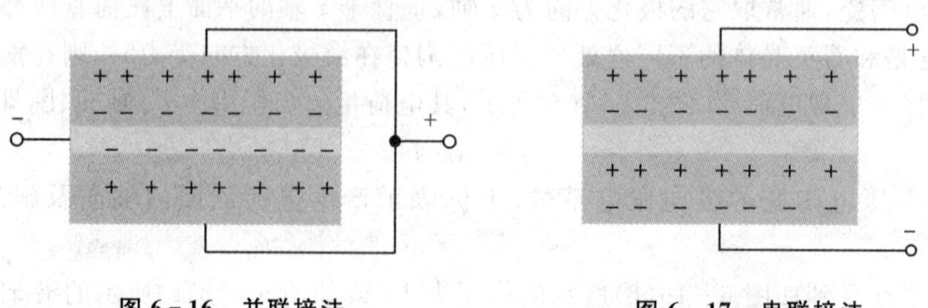

图 6-16　并联接法　　　　图 6-17　串联接法

压电元件在压电式传感器中，必须有一定的预应力，这样才能保证作用力变化时，压电始终受到压力，同时也保证了压电片的输出与作用力的线性关系。

6.3　等效电路和测量电路

6.3.1　等效电路

给压电晶片加上电极就构成了最简单的压电式传感器。当压电传感器受到沿其敏感轴方向的外力作用时，就在两电极上产生极性相反的电荷，因此它相当于一个电荷源（静电发生器），由于压电晶体是绝缘体，因此，当它的两极表面聚集电荷时，它又相当于一个电容器，其电容量为

$$C_a = \frac{\varepsilon A}{\delta} = \frac{\varepsilon_r \varepsilon_0 A}{\delta} \tag{6-15}$$

式中：C_a——压电传感器内部电容，单位为 F；

ε_0——真空介电常数，$\varepsilon_0 = 8.85 \times 10^{-12}$ F/m；

ε_r——压电材料的相对介电常数；

ε——压电材料的介电常数；

δ——压电片的厚度，单位为 m；

A——压电材料电极面积，单位为 m^2。

当压电晶体受外力作用时，两表面产生等量的正负电荷 Q，可求出其开路电压（负载电阻为无穷大时）为

$$U = \frac{Q}{C_a} \tag{6-16}$$

因为压电式传感器既可等效为电荷源，又可以等效为电容器，所以其等效电路既可认为是一个电荷源和一个电容器的并联，如图 6－18(a)所示，也可以认为是一个电压源和一个电容器串联，如图 6－18(b)所示。

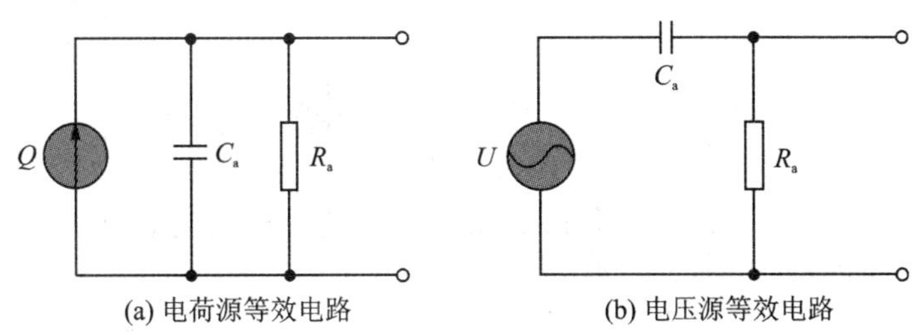

图 6－18　压电式传感器的等效电路

压电式传感器工作时，需要与二次仪表配套使用，使用中还要考虑传感器对地的绝缘电阻 R_a、电缆的分布电容 C_c、放大器的输入阻抗（R_i、C_i）等的影响，此时的等效电路如图 6－19 所示。

从压电式传感器的等效电路可知，压电式传感器可以等效为电容器，因此它也存在着与电容式传感器相同的问题，即输出信号微弱和内阻高，因此一般不能直接显示和记录，需要经过转换电路进行变换和信号放大。

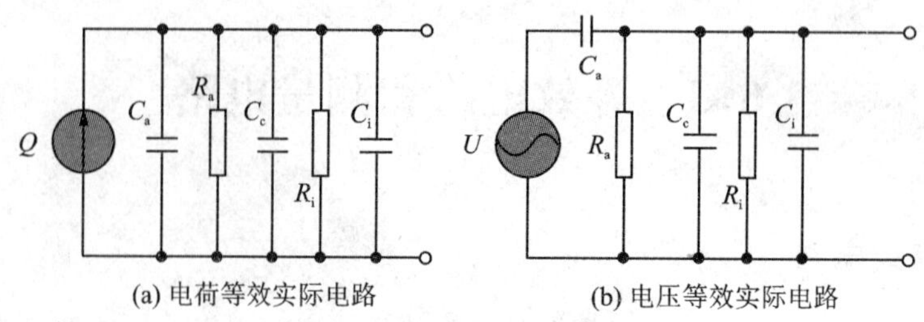

(a) 电荷等效实际电路　　(b) 电压等效实际电路

图 6-19　压电式传感器实际等效电路

首先,由于压电式传感器输出功率小,再加上电缆分布电容和干扰问题会严重影响输出特性,必须在测量电路中加入前置放大器,将输出信号放大。只有当负载电阻无穷大且内部无漏电阻时,传感器的电荷才不会泄漏,才能正确地测量传感器的输出。由于前置放大器的输入电阻即为压电式传感器的负载电阻,放大器的输入阻抗要达到兆欧级才能够满足传感器的要求。其次,由于压电式传感器的内阻高,必须进行阻抗变换,将高阻抗转换为低阻抗,这个任务也必须由前置放大器来完成。

压电式传感器具有两种等效电路,即电荷等效电路和电压等效电路,因此前置放大器也有两种形式,即电压放大器和电荷放大器。

6.3.2　测量电路

1. 电压放大器(阻抗变换器)

电压放大器的功能是将压电传感器的高输出阻抗变为低阻抗,并将压电式传感器的微弱电压信号放大,因此也称为阻抗变换器,其等效电路如图 6-20 所示。图 6-20(b)是图 6-20(a)的简化电路,其中 $R=R_a//R_i=R_aR_i/(R_a+R_i)$,$C=C_c+C_i$。设作用在压电式传感器上的力为一角频率 ω,幅值为 F_m 的交变力,即

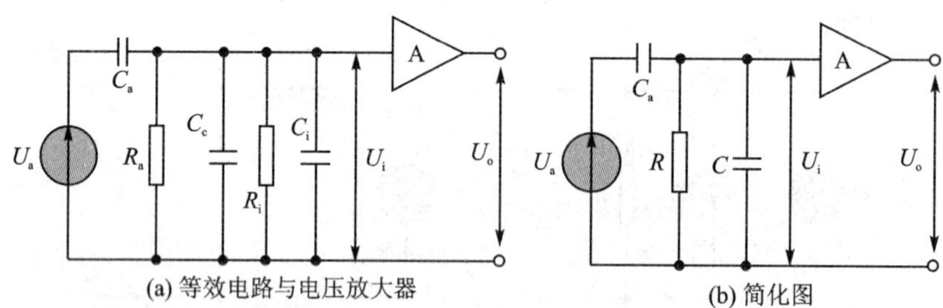

(a) 等效电路与电压放大器　　(b) 简化图

图 6-20　压电式传感器等效电路与电压放大器连接的等效电路

$$F = F_m \sin \omega t \tag{6-17}$$

当使用的压电元件为压电陶瓷时,在力 F 的作用下,压电陶瓷上产生的电荷量为

$$q = d_{33} F = d_{33} F_m \sin \omega t \tag{6-18}$$

压电陶瓷产生的电压值为

$$U_a = \frac{1}{C_a} d_{33} F_m \sin \omega t \tag{6-19}$$

由于前置放大器的输入阻抗很高，可以看成虚断，这样前置放大器的输入电压 U_i 可以由下面的分压公式求出

$$U_i = \frac{R/Z_c}{Z_{ca}+R/Z_c}U_a = \frac{1}{\frac{1}{j\omega C_a}+\frac{R}{j\omega C}\Big/\left(\frac{1}{j\omega C}+R\right)}\left[\frac{R}{j\omega C}\Big/\left(\frac{1}{j\omega C}+R\right)\right]\frac{d_{33}F}{C_a} =$$

$$d_{33}F\frac{j\omega R}{1+j\omega R(C_a+C)} \tag{6-20}$$

由式(6-20)可以得到前置放大器的输入电压幅值和它作用力之间的相位差 Φ 为

$$U_{im} = (d_{33}F_m\omega R)\Big/\sqrt{1+(\omega R)^2(C_a+C_c+C_i)^2} \tag{6-21}$$

$$\Phi = \pi/2 - \arctan[\omega(C_a+C_c+C_i)R] \tag{6-22}$$

在理想情况下，传感器的泄漏电阻 R_a 和前置放大器的输入电阻 R_i 都为无穷大，即等效电阻 R 为无穷大，电荷没有泄漏，这样理想情况的输入电压 U_{am} 的幅值为

$$U_{am} = d_{33}F_m/(C_a+C_c+C_i) \tag{6-23}$$

因此，放大器的实际输入电压 U_{im} 与理想情况的输入电压 U_{am} 的幅值比为

$$\frac{U_{im}}{U_{am}} = \frac{\omega(C_a+C_c+C_i)R}{\sqrt{1+(\omega R)^2(C_a+C_c+C_i)^2}} \tag{6-24}$$

令 $\tau=(C_a+C_c+C_i)R$，则

$$U_{im}/U_{am} = \omega\tau\Big/\sqrt{1+(\omega\tau)^2} \tag{6-25}$$

$$\Phi = \pi/2 - \arctan\omega\tau \tag{6-26}$$

式中：τ——测量回路的时间常数。

由式(6-25)和式(6-26)绘出电压幅值比、相角与频率的关系如图6-21所示。从图中可以看出以下几点：

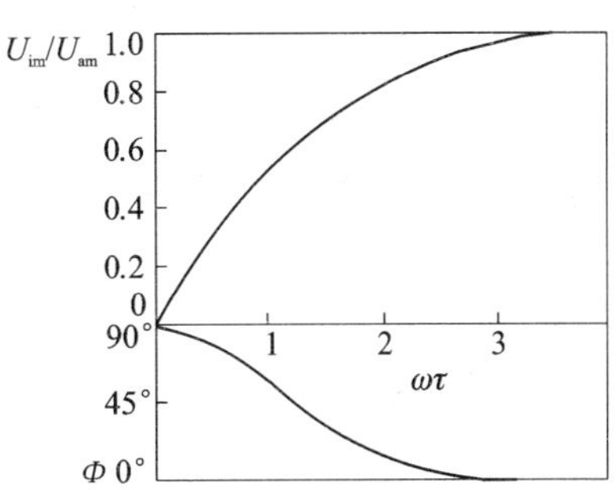

图6-21　电压幅值比、相角与频率的关系曲线

① 当 $\omega=0$ 时，即作用在压电式传感器上的力是静态力时，前置放大器的输入电压为零。这是因为实际上放大器的输入阻抗不可能为无穷大，而压电式传感器也不能绝对绝缘，因此产生的电荷就会通过放大器的输入电阻和传感器本身的泄漏电阻漏掉。这就从原理上说明了压电式传感器不能测量静态物理量。

② 当 $\omega\tau\geqslant3$ 时，$U_{im}/U_{am}\approx1$，可以近似看作放大器的输入电压与作用力的频率无关。在时间常数一定的条件下，被测物理量的变化频率越高，放大器的输入越接近理想情况。由此说明压电式传感器具有良好的高频响应特性。

③ 为了提高传感器的低频特性，就必须提高回路的时间常数 τ，由于 $\tau=(C_a+C_c+C_i)R$，所以提高 τ 可以有两种方法：提高 R 和提高$(C_a+C_c+C_i)$。

传感器的灵敏度为

$$K_u = U_{im}/F_{im} = \frac{d_{33}\omega R}{\sqrt{1+(\omega R)^2(C_a+C_c+C_i)^2}} \tag{6-27}$$

当 $\omega R\gg1$ 时，有

$$K_u = d_{33}/(C_a + C_c + C_i) \tag{6-28}$$

由此式可知，$(C_a+C_c+C_i)$增大，则传感器的灵敏度将下降，这是我们所不希望的，因此有通过提高 R，要选择输入阻抗高的放大器。

④ 由式(6-28)可以看出电缆分布电容的改变将会直接影响传感器的灵敏度。在设计时，常常把电缆长度定为一常值(如 30 m)，但也不能太长，加长电缆，电缆电容 C_c 会随之增大，将使传感器的灵敏度降低。

2. 电荷放大器

电荷放大器是一种输出电压与输入电荷量成正比的前置放大器。压电式传感器可以等效为一个电容 C_c 和一个电荷源，而电荷放大器实际上是一个具有深度电容负反馈的高增益运算放大器，压电式传感器与电荷放大器连接的等效电路如图 6-22 所示。

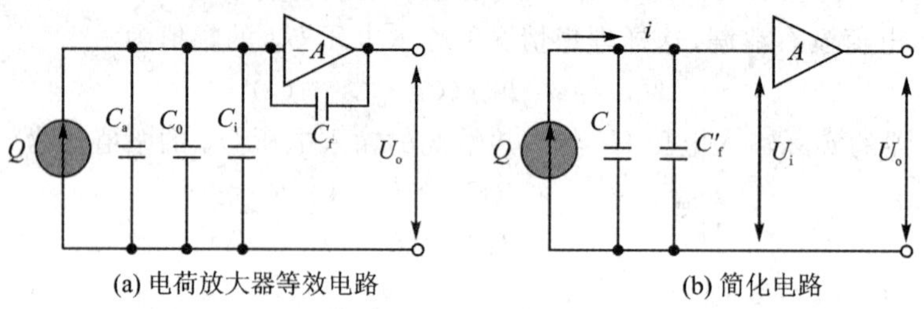

图 6-22　电荷放大器等效电路

图中，C_f 为电荷放大器的反馈电容；A 为运算放大器的开环增益。反馈电容 C_f 折合到放大器输入端的有效电容 C'_f为

$$C'_f = (1+A)C_f \tag{6-29}$$

则电荷放大器等效电路的简化电路如图 6-22(b)所示，其中 $C=C_a//C_c//C_i$。当放大器的输入电阻 R_i 和漏电阻 R_a 相当大时，放大器的输出电压 U_o 正比于输入电荷 Q，即

$$U_o = -AQ/(C+C_i) = -AQ/[C_a + C_c + C_i + (1+A)C_f] \tag{6-30}$$

因为 $A \gg 1$，一般 A 为 10^4 以上，所以有$(1+A)C_f \gg (C_a+C_c+C_i)$，此时传感器自身电容 C_a、电缆电容 C_c 和放大器输入电容 C_i 均可忽略不计，放大器的输出电压可写为

$$U_o \approx -Q/C_f \tag{6-31}$$

由式(6-31)可见，电荷放大器的输出电压与输入电荷和反馈电容有关，只要保持反馈电容的数值不变，输出电压就正比于输入电荷，当$(1+A)C_f \gg (C_a+C_c+C_i)$时，可以认为传感器的灵敏度与电缆电容无关。但在实际的使用中，电缆也不能太长，否则将会使信噪比降低，使频率测量受到一定限制。

6.4　压电式传感器的应用

压电式传感器常用来测量力和加速度等，也用于声学(包括超声)和声发射等测量。在制作和使用压电式传感器时，必须使压电元件有一定的预应力，已保证在作用力变化时，压电元件始终受到压力。另外，还要保证压电元件与作用力之间的均匀接触，获得输出电压(电荷)与作用力的线性关系，但作用力太大将会影响压电式传感器的灵敏度。

6.4.1 压电式触摸屏

压电式多点触控技术所搭配的面板结构如图6-23所示，与苹果公司产品iPhone的矩阵式ITO结构非常相似，但并不局限于何种制程结构，可依照产品需求选用Film/Glass或Galss/Glass玻璃结构，再作矩阵式ITO图形加工，加工方式也可依据客户是否需求窄边框的外观设计使用刻蚀制程或光罩制程。此弹性的制程选择，将使得客户对于产品设计有更多元的发挥空间。

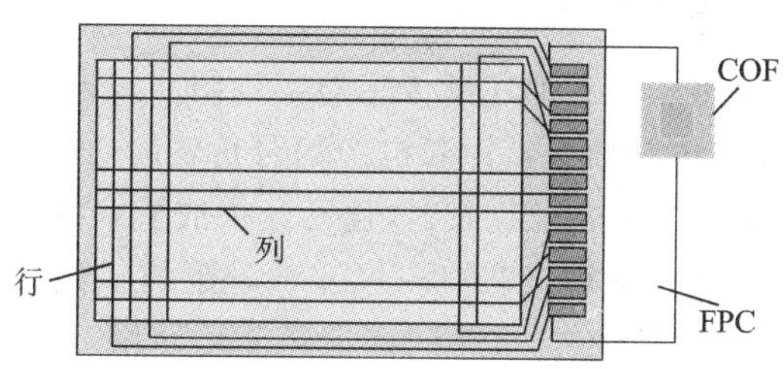

图6-23 压电式多点触控面板结构

压电式多点触控技术可以说是介于电阻式与电容式之间，其感应原理与iPhone类似，最主要的不同之处在于其信号为电压源而非电流源，如图6-24所示。当上板与下板接触所导通后形成回路造成电压值改变，然后透过如同LCD驱动IC之扫描方式由“行”发送信号，再由“列”接收回来判定触摸点位置，由于其扫描频率最高可达200 Hz，因此可以实时、快速地获取触点信息，再通过其专用的MCU、DSP来准确计算出多点坐标，给出信号。此压电技术在没有触摸动作时，触摸屏不会耗电，因此功率远低于传统的电阻式多点触控技术。

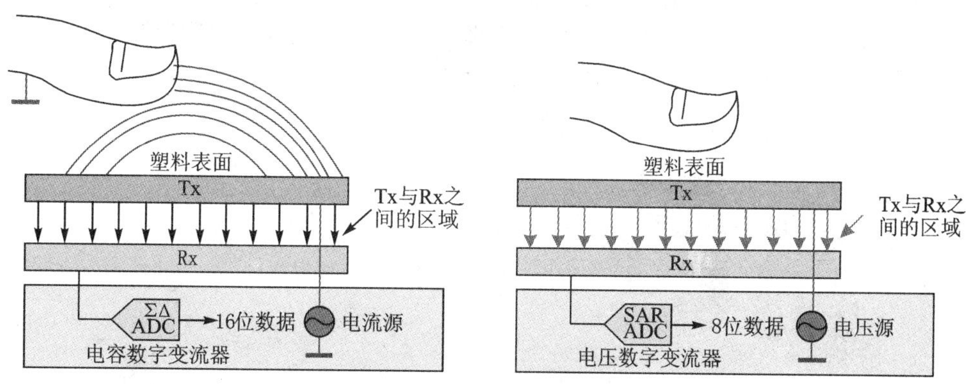

图6-24 控制芯片感应原理

IC内部SAR ADC除了当作信号转换器之外，也可以作为比较器设定一个门限值(Threshold Value)来侦测触控动作，判断为0或1的数字信号，如此一来IC感应的灵敏度就不会受到ITO拉线的远近所造成的阻抗偏移量影响。此外，即使外界的水、汽、油污粘在表面，若质量没有达到上下板接触且超过设定之门限值，是不会被误判为触控点的。

6.4.2 压电式测力传感器

目前，压电薄膜传感器已应用到搏击比赛中，用于测量动态冲击。由于压电薄膜不能探测静态应力且基于压电特性的动态应力测量的特点，以测量动态冲击力为目的选取压电薄膜作

为数据采集端。而在实际应用中,为避免外界其他应力干扰,50 Hz工频干扰引起的波形扰动及外界冲击力过大损伤薄膜。

该传感器主要以压电薄膜作为主体,薄膜正面、背面添加缓冲材料,最外层包裹铜箔并连接屏蔽线的方法制成新的传感器模块,如图6-25所示。

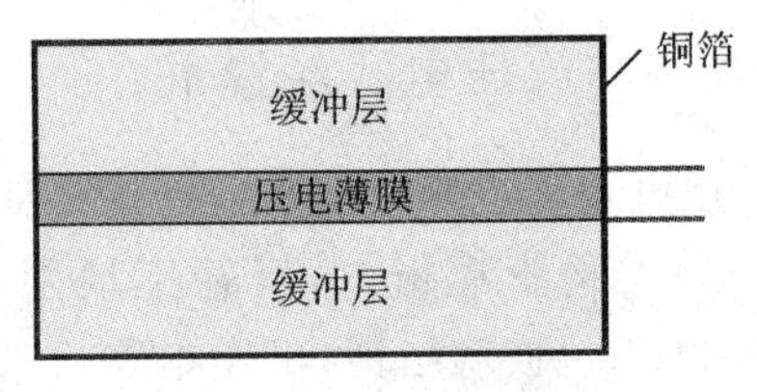

图6-25　传感器模块

6.4.3　压电式加速度传感器

图6-26所示为集成电路压电式加速度传感器实物图。集成电路压电式加速度传感器内装有电阻抗转换器,无需外接电荷放大器。长电缆信号传输时,信号失真和噪声干扰最小。配套的电子仪器与业内标准的IEPE电流源兼容,且已经集成到众多FFT分析仪和数据采集系统中。这种加速度传感器有多种灵敏度、量程、尺寸和外形可供选择。某些还装有智能芯片,具有记忆存储功能[IEEE1451.4—2004],便于多通道测量使用。由Endevco公司率先开发的专用型的集成电路压电式加速度传感器有:带宽达30 kHz的轻型的、用于地震测量的高灵敏度的、测量全身运动的超低噪声的。

压电式加速度传感器已成功应用于直升机(见图6-27)工作状态与使用监测系统,对相关的机型和旋翼飞行器结构进行监测,成为具有预测成本效益的维修策略的组成部分。输出信号大,信号与地绝缘,Endevco用于HUMS的低噪声压电式加速度传感器作为监测旋翼椎体和平衡(RTB)应用,测量低频相位和振动的最有效的工具。此外,高共振频率的传感器的线性频率响应可以到10 kHz,这对于旋转部件的诊断、齿轮箱轴承的评估和轴系运行的监测都是十分有用的。Endevco所有用于直升飞机工作状态监测的压电式加速度传感器都具有基座应变灵敏度低、气密封接头可靠、采用整体电缆等特点,这对于在恶劣环境下使用都是十分重要的,中心通孔螺钉便于在有限的空间内安装使用。

图6-26　集成电路压电式加速度传感器

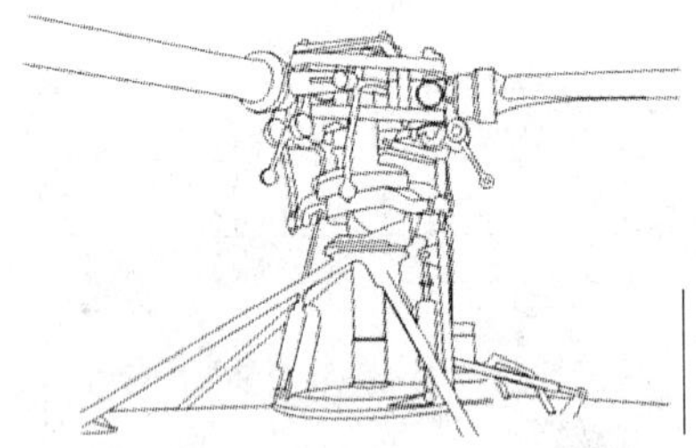

图6-27　直升机机翼

图6-28所示为一种弯曲型压电加速度计,它由特殊的压电悬臂梁构成,具有很高的灵敏度和很低的频率响应,主要用于医学和其他低频响应很重要的领域,如测量地壳和建筑物的振动等。

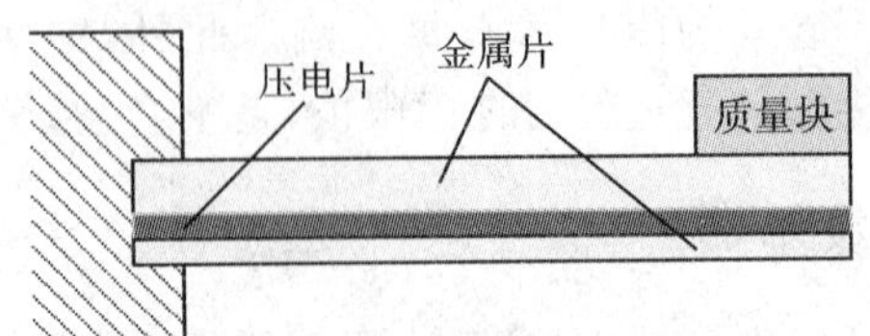

图6-28　弯曲型压电加速度计

6.4.4 PVDF 压电传感器

1. 高分子压电薄膜振动感应片

聚偏二氟乙烯(PVDF)是一种新型的高分子压电材料,它具有压电效应,可以制成高分子压电薄膜或高分子压电电缆等新型传感器。高分子压电薄膜振动感应片如图 6-29 所示,用聚偏二氟乙烯高分子材料制成,厚度约为 0.2 mm,大小为 10 mm×20 mm。

在其正反两面各喷涂透明的二氧化锡导电电极,也可以用热印制工艺制作铝薄膜电极,再用超声波焊接上两根柔软的电极引线,并用保护膜覆盖制成。通过感应玻璃被打碎的瞬间产生的几千赫兹至超声波的振动,该感应片可以应用于展览会、博物馆及家庭的防盗报警。

2. 高分子压电电缆

高分子压电电缆结构如图 6-30 所示,主要由芯线、绝缘层、屏蔽层和保护层组成。

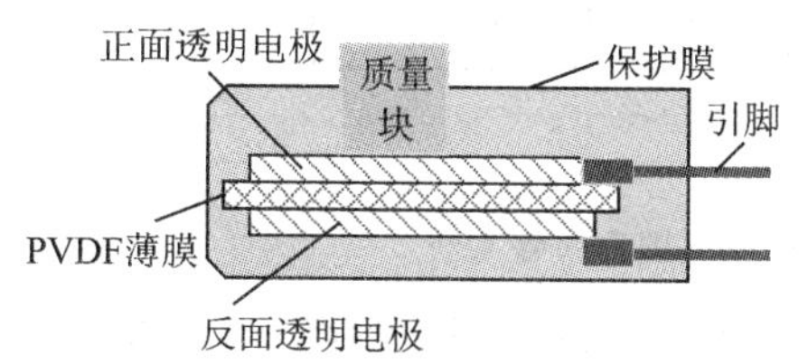

图 6-29 高分子压电薄膜振动感应片

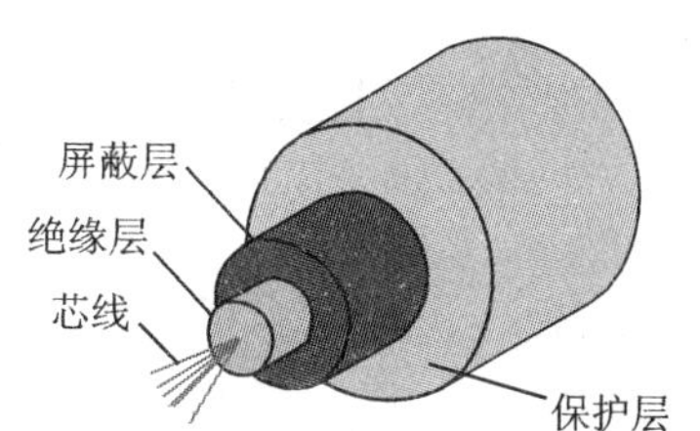

图 6-30 高分子压电电缆结构

(1) 高分子压电电缆测速系统

铜芯线充当内电极,铜网屏蔽层作外电极,管状 PVDF 高分子压电材料为绝缘层,最外层是橡胶保护层,为承压弹性元件,当管状高分子压电材料受压时,其内外表面产生电荷,可达到测量的目的。

高分子压电电缆测速系统由两根高分子压电电缆相隔一段距离,平行埋设于柏油公路的路面下 50 mm 处,它可以用来测量汽车的车速,并可根据相关档案数据,判定汽车的车型,还能判断是否超重,如图 6-31 所示。

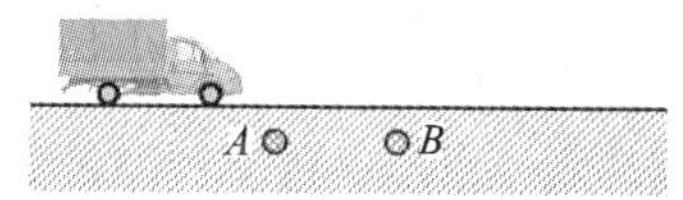

图 6-31 高分子压电电缆测速系统

当一辆超重车辆以较快的车速经过测速传感器系统时,两根压电电缆输出信号波形如图 6-32 所示。

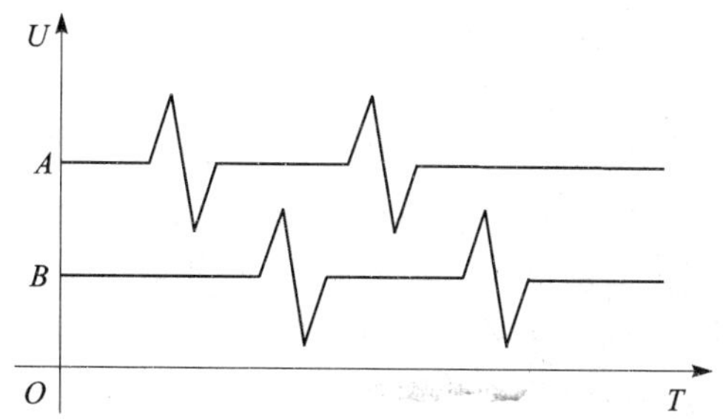

图 6-32 压电电缆输出信号波形

根据输出波形，可以计算出车速以及汽车前后轮之间的距离，由此判断车型，核定汽车的允许载重量。根据信号幅度，估算汽车的车速，并可根据相关档案数据，判定汽车的车型以及是否超重。

(2) 高分子压电电缆周界报警系统

周界报警系统又称线控报警系统，它主要用来对边界包围的重要区域进行警戒，当入侵者进入警戒区内时，系统便发出报警信号。高分子压电电缆周界报警系统如图 6-33 所示。

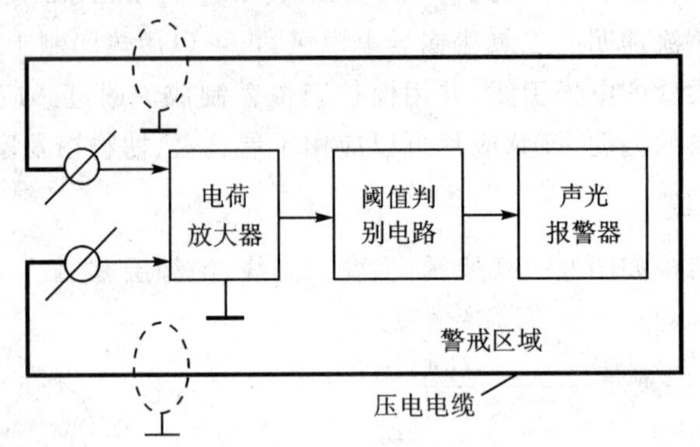

图 6-33　高分子压电电缆周界报警系统

在警戒区域的周围埋设多根单芯高分子压电电缆，屏蔽层接大地。当入侵者踩到电缆上面的柔性地面时，压电电缆受到挤压，产生压电效应，从而电缆有输出信号，引起报警。

课后习题

1. 压电效应有哪几种？请分别解析其意义。
2. 压电材料有哪几种？试分析石英晶体和压电陶瓷的压电效应产生原理。
3. 简述电压放大器和电荷放大器的优缺点。
4. 能否用压电传感器测量静态压力？为什么？
5. 用加速度计和电荷放大器测量振动，若传感器的灵敏度为 7 pC/g，电荷放大器的灵敏度为 100 mV/pC，试确定输入 3*g* 加速度时系统的输出电压。

参考文献

[1] 董纯，赵炜平. 传感器与检测技术[M]. 成都：西南交通大学出版社，2009.
[2] 梁福平. 传感器原理及检测技术[M]. 武汉：华中科技大学出版社，2010.
[3] 刘振廷. 传感器原理及应用[M]. 西安：西安电子科技大学出版社，2011.
[4] 李晓莹. 传感器与测试技术[M]. 北京：高等教育出版社，2005.
[5] 李军，贺庆之. 检测技术及仪表[M]. 北京：中国轻工业出版社，1999.
[6] 林春方. 传感器原理及应用[M]. 合肥：安徽大学出版社，2004.
[7] 刘爱华，满宝元. 传感器原理及应用技术[M]. 北京：人民邮电出版社，2010.

[8] 叶以雯. 压电式多点触控技术的原理与优势分析[J]. 现代显示，2009，103(103)：47-52.

[9] 贺伟，雷挺. 压电薄膜新型测力传感器及其调理电路的研究[J]. 压电与声光，2014，36(3)：369-372.

推荐书单

董纯，赵炜平. 传感器与检测技术[M]. 成都：西南交通大学出版社，2009.

第 7 章　热电式传感器

热电式传感器是将温度变化转换为电量变化的装置。它是利用某些材料或元件的性能随温度变化的特性来进行测量的。例如：将温度的变化转换为电阻、热电动势、热膨胀、导磁率等的变化，再通过适当的测量电路达到检测温度的目的。把温度的变化转换为电势的热电式传感器称为热电偶；把温度的变化转换为电阻值的热电式传感器称为热电阻。热电式传感器广泛应用于工业生产、家用电器、海洋气象、防灾报警、医疗仪器等领域。

7.1　热电偶

热电偶是目前工业温度测量领域中应用最广泛的传感器之一，它与其他温度传感器相比具有以下突出的优点：

- 能测量较高的温度。常用的热电偶能长期用来测量 300～1 300 ℃的温度，一般可达 −270～+2 800 ℃，可满足一般工程测温的要求。
- 热电偶把温度转换为电势，测量方便，便于远距离传输，有利于集中检测和控制。
- 结构简单、准确可靠、性能稳定、维护方便。
- 热容量和热惯性都很小，能用于快速测量。

7.1.1　热电偶的工作原理

1. 热电效应

1821 年，德国物理学家赛贝克用两种不同金属组成闭合回路，并用酒精灯加热其中一个接触点(称为结点)，发现放在回路中的指南针发生偏转，如果用两盏酒精灯对两个结点同时加热，指南针的偏转角反而减小，如图 7－1 所示。显然，指南针的偏转说明回路中有电动势产生并有电流在回路中流动，电流的强弱与两个结点的温差有关。由于回路中的电势或电流与两结点的温度有关，所以称为热电势或热电流。

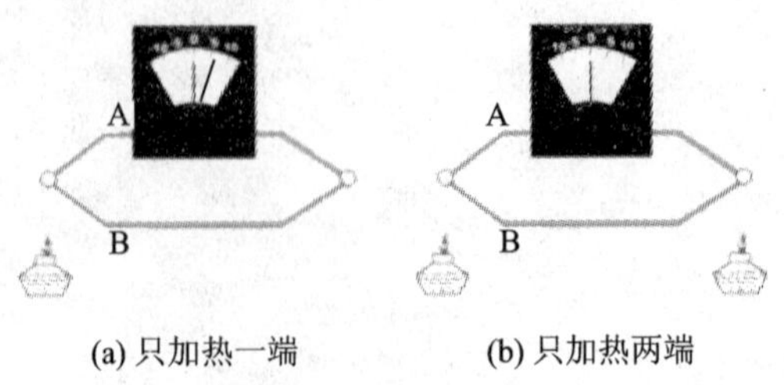

(a) 只加热一端　　(b) 只加热两端

图 7－1　热电势及热电流

一般来说，将任意两种不同材料的金属导体 A 和 B 首尾依次相连构成一个闭合回路，当两个接触点的温度不同时，就会在回路中产生热电势，这种现象称为热电效应，如图 7－2 所

示。这两种不同导体的组合称为热电偶，其中任意一种导体(A 或 B)称为热电极，温度高的结点称为热端(或工作端)，温度低的结点称为冷端(或自由端)，形成的回路称为热电回路。 热电势由两种导体的接触电势(帕尔贴电势)和单一导体的温差电势(汤姆逊电势)组成。

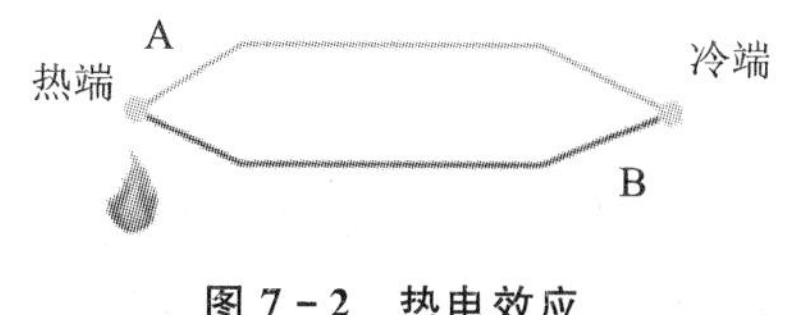

图 7-2　热电效应

2. 接触电势

由于各种金属导体中都存在着大量的自由电子，且不同的金属，其自由电子的浓度是不同的。当 A、B 两种金属接触在一起时，在结点处就要发生电子扩散，即电子浓度大的金属中自由电子向电子浓度小的金属中扩散。这样，电子浓度大的金属因失去电子而带正电，电子浓度小的金属因获得多余的电子而带负电，在接触面两侧一定范围内形成一个电场。若 A 金属的自由电子浓度大于 B 金属的自由电子浓度，则电场的方向由 A 指向 B，如图 7-3(a)所示。该电场会阻碍电子的进一步扩散，最后达到动态平衡状态，从而得到一个稳定的接触电势。如图 7-3(b)所示，当 A、B 两种金属接触点的绝对温度为 T 时，其接触电势用 E_{AB} 表示，且有

$$E_{AB}(T) = \frac{kT}{q_0}\ln\frac{N_A}{N_B} \tag{7-1}$$

式中：k——玻耳兹曼常数，为 1.38×10^{-23} J/K；

T——接触点的绝对温度；

q_0——电子的电荷量，为 1.6×10^{-19} C；

N_A、N_B——A、B 金属中的自由电子浓度。

由式(7-1)可知，接触电势与接触点的绝对温度成正比，与两种导体材料的自由电子浓度有关，而与导体材料的直径、长度以及几何形状无关。

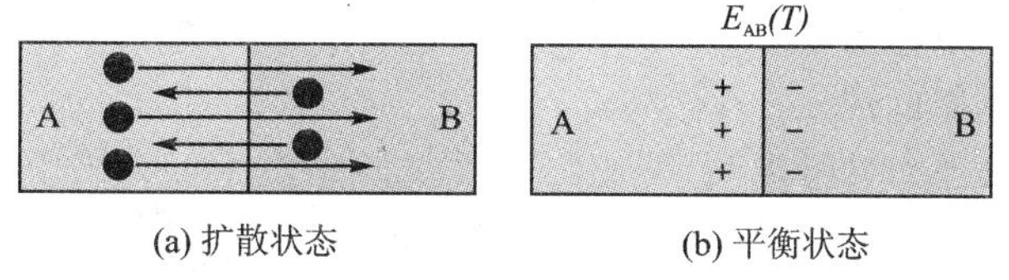

(a) 扩散状态　　(b) 平衡状态

图 7-3　接触电势的形成过程

3. 温差电势

当一个导体两端的温度不同时，则沿导体存在温度梯度，会改变电子的能量分布。高温端的电子将向低温端扩散，致使高温端因失去电子带正电，低温端因获得电子而带负电。因而在导体内建立一电场，即导体两端也产生电势差，并阻止电子继续从高温端向低温端扩散，于是电子扩散形成动平衡，此时，所建立的电势差称为温差电动势或汤姆逊电动势。如图 7-4 所示，设导体两端的温度分别为 T 和 T_0，温差电动势与温度的关系为

$$E(T,T_0) = \int_{T_0}^{T}\sigma \mathrm{d}T \tag{7-2}$$

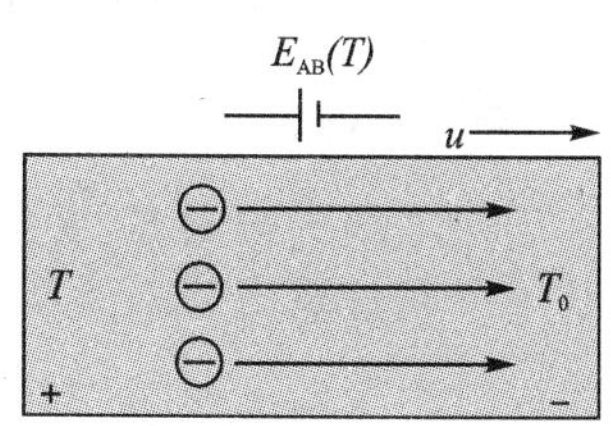

图 7-4　温差电动势

式中：σ——汤姆逊系数(又称温差系数)，表示导体两端的温差为1 ℃时产生的温差电动势。

4. 回路热电势

由前面所述已知，热电势是由接触电势和温差电势组成的，现将两种电势综合起来研究。将导体A和B首尾相接组成回路。如果导体A的电子密度大于导体B的电子密度，且两接点不相等，则在热电偶回路中存在着4个电动势，即2个接触电动势和2个温度电动势。热电偶回路的总电动势为

$$e_{AB}(T,T_0)=[E_{AB}(T)-E_{AB}(T_0)]+[E_B(T,T_0)-E_A(T,T_0)] \tag{7-3}$$

其中，总接触电动势为

$$E_{AB}(T)-E_{AB}(T_0)=\frac{kT}{q_0}\ln\frac{N_A}{N_B}-\frac{kT_0}{q_0}\ln\frac{N_A}{N_B}=(T-T_0)\frac{k}{q_0}\ln\frac{N_A}{N_B} \tag{7-4}$$

由式(7-4)可知，接触电动势的大小与结点温度的高低及导体的性质有关。如果两接触点的温度相同，尽管两接触点处都存在接触电势，但回路中总接触电势等于零。

回路总的温差电势为

$$E_B(T,T_0)-E_A(T,T_0)=\int_{T_0}^{T}\sigma_B\mathrm{d}T-\int_{T_0}^{T}\sigma_A\,\mathrm{d}T=\int_{T_0}^{T}(\sigma_B-\sigma_A)\mathrm{d}T \tag{7-5}$$

由式(7-5)可知，温差电动势的大小与结点温度的高低及导体的性质有关。如果两接触点的材料相同，尽管两个导体都存在温差电势，但回路中的总温差电势等于零。

由于在金属中自由电子数目很多，温度对自由电子密度的影响很小，故温差电动势可以忽略不计，在热电偶回路中起主要作用的是接触电动势，因此热电偶回路中总的电势可表示为

$$e_{AB}(T,T_0)\approx E_{AB}(T)-E_{AB}(T_0)=(T-T_0)\frac{k}{q_0}\ln\frac{N_A}{N_B} \tag{7-6}$$

由式(7-6)可知，热电偶回路中的热电势为两结点接触电势之差。而接触电势与温度成正比，如果让一个结点(冷端)的温度保持为已知温度不变，则热电势就成了另一结点(热端)的温度单值函数。只要测出热电势的大小，就能判断温度高低，这就是热电偶测温的原理。

从热电偶的工作原理可知：

- 如果热电偶两电极的材料相同，即使两连接点的温度不同，回路中的总电动势仍为零；
- 如果热电偶两连接点温度相同，即使两电极材料不同，回路中的总热电动势也为零；
- 热电偶回路中的热电动势只与两连接点温度和构成热电偶电极的材料有关，与热电极的尺寸、形状无关；
- 化学成分相同的材料组成的热电偶，即使两个连接点的温度不同，回路的总热电势也等于零。

7.1.2 热电偶的基本定律

1. 中间导体定律

利用热电偶进行测温，必须在回路中引入连接导线和仪表，但接入导线和仪表后是否会影响回路中的热电势呢？中间导体定律说明，在热电偶测温回路内，接入第三种导体时，只要第三种导体的两端温度相同，就对回路的总热电势没有影响。

将导体A和B构成热电偶，并将冷端T_0断开，无论插入导体C的温度分布如何，只要中间导体温度相同，则对热电偶回路的总电势就没有影响。这就是中间导体定律，如图7-5所示。

① 在 $T=T_0$ 的情况下，回路中总电动势为零，即

$$E_{ABC}(T_0,T_0)=E_{AB}(T_0)+E_{BC}(T_0)+E_{AC}(T_0)=0 \tag{7-7}$$

② 若 A 和 B 接触点温度为 T，其余接触点温度为 T_0，且 $T>T_0$，则回路中的总电动势为

$$E_{ABC}(T,T_0)=E_{AB}(T)+E_{BC}(T_0)+E_{AC}(T_0) \tag{7-8}$$

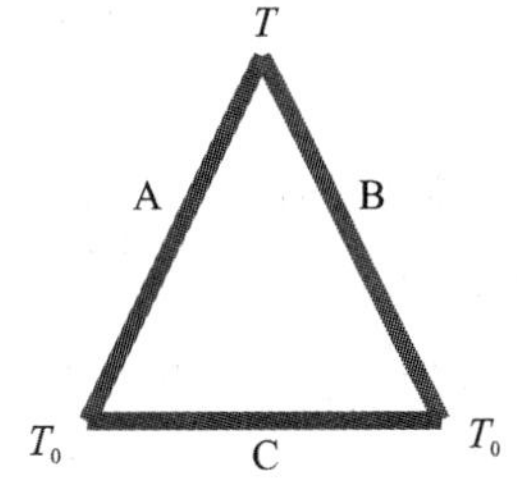

图 7-5　三种导体组成的回路

由式(7-7)解得

$$E_{AB}(T_0)=-[E_{BC}(T_0)+E_{AC}(T_0)]=0 \tag{7-9}$$

将式代入(7-9)代入式(7-8)得

$$E_{ABC}(T,T_0)=E_{AB}(T)-E_{AB}(T_0)=E_{AB}(T-T_0) \tag{7-10}$$

式(7-10)表明，在热电偶回路内接入第三种材料的导线，只要第三种材料导线两端的温度相同，则不会影响原热电偶的热电势。同样可以证明：对于材料成分均匀的导线，还可接入第四、第五、……、第 n 个中间导体而不改变热电势的大小，条件是保证每一导体两端的温度相同。

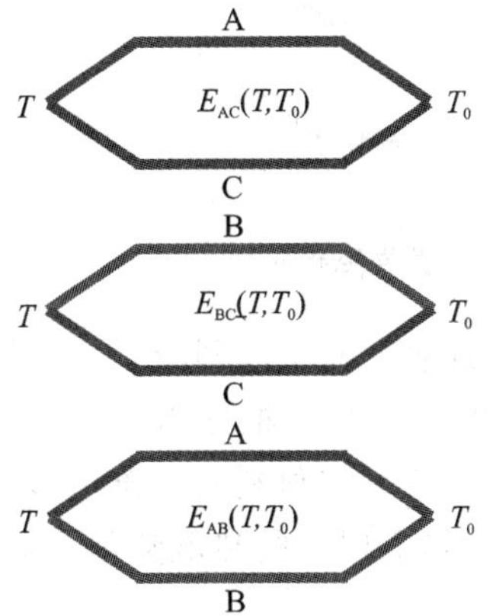

图 7-6　热电势之间的关系图

但是，如果接入第三种材料的两端温度不等，热电偶回路的总热电势将会发生变化。其变化大小，取决于材料的性质和接触点的温度。其改变值相当于新组成的附加热电偶的热电势。因此，接入的第三种材料不宜采用与热电极的热电性质相差很远的材料；否则，一旦温度发生变化，热电偶的电势变化将会很大，从而影响测量精度。

如果任意两种导体材料的热电势是已知的，它们的冷端和热端的温度又分别相等，如图 7-6 所示，则它们相互间热电势的关系为

$$E_{AB}(T,T_0)=E_{AC}(T-T_0)+E_{AB}(T-T_0) \tag{7-11}$$

2. 中间温度定律

对一支热电偶，当其测量端与参考端的温度分别为 T 和 T_n 时，其热电势为

$$E_{AB}(T,T_n)=E_{AB}(T)-E_{AB}(T_n) \tag{7-12}$$

当测量端和参考端的温度分别为 T_n 和 T_0 时，其热电势为

$$E_{AB}(T_n,T_0)=E_{AB}(T_n)-E_{AB}(T_0) \tag{7-13}$$

将式(7-12)和式(7-13)两端分别相加，可得

$$\begin{aligned}E_{AB}(T,T_n)+E_{AB}(T_n,T_0)=&E_{AB}(T)-E_{AB}(T_n)+E_{AB}(T_n)-E_{AB}(T_0)=\\&E_{AB}(T)+E_{AB}(T_0)=E_{AB}(T,T_0)\end{aligned} \tag{7-14}$$

即

$$E_{AB}(T,T_0)=E_{AB}(T)+E_{AB}(T_0) \tag{7-15}$$

由式(7-14)可知，当在原来热电偶回路中分别引入与导体材料 A、B 相同热电特性的材料 C、D，即所谓的补偿导线时，只要它们之间连接的两点温度相同，则总回路的热电势与两连接点温度无关，只与热电偶两端的温度有关。

为了便于理解，还可以直观地从分度表或分度曲线上了解中间温度定律所确定的内容，如图 7－7 所示。

3. 参考电极定律

热电偶由 A、B 两种导体制成，若将 A、B 两种导体分别与第三种导体 C 制成如图 7－8 所示的热电偶，且三个热电偶的热端和冷端温度相同（T,T_0），则 A 和 B 热电偶的热电势 $E_{AB}(T,T_0)$ 等于 A 和 C 热电偶热电势 $E_{AC}(T,T_0)$ 与 B 和 C 热电偶热电势 $E_{BC}(T,T_0)$ 之差，称标准电极定律。公式为

$$E_{AB}(T,T_0)=E_{AC}(T,T_0)+E_{BC}(T,T_0) \tag{7-16}$$

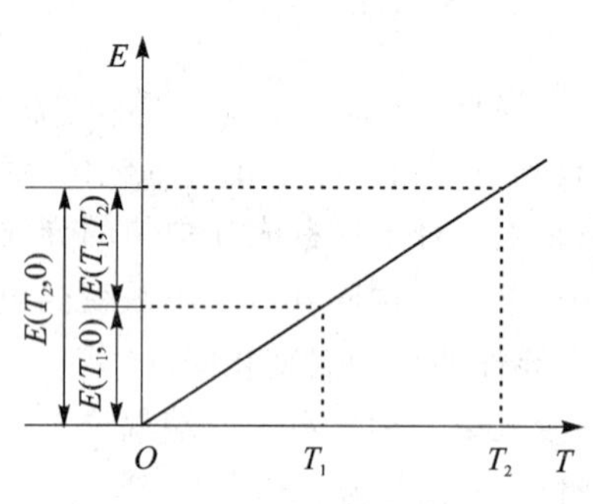

图 7－7　中间温度定律图

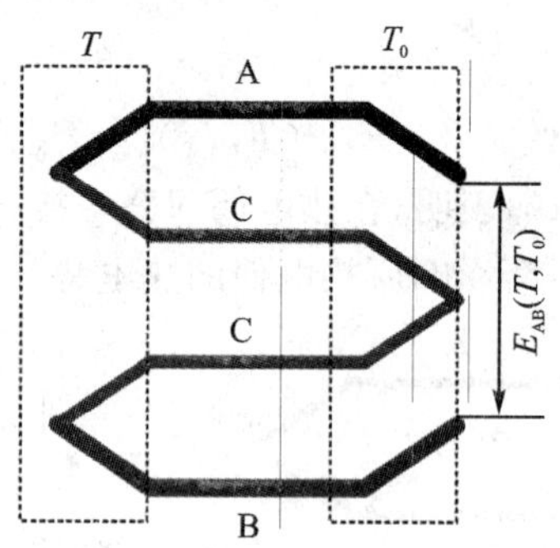

图 7－8　参考电极定律

第三种导体 C，即热电极 C，称为标准电极，也称参考电极，通常用纯铂丝制成。这是因为铂的物理和化学性能稳定，熔点高，易提纯。热电偶的两个热电极材料是根据需要进行选配的。由于采用了标准电极，就大大地方便了这种选配工作，只要知道一些材料与标准电极相配的热电势值，就可以用标准电极定律求出其中任意两种材料制成热电偶后的热电势值。

7.1.3　热电偶的分类

根据热电效应，只要是两种不同性质的导体都可配制成热电偶，但在实际情况下，因为还要考虑到灵敏度、准确度、可靠性、稳定性等条件，故作为热电极的金属材料，一般应满足如下要求：

- 在同样的温差下产生的热电势大，且其热电势与温度之间呈线性或近似线性的单值函数关系；
- 耐高温、抗辐射性能好，在较宽的温度范围内其化学、物理性能稳定；
- 电导率高，电阻温度系数和比热容小；
- 复制性和工艺性好，价格低廉。

根据热电偶的用途、材料、结构和安装形式等可分为多种类型的热电偶。

1. 按热电偶材料划分

并不是所有的材料都能作为热电偶材料，也即热电极材料。国际上公认的热电极材料只有几种，已列入标准化文件中。按照国际计量委员会规定的《1990 年国际温标》的标准，规定了 8 种通用热电偶。下面简单介绍我国常用的几种热电偶，其具体特点及使用范围可参见相关手册或文献资料。

① 铂铑 10 -铂热电偶(分度号 S)：正极为铂铑合金丝(用 90%铂和 10%铑冶炼而成)；负极为铂丝。

② 镍铬-镍硅热电偶(分度号 K)：正极为镍铬合金；负极为镍硅合金。

③ 镍铬-康铜热电偶(分度号 E)：正极为镍铬合金；负极为康铜(铜、镍合金冶炼而成)。该热电偶也称为镍铬-铜镍合金热电偶。

④ 铂铑 30 -铂铑 6 热电偶(分度号为 B)：正极为铂铑合金(70%铂和 30%铑冶炼而成)；负极为铂铑合金(94%和 6%铑冶炼而成)。

标准热电偶有统一分度表，而非标准化热电偶没有统一的分度表，在应用范围和数量上不如标准化热电偶。但这些热电偶一般是根据某些特殊场合的要求研制的，例如在超高温、超低温、核辐射、高真空等场合，一般的标准化热电偶不能满足需求，此时必须采用非标准化热电偶。使用较多的非标准化热电偶有钨铼、镍铬-金铁等。下面介绍一种在高温测量方面具有特别良好性能的钨铼热电偶。

⑤ 钨铼热电偶：正极为钨铼合金(95%钨和 5%铼冶炼而成)；负极为钨铼(80%钨和 20%铼冶炼而成)。它是目前测温范围最高的一种热电偶。测量温度长期为 2 800 ℃，短期可达 3 000 ℃。高温抗氧化能力差，可使用在真空、惰性气体介质或氢气介质中。热电势和温度的关系近似于直线，在高温为 2 000 ℃时，热电势接近 30 mV。

2. 按热电偶结构划分

热电偶结构形式有很多，按热电偶结构划分有普通热电偶、铠装热电偶、薄膜热电偶、表面热电偶、浸入式热电偶。

(1) 普通热电偶

如图 7-9 所示，工业上常用的热电偶一般由热电极、绝缘管、保护管、接线盒、接线盖组成。这种热电偶主要用于气体、蒸汽、液体等介质的测温。这类热电偶已经制成标准形式，可根据测温范围和环境条件来选择合适的热电极材料及保护管。

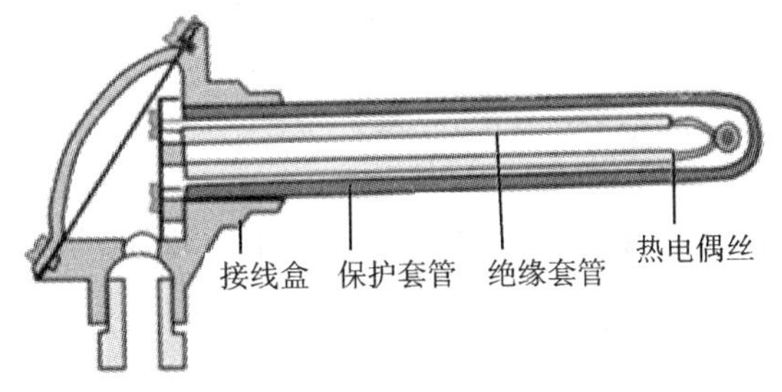

图 7-9　普通热电偶

(2) 铠装热电偶

如图 7-10 所示，根据测量端结构形式，可分为碰底型、不碰底型、裸露型、帽型等。

铠装热电偶由热电偶丝、绝缘材料(氧化铁)、不锈钢保护管经拉制工艺制成。其主要优点是：外径细，响应快，柔性强，可进行一定程度的弯曲；耐热、耐压、耐冲击性强。

(3) 隔爆型热电偶

隔爆型热电偶的接线盒在设计时采用防爆的特殊结构，其接线盒是经过压铸而成的，有一定的厚度、隔爆空间，机构强度较高；采用螺纹隔爆接合面，并采用密封圈进行密封，因此，当接

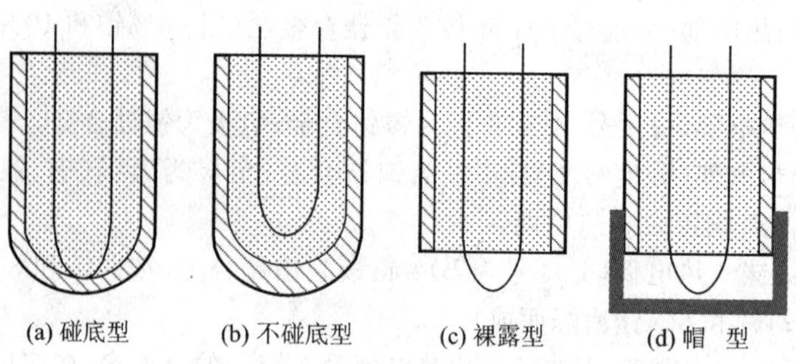

图 7－10　铠装热电偶结构示意图

线盒内一旦放弧时，不会与外界环境的危险气体传爆，能达到预期的防爆、隔爆效果。图 7－11所示为其实物图。

由于化工生产厂、生产现场常伴有各种易燃、易爆等化学气体或蒸汽，如果用普通热电偶非常不安全，很容易引起环境气体爆炸，所以工业用的隔爆型热电偶多用于化学工业自控系统中。

（4）薄膜热电偶

薄膜热电偶的结构可分片状、针状等。图 7－12 所示为片状结构示意图，这种热电偶的特点是热容量小，动态响应快，适宜测微小面积和瞬变温度。测温范围为－200～300 ℃。用真空蒸镀等方法使两种热电极材料蒸镀到绝缘板上而形成薄装热电偶。其热接点极薄（0.01～0.1 μm）。

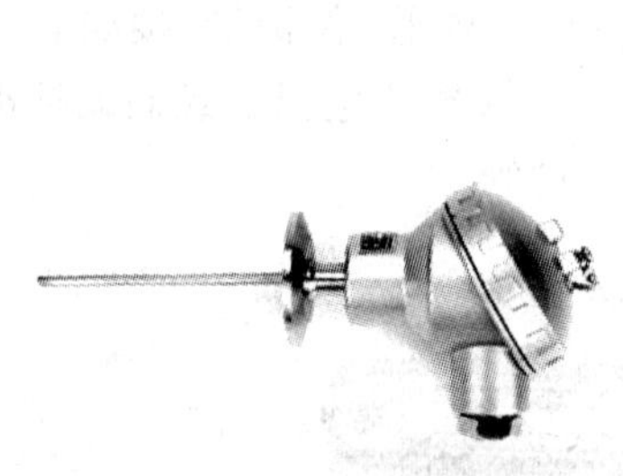

图 7－11　隔爆型热电偶

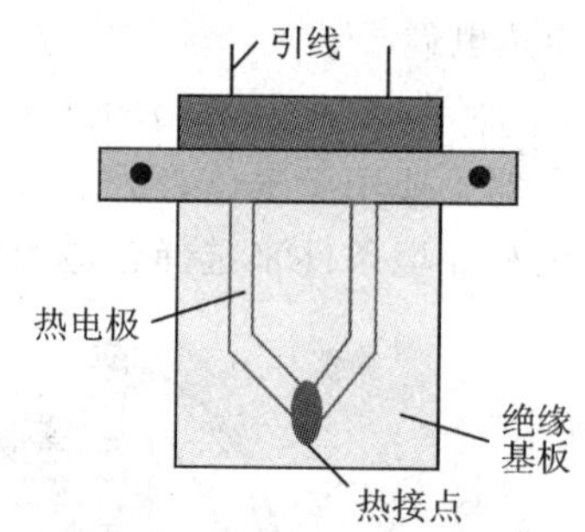

图 7－12　薄膜热电偶结构示意图

（5）表面热电偶

表面热电偶可分为永久性安装和非永久性安装两种，主要用来测金属块、壁炉、涡轮叶片、轧辊等固体的表面温度。

（6）浸入式热电偶

浸入式热电偶主要用来测铜水、钢水、铝水及熔融合金的温度，可直接插入液态金属中进行测量。

7.1.4　热电偶的冷端温度补偿

用热电偶测温时，其热电势的大小由冷热两端的温度差所决定，当冷端温度不变时，热电动势与工作端温度成单值函数关系。

各种热电偶温度与热电动势关系的分度表都是在冷端温度为零时作出的，因此，用热电偶测温时，若要直接应用热电偶的分度表，就必须满足冷端等于 0 ℃的条件。像化工厂、发电厂等，需要用到大约几百支热电偶，一年四季要恒定到 0 ℃，在工程实际中这是不现实的；而在实际测温中冷端温度常随着环境温度变化而发生变化，这样，不但不是 0 ℃，而且也不恒定，因此将引入误差。常用能够消除或者补偿这个误差的方法有以下几种。

1. 补偿导线

为了使冷端温度保持恒定，当然可以将热电偶做得很长，使冷端远离工作端，并连同测量电路或仪表一起放置到恒温或温度波动小的地方。但这种做法一方面会浪费很多贵重金属材料(电热偶的电极材料)，另一方面也不便于安装使用。因此，当测温仪表与测量点距离较远时，为节省热电偶的材料，通常使用补偿导线。补偿导线由两种不同性质的廉价金属材料制成，在一定温度范围内(0～100 ℃)，与所搭配的热电偶具有相同的热电特性，起着延长热电偶冷端的作用。

补偿导线分为延伸型(X)补偿导线和补偿型(C)补偿导线。延伸型补偿导线所用的材料与热电极材料相同；补偿型补偿导线与热电极材料不同。使用补偿导线时，要注意补偿导线型号与热电偶型号匹配，正负极与热电偶正负极对应连接，补偿导线所处温度不能超过 100 ℃，否则将造成测量误差。常用热电偶补偿导线如表 7－1 所列。

表 7－1　常用热电偶补偿导线

补偿导线型号	配用热电偶分度号	补偿导线材料		绝缘层颜色	
		正　极	负　极	正　极	负　极
SC	S(铂铑$_{10}$-铂)	铜	镍铜	红	绿
KC	K(镍铬-镍硅)	铜	康铜	红	(黄)
KX	K(镍铬-镍硅)	镍铬	镍硅	红	黑
EX	E(镍铬-康铜)	镍铬	康铜	红	蓝
JX	J(铁-康铜)	铁	康铜	红	紫
TX	T(铜-康铜)	铜	康铜	红	白

2. 冷端恒温法(水浴法)

冷端恒温法就是将热电偶的冷端置于某一温度恒定不变的装置中。

热电偶的分度表是以 0 ℃为标准的，所以在实验室及精密测量中，通常把冷端放入 0 ℃恒温器或装满冰水混合物的容器中，以便冷端温度保持 0 ℃，这种方法又称冰浴法。这是一种理想的补偿方法，但工业中使用极为不便，仅限于科学实验中使用。为了避免冰水导电引起两个连接点短路，必须把连接点分别置于两个玻璃试管里，浸入同一冰点槽，使其相互绝缘，如图 7－13 所示。

3. 计算修正法

在实际应用中，让热电偶的冷端保持恒定 0 ℃是困难的，但让冷端保持在某一温度 T_n 却是可以实现的。这时使用热电偶的分度表或温度显示仪表时，就需要进行修正。

热电偶的热电势-温度特性曲线或分度表通常是冷端温度 $T_0=0$ ℃情况下测得的。显然，当冷端温度为 T_n，热端温度为 T 时，测得热电偶的输出电势为 $E(T,T_n)$，而不是热端温度为 T，冷端温度为 0 ℃时的热电势 $E(T,0)$。这时测得的 $E(T,T_n)$不能直接对照分度表查出被测温度 T，

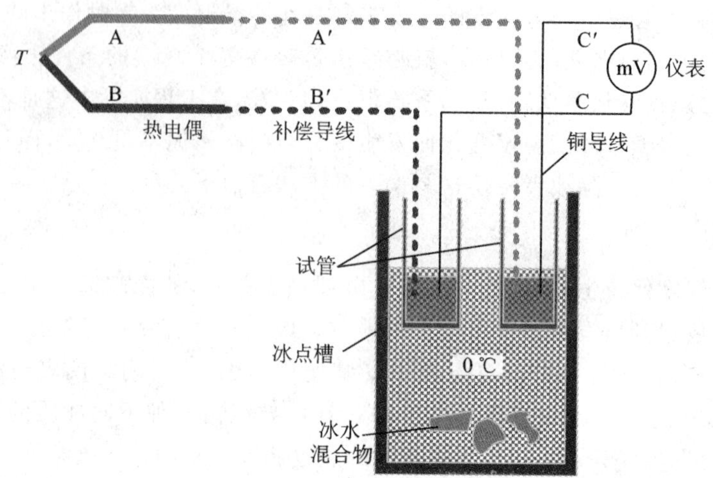

图 7－13　冰浴法示意图

而需要再查出 0 ℃和 T_n 之间(区段)的热电势 $E(T_n,0)$ 进行如下的修正计算：

$$E(T,0) = E(T,T_n) + E(T_n,0) \tag{7-17}$$

这种方法称为热点修正法，该方法比较精确，但不方便，也是仅适用于实验室。

【例 7－1】 用镍铬-镍硅热电偶测炉温，当冷端温度为 30 ℃(且为恒定)时，测出热端温度为 T 时的热电动势为 39.17 mV，求炉子的真实温度(即热端温度)。

解： 由镍铬-镍硅热电偶分度表查出 $E(30,0)=1.20$ mV，可以计算出

$$E(T,0) = (39.17 + 1.20)\ \text{mV} = 40.37\ \text{mV}$$

再通过分度表查出其对应的实际温度 $T=977$ ℃。

4. 补偿电桥法

补偿电桥法是利用不平衡电桥产生的不平衡电压 U_{ab} 作为补偿信号，来自动补偿热电偶测量过程中因冷端温度不为 0 ℃或变化而引起热电势的变化值。补偿电桥的工作原理如图 7－14 所示，它由三个电阻温度系数较小的锰铜丝绕制的电阻 R_1、R_2、R_3 及电阻温度系数

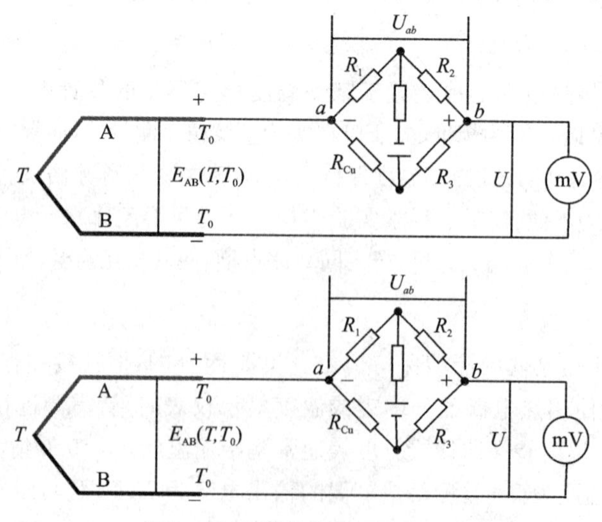

图 7－14　补偿电桥法示意图

较大的铜丝绕制的电阻 R_{Cu} 和稳压源组成。补偿电桥与热电偶冷端处于同一环境温度，当冷端温度较大引起的热电势 $E_{AB}(T,T_0)$ 变化时，由于 R_{Cu} 的阻值随冷端温度变化而发生变化，适当地选择桥臂电阻和桥路电流，就可以使电桥产生的不平衡电压 U_{ab} 补偿由于冷端温度 T_0 变化引起的热电势变化量，从而达到自动补偿的目的。

采用补偿电桥法对冷端温度进行补偿应该注意以下几点：不同型号的补偿器只能与相应的热电偶配用，只能补偿到固定温度；注意正负极性不能接反；仅能在规定的温度范围内使用，通常为 0～40 ℃。

7.1.5　热电偶的基本测量电路

实用热电偶测温电路一般由热电极、补偿导线、热电势检测仪表三部分组成。简易测温电路中，检测仪表可以是一个磁电式(动圈式)表头，其基本工作原理同振子式的相同。若以电压分度，则就是一个毫伏电压表；也可以是电流分度，这样就成了一个专用的动线圈式温度显示仪表。另外，常用的检测仪表还有电位差计、数字电压表等。

1. 测量一点温度

在测温准确度要求不高的情况下，可以采用动圈式仪表(如毫伏仪表等)直接与热电偶相连，如图 7 - 15 所示。此种测量电路具有连接简单、价格低廉的优点，但要注意仪表中流过的电流不仅与热电偶的热电势大小有关，而且与测温回路的总电阻有关，因此，要保证测温回路总电阻为恒定值，即

$$R_T + R_L + R_M = 常数 \tag{7-18}$$

式中：R_T——热电偶电阻；

R_L——连接导线电阻；

R_M——测量指示仪表电阻。

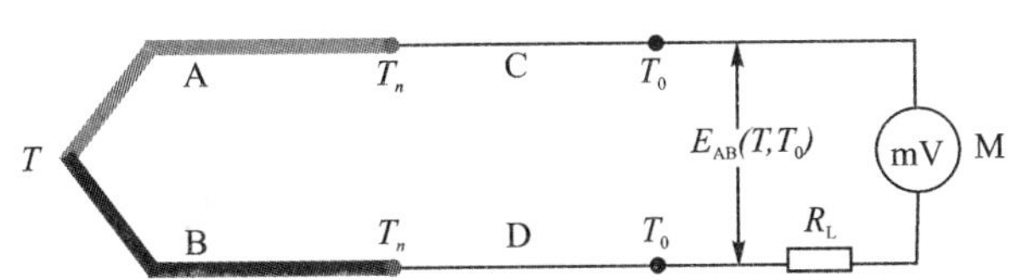

图 7 - 15　热电偶测量电路(冷端在仪表外)

如果想提高测量准确度，则可以在热电偶与指示仪表之间加上电阻尽量小的补偿导线。图 7 - 16 与图 7 - 15 所示都是一支热电偶与一个仪表配用的连接电路，用于测量某一点的温度。C、D 为补偿导线。这两种连接方式的区别在于：图 7 - 16 中的热电偶冷端被延伸到仪表内，而图 7 - 15 中的热电偶冷端在仪表外面，R_L 为连接冷端与仪表导线的电阻。

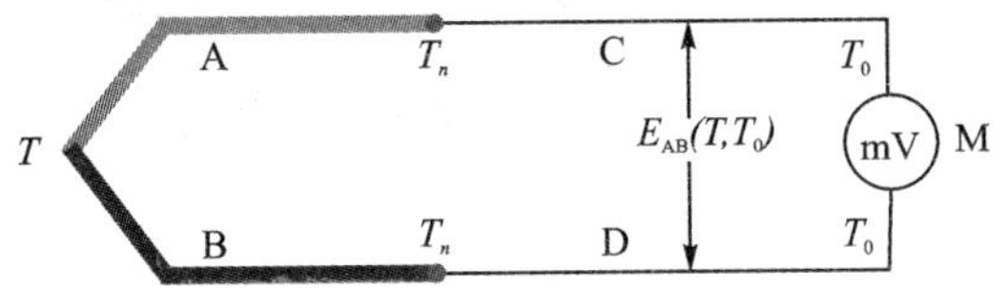

图 7 - 16　热电偶测量电路(冷端在仪表内)

2. 测量两点间的温度

测量两点之间 T_1 与 T_2 温度差的电路如图 7-17 所示。两支同型号的热电偶配用相同的补偿导线，接线使两个热电偶的热电势相互抵消，则可测得 T_1 和 T_2 之间的温度差。在此电路中，要求两支热电偶新的冷端温度必须相同，它们的热电势 E 必须与温度 T 成线性关系，否则将产生测量误差。

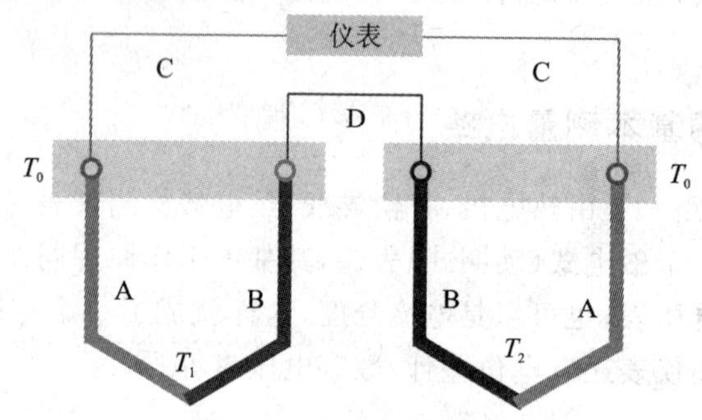

图 7-17　热电偶测温差连接电路

图 7-17 中 A、B 为热电偶，C、D 为补偿导线。输入到仪表的热电势为

$$\Delta E = E_{AB}(T_1, T_0) - E_{AB}(T_2, T_0) =$$
$$E_{AB}(T_1, T_2) + E_{AB}(T_2, T_0) - E_{AB}(T_2, T_0) = E_{AB}(T_1, T_2) \tag{7-19}$$

3. 热电偶并联线路

有些大型设备需测量多点的平均温度，这可以通过与热电偶并联的电路来实现。将 N 支同型号热电偶的正极和负极分别连接在一起的线路称为并联测量线路。如图 7-18 所示，如果 N 支热电偶的电阻均相等，则并联测量线路的总热电动势等于 N 支热电偶电动势的平均值，即为

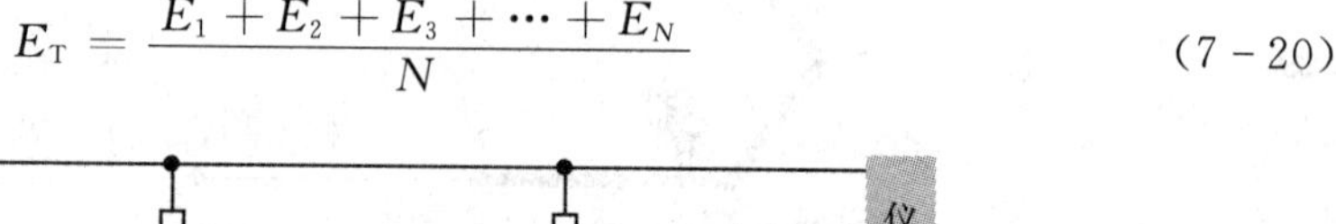

$$E_T = \frac{E_1 + E_2 + E_3 + \cdots + E_N}{N} \tag{7-20}$$

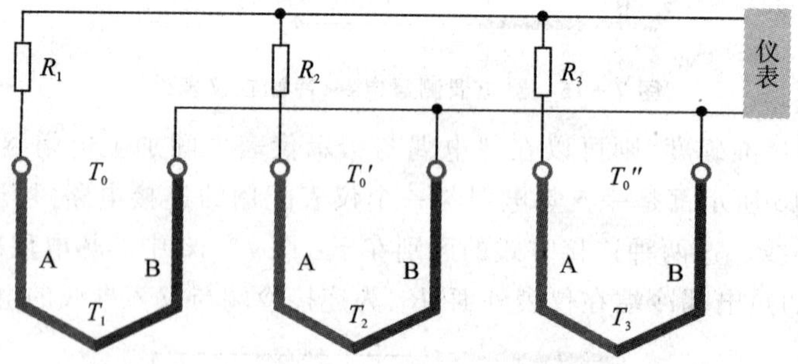

图 7-18　热电偶并联电路

其中，每支热电偶的输出为

$$E_1 = E_{AB}(T_1, T_0)$$
$$E_2 = E_{AB}(T_2, T_0)$$
$$E_3 = E_{AB}(T_3, T_0)$$

$$\vdots$$

$$E_N = E_{AB}(T_N, T_0)$$

在热电偶并联线路中，其中一支热电偶断路，不会中断整个测温系统的工作。

4. 热电偶串联线路

为了提高灵敏度，可以将 N 支同型号热电偶依次按正、负极相连接，这样相连的线路称为串联线路，但要注意使各个热电偶的冷端温度保持为 T_0，如图 7－19 所示。串联测量线路的总热电动势等于 N 支热电偶热电动势之和，即

$$E_T = E_1 + E_2 + E_3 + \cdots + E_N = NE \tag{7-21}$$

热电偶串联线路的主要优点是电动势大，使仪表的灵敏度大为增加；缺点是只要有一支热电偶断路，整个测量系统便无法工作。

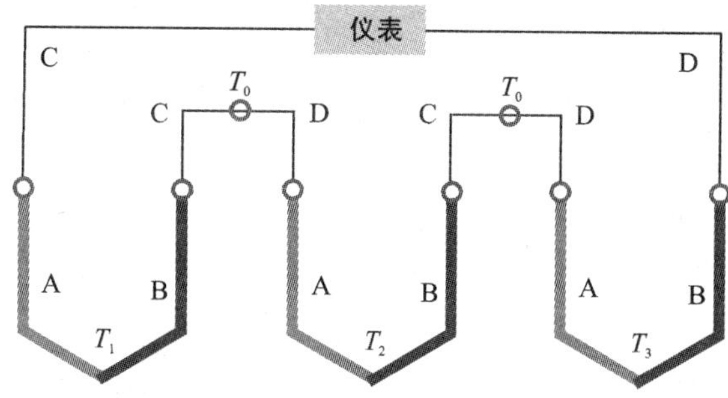

图 7－19　热电偶串联

在热电偶测量电路中使用的导线线径应适当选大一些，以减小线损的影响。

7.2　热电阻

热电阻是利用金属导体的电阻值随温度升高而增大的特性来进行温度测量的，常用测温范围为－200～＋500 ℃。随着技术的发展，其测温范围也不断扩大，低温已可测量 1～3 K；高温则可测量 1 000～1 300 ℃。

热电阻传感器的主要优点如下：

- 测量精度高，热电阻材料的电阻温度特性稳定，重复性好，而且不存在热电偶参比端误差问题；
- 测温范围较宽，尤其在低温方面；
- 易于在自动测量或远距离测量中使用。

7.2.1　常用热电阻

制作热电阻的材料应具备如下特点：

- 高且稳定的温度系数和大的电阻率，以保证较高的测量精度和较高的灵敏度；
- 电阻与温度的变化关系呈良好的线性；
- 在所测温度范围内其物理化学性能应保持稳定；

➢ 具有良好的工艺性,易于批量生产以降低成本。

常用的热电阻材料有铂、铜、镍、铁等。热电阻的结构比较简单,一般为线绕型,它是将电阻丝双线在云母、石英、陶瓷和塑料等绝缘骨架上,经过固定,外面再加上保护套管。另外还有箔型、薄膜型等结构形式。

1. 铂电阻

铂是一种较理想的热电阻材料。在氧化性介质中,甚至在高温下,铂的物理和化学性质都很稳定,并且在很宽的温度范围内都可以保持良好的特性。因此,铂不仅在工业上作为测温元件,而且在国际实用温标(IPTS—68)中规定,在－259.34～＋630.74 ℃的温度范围内,以铂电阻温度计作为基准器。工业用铂热电阻一直是国际上生产量最大的温度传感器之一。

铂热电阻的温度特性,在0～＋630.74 ℃以内为

$$R_t = R_0[1 + At + Bt^2] \tag{7-22}$$

在－190～0 ℃以内为

$$R_t = R_0[1 + At + Bt^2 + C(t - 100)t^3] \tag{7-23}$$

式中:R_t——温度为 t 时的阻值;

R_0——温度为0 ℃时的阻值;

A——分度系数,取 $3.940\times10^{-3}/℃$;

B——分度系数,取 $-5.84\times10^{-7}/℃^2$;

C——分度系数,取 $-4.22\times10^{-12}/℃^4$。

热电阻在温度为 t 时的电阻值与 R_0 有关。目前我国规定工业用铂电阻有 $R_0=50\ \Omega$ 和 $R_0=100\ \Omega$ 两种,它们的分度号分别为Pt50和Pt100,其中以Pt100为常用。铂热电阻不同分度号也有相应分度表,即 $R_t\sim t$ 的关系表,这样在实际测量中,只要测得热电阻的阻值 R_t,便可从分度表上查出对应的温度值。表7－2所列是Pt100热电阻的分度特性表。

表7－2 WZB型铂热电阻特性表

温度/℃	0	10	20	30	40	50	60	70	80	90
	电阻值/Ω									
－200	17.28									
－100	59.56	55.52	51.38	47.21	43.02	38.80	34.56	30.29	25.98	21.65
－0	100.00	96.03	92.04	88.04	84.03	80.10	75.96	71.91	67.84	63.75
0	100.00	103.96	107.91	110.85	115.78	119.70	123.49	127.49	131.37	135.24
100	139.10	142.95	146.78	150.60	154.41	158.21	162.00	165.78	169.54	173.29
200	177.03	180.75	186.48	188.10	191.88	195.56	159.23	202.89	206.53	210.07
300	213.79	217.40	221.00	224.59	228.17	231.76	235.29	238.83	242.36	245.88
400	249.38	252.88	256.36	259.83	263.29	266.78	270.18	272.60	277.01	280.41
500	283.86	287.18	290.55	293.91	297.25	300.58	303.90	307.21	310.50	313.79
600	317.06	320.22	323.57	326.80	330.80	333.25				

注:$R_0=100\ \Omega$,规定分度号为BA－2。分度系数 $A=3.968\ 47\times10^{-2}/℃$,$B=5.847\times10^{-7}/℃^2$,$C=4.22\times10^{-12}/℃^4$。

铂热电阻中的铂丝纯度用电阻比 W_{100} 表示,它是铂热电阻在100 ℃时电阻值 R_{100} 与0 ℃

时电阻值 R_0 之比。按 IEC 标准，工业使用的铂热电阻的 $W_{100}>1.3850$。

Pt100 具有正温度系数，通常用白金线绕制完成后，会放入保护管中，保护管可由玻璃、不锈钢等材料制成。为了配合不同的测试环境，可使用不同的长度与外径，保护管内空隙以氧化物陶瓷及粘合剂填充。图 7-20 所示为几种常见的包装。

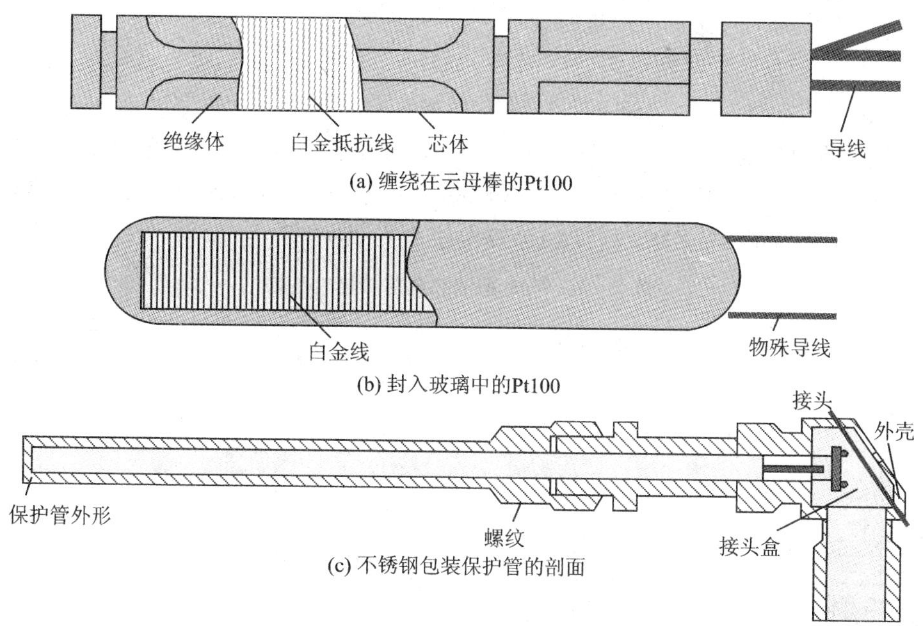

图 7-20 Pt100 几种常见的包装

保护管的主要目的是使传感器能用于各种恶劣环境，如强酸、强碱、高温或低温。但保护管本身有热阻存在，测试温度必须经过一段时间才能达到 Pt100，所以测试时必须注意这种现象。

铂电阻的主要特点如下：

- 在氧化性介质中或在 1 200 ℃以下的温度下，其物理、化学性能稳定；
- 铂容易提纯，复线性好，有良好的工艺性，可制成很细的铂丝（0.02 mm 或更细）或极薄的铂箔；
- 与其他材料相比，铂有较高的电阻率；
- 在还原性介质中，特别是在高温下，容易被氧化物中还原成金属的金属蒸汽所玷污，并改变电阻与温度的关系特性；
- 电阻温度系数不太高；
- 价格高昂。

2. 铜电阻

由于铂是贵重金属，致使铂热电阻价格高昂，在一些测量精度要求不是很高且温度较低的场合，普遍采用铜热电阻，可用来测量 −50～150 ℃的温度。

铜热电阻的优点：在 −50～+150 ℃温度范围内具有良好的线性（$R_t=R_0(1+\alpha t)$）；电阻温度系数比铂高，$\alpha=4.25\times10^{-3}\sim4.28\times10^{-3}/℃$；易于提纯，价格低廉。其缺点是电阻率小，$\rho_{Cu}=1.7\times10^{-8}\ \Omega\cdot m$（$\rho_{pt}=9.81\times10^{-8}\ \Omega\cdot m$），因而相应的铜电阻丝与铂电阻丝相比，既细

又长，使得其机械强度较低，体积较大。此外，当温度超过 100 ℃时，铜极易氧化，故仅适用于低温和无浸蚀性介质。

在−50～+150 ℃温度范围内，铜电阻与温度之间的关系为

$$R_t = R_0(1 + At + Bt + Ct^2) \tag{7-24}$$

式中：R_t——温度为 t 时铜电阻的电阻值；

R_0——温度为 0 ℃时铜电阻的电阻值；

A、B、C——常数，$A=4.288\,99\times10^{-3}$℃$^{-1}$，$B=-2.133\times10^{-7}$℃，$C=1.233\times10^{-9}$℃$^{-3}$。

我国常用的铜热电阻代号为 WZG，R_0 有 50 Ω 和 100 Ω 两种，分度号为 Cu50 和 Cu100，其 $W(100)\geqslant1.425$。铜热电阻在−50～+50 ℃的温度范围内精度为±0.5 ℃，在 50～+150 ℃的温度范围内精度为±1%t。Cu50 分度表见表 7-3。

表 7-3　WZB 型铜热电阻分度特性表

温度/℃	0	10	20	30	40	50	60	70	80	90
	电阻值/Ω									
−50	41.74									
−0	53.00	50.75	48.50	46.24	43.99					
0	53.00	55.25	57.50	59.75	62.01	64.26	66.52	68.77	71.02	73.27
100	75.52	77.78	80.03	82.28	84.54	86.79				
R_0=53 Ω 规定分度号 G										
分度系数 $\alpha=4.25\times10^{-3}$/℃										

3. 镍热电阻

镍热电阻的测温范围为−100～+300 ℃；特性呈非线性；超过 180 ℃易氧化；它的电阻温度系数较大，可达 0.618%/℃；电阻率较高；测温灵敏度高，但一致性和互换性差，适于 150 ℃以下温度的一般测量。0 ℃时的阻值有 100 Ω、500 Ω、1 000 Ω 几种规格。

镍热电阻的电阻值与温度的关系为

$$R_t = 100 + 0.548\,5t + 0.665\times10^{-3}\,t^2 + 2.805\times10^{-9}\,t^4 \tag{7-25}$$

4. 铁热电阻

铁热电阻的测温范围为−50～+100 ℃；特性呈线性；易于氧化；它的电阻率和灵敏度都较高，测温灵敏度高。在加以适当保护后可作为热电阻元件。

5. 其他热电阻

由于镍和铁的温度系数较大，电阻率也较高，故也常被用作热电阻。镍热电阻的使用温度范围为−50～+100 ℃。但铁易被氧化，化学性能不好，镍的非线性严重，且材料提取较困难，故这两种热电阻应用较少。

近年来，在低温和超低温测量领域，出现一些比较新颖的热电阻，主要有以下几种。

(1) 铟热电阻

它可用于低温高精度的测量。在−269～+258 ℃的温度范围内，其灵敏度是铂热电阻的 10 倍，故常用于铂热电阻无法使用的低温情况。采用 99.999%高纯度铟丝制成的铟热电阻，

在－269～＋20 ℃的全部范围内，复现性可达±0.001 K。其缺点是材料较软，不易复制。

(2) 锰热电阻

它在－271～－210 ℃的低温范围内，电阻温度系数大，灵敏度高，在－271～－257 ℃的温度范围内，其电阻率随温度的平方变化。此外，磁场对锰热电阻的影响较小，且具有规律性。锰热电阻的缺点是脆性较大，拉丝较难，易损坏。

(3) 碳热电阻

它适于在－273～－268.5 ℃的温度范围内使用，具有灵敏度高、热容量小、对磁场不敏感、价格低廉、使用方便等优点，其较明显的缺点是热稳定性较差。

7.2.2　热电阻的测量电路

热电阻常接入电桥中使用，引出线有两线式、三线式和四线式几种形式，如图 7－21 所示。采用两线式接法时，引出的导线接于电桥的一个臂上，当由于环境温度或通以电流引起温度变化时，将产生附加电阻，引起测量误差，所以，当热电阻阻值较小时，常采用三线式或四线式接法，以消除接线电阻和引线电阻的影响。

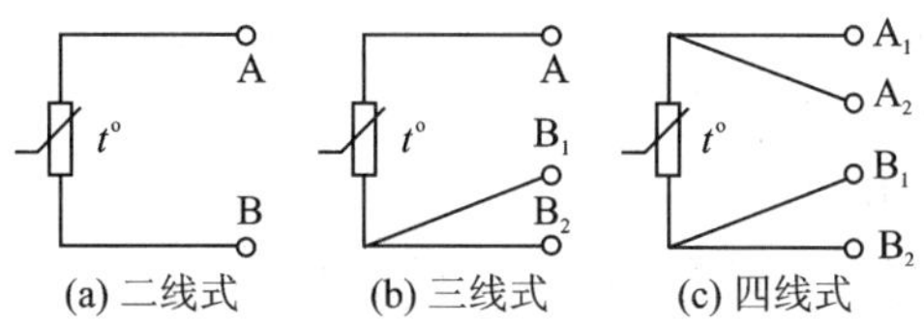

图 7－21　热电阻的接线方式

1. 三线式

三线式接法是将两条具有相同温度特性的导线接于相邻两桥臂上，此时由于附加电阻引起的电阻变化是相同的，根据电桥的特性，电桥的输出将互相抵消。图 7－22 所示即为一种三线式接法，其中，R_1、R_2、R_3 为固定电阻，R_W 为调零电位器，热敏电阻 R_t 通过电阻为 r_{W1}、r_{W2}、r_{W3}的三根导线和电桥连接，r_{W1}和 r_{W2}分别串联在相邻的两个桥臂上，只要 $r_{W1}=r_{W2}$，温度变化时引起其阻值的变化就不会影响电桥的输出，r_{W3}串接在电桥的输出回路中，对电桥的影响可忽略不计。

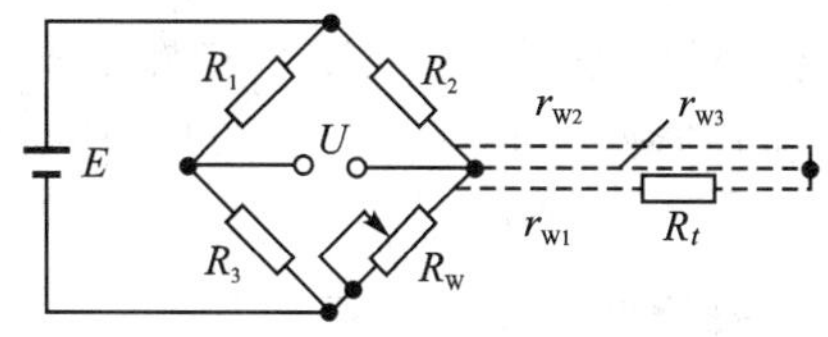

图 7－22　三线式接法

三线式接法简单可靠，具有一定的灵敏度和准确度，缺点是输出电压与热敏电阻的关系为非线性，但通过软件进行修正，该方法适合于工业在线测量。图 7－23 为三线式测温电路的实例。电路中铂热电阻 R_T 与高精度电阻 R_1～R_3 组成电桥，而且 R_3 的一端通过导线接地。r_{W1}～r_{W3}为导线的等效电阻，它们的电阻温度系数相等。放大电路采用由三运放构成的仪用放大器，输入阻抗高，共模抑制比(CMRR)大。

2. 四线式

为了提高测量精度，可以将电阻测量电路设计成四线式，如图 7－24 所示。图中 R_t 为热电阻，r_1、r_2、r_3、r_4 是导线电阻。因为电压表的内阻很大，所以 $I_V \ll I_M$，$I_V \approx 0$。

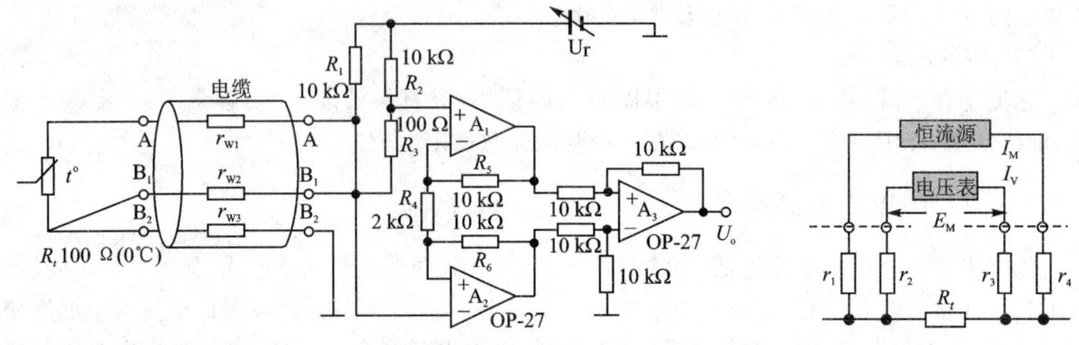

图 7－23　三线式测温电路实例　　**图 7－24　四线式测量电路**

因为电压表测得的电压为热电阻 R_t 和引线电阻 r_2、r_3 上压降的和，即

$$E_M = E + I_V(r_2 + r_3) \tag{7-26}$$

式中：E——热电阻 R_t 上的压降。所以

$$R_t = \frac{E}{I} = \frac{E_M - I_V(r_2 + r_3)}{I_M - I_V} \approx \frac{E_M}{I_M} \tag{7-27}$$

由上式可知，在四线式测量电路中，引线电阻 $r_1 \sim r_4$ 不会引起测量误差，即电压表的值 E_M 可以认为是热电阻 R_t 上的压降，据此可计算出微小温度变化。一般用于精度要求高的场合。

7.3　热敏电阻

热敏电阻是半导体热敏电阻的简称，一般是由金属氧化物陶瓷半导体材料，经成型、高温烧结等工艺制成的测温元件，还有一部分热敏电阻由碳化硅材料制成。多数热敏电阻具有负温度系数，即其阻值随温度升高而下降。热敏电阻的测量范围一般为－50～＋300 ℃（高温热敏电阻可测＋700 ℃，低温热敏电阻可测到－250 ℃），特性呈非线性，使用时一般需要线性补偿。热敏电阻在性能的一致性和互换性方面存在较大差异，使批量使用热敏电阻测温的精确性受到影响。

热敏电阻与普通电阻相比主要特点有以下几点：

- 由于有较大的电阻温度系数，因此灵敏度高，目前可测 0.001～0.000 5 ℃的温度变化；
- 根据需要可做成多种形状，直径可达 0.5 mm，由于体积小，热惯性小，响应速度快，时间常数可小到 ms 级；
- 电阻值可达 1～700 kΩ，远距离测量时可不考虑导线电阻的影响；
- 在－50～350 ℃范围内具有良好的稳定性。

热敏电阻一般不适用于高精度温度测量，但在测量温度范围较小时也可以获得较好的精度。常用于日常一体化产品如家用电器、空调、复印机等产品中。

7.3.1 热敏电阻的基本结构

热敏电阻主要由热敏探头、引线、壳体等部分组成。根据不同的使用要求，可把热敏电阻做成不同的形状和结构，如图 7－25 所示。

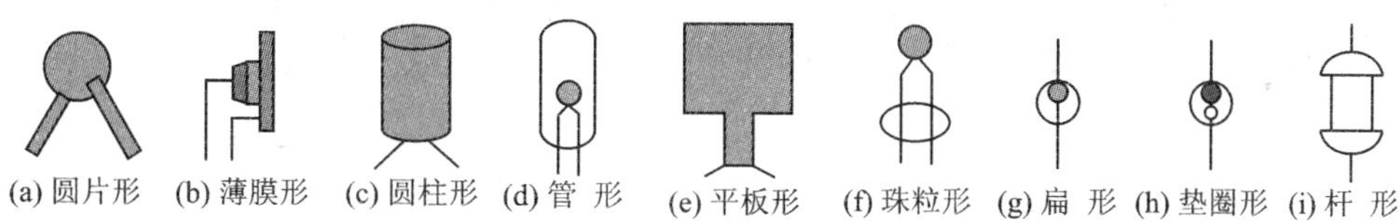

图 7－25 热敏电阻的结构形式

图中，圆柱形热敏电阻的外形与一般玻璃封装的二极管一样，这种结构生产工艺成熟，生产效率高，产量大而价格低，是热敏电阻的主流产品。珠粒形热敏电阻，由于体积小、热时间常数小，适合进行点温度测量。

7.3.2 热敏电阻的主要特性

热敏电阻主要有三种类型，即正温度系数型(PTC，Positive Temperature Coefficient)、负温度系数型(NTC，Negative Temperature Coefficient)、临界温度系数型(CTR，Critical Temperature Resistor)。它们的电阻特性如图 7－26 所示。由图可见，NTC 热敏电阻测温范围较宽，PTC 热敏电阻测温范围较窄。

1. 负温度系数(NTC)型热敏电阻

NTC 具有电阻率 ρ 随温度升高而显著减小的特性，是一种缓变型热敏电阻，可测温度范围较宽。该电阻具有较为均匀的温度感知特性。它是将负电阻温度系数很大的固体多晶半导体氧化物(如铜、铁、铝、锰、镍等氧化物)按一定比例混合后烧结制成的。通过改变其中氧化物的成分和比例，可以得到不同测温范围、阻值和温度系数的 NTC 热敏电阻。

根据半导体理论，NTC 型热敏电阻在温度为 T 时的阻值为

$$R_T = R_0 \exp\left[k\left(\frac{1}{T} - \frac{1}{T_0}\right)\right] \tag{7-28}$$

式中：T——被测温度；

T_0——参考温度；

R_0——温度为 $T_0(K)$时的热敏电阻值；

R_T——温度为 $T(K)$时热敏电阻值；

k——由实验获得的热敏电阻材料常数，通常 k 为 2 000～6 000，高温下使用时，k 值将增大。

(1) NTC 的伏安特性

图 7－27 所示是 NTC 热敏电阻的伏安特性曲线。由图可知，曲线分为三个阶段。

① 线性段

当流过 NTC 的电流极小时，电流不足以引起 NTC 发热，此时的热敏电阻相当于一个固定电阻，输出电压随电流线性增加。

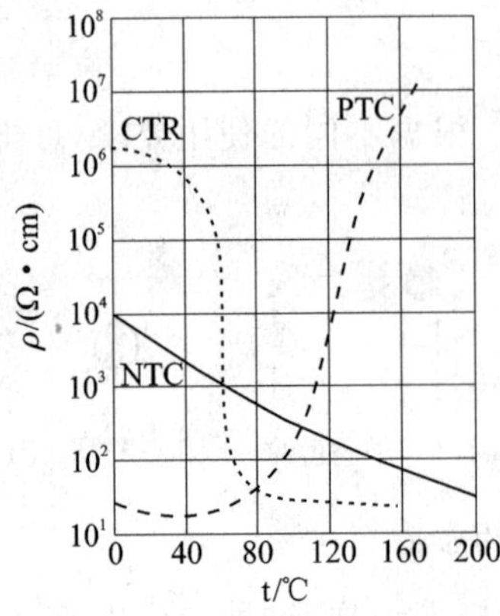

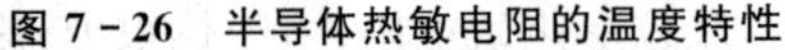

图 7-26　半导体热敏电阻的温度特性

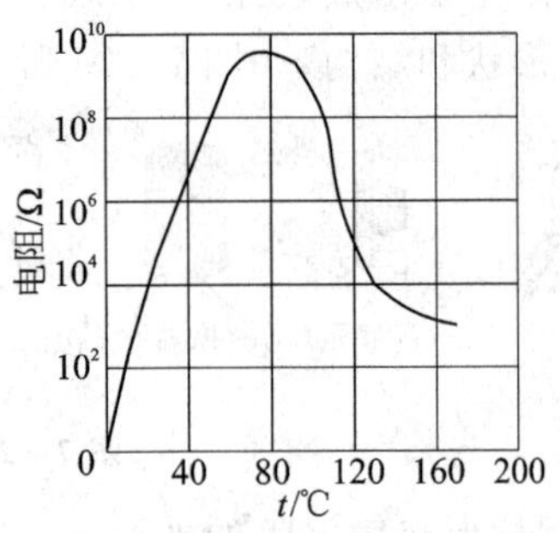

图 7-27　NTC 的伏安特性曲线

② 非线性段

随着电流增加，热敏电阻自身温度明显升高，其电阻值逐渐下降，输出电压上升逐渐减慢，呈现非线性。

③ 下降段

电流继续增加时，热敏电阻温度上升更快，阻值大幅度下降，且其下降速度超过了电流增加的速度，于是出现电压随电流的增大而降低的现象。当电流超过某一值时，热敏电阻将被烧坏。

(2) NTC 的温度系数

NTC 热敏电阻热电特性的一个重要指标是热敏电阻的温度系数 α_T，它用温度变化 1 ℃时热敏电阻阻值的相对变化量来表示，即

$$\alpha_T = \frac{1}{R_T}\frac{\mathrm{d}R_T}{\mathrm{d}T} \tag{7-29}$$

由式(7-29)得

$$\alpha_T = -\frac{k}{T^2} \tag{7-30}$$

由此可见，热敏电阻的温度系数不是常数，随温度降低而迅速增大。热敏电阻的测温灵敏度比金属热电阻高得多。例如，当 $k=3\,400$ K，$T=293.15$ K 或 20 ℃时，其温度系数约为铂电阻的 10 倍。由于温度变化引起的阻值变化大，因此测量时引线的电阻影响小；并且热敏电阻的体积小，非常适合微弱温度变化的测量。

由于热敏电阻输出的非线性严重，实际使用时对其进行线性化处理，使输出电压与被测温度基本呈线性关系。图 7-28 所示为一种简单的热敏电阻线性化电路，在测量范围不大时可获得较满意的结果。

2. 正温度系数(PTC)型热敏电阻

它是由在 $BaTiO_3$ 和 $SrTiO_3$ 为主的成分中加入少量 Y_2O_3 和 Mn_2O_3 构成的烧结体。其特性曲线随温度升高而阻值增大，其色标标记为红色。PTC 热敏电阻又分为突变型和缓变型。突变型(开关型)正温度系数热敏电阻在居里点附近阻值发生突变，有斜率最大的区段。通过成分配比和添加剂的改变，可使其斜率最大的区段处在不同的温度范围内。例如加入适量铅，

其居里温度升高；若将铅换成锶，其居里温度下降。$BaTiO_3$的居里点为120 ℃，因此习惯上讲120 ℃以上的称为高温PTC；反之，称为低温PTC。

突变型热敏电阻的温度范围较窄，一般用于恒温控制或温度开关；缓变型热敏电阻可用于温度补偿或简单的、没有精度要求的温度测量。

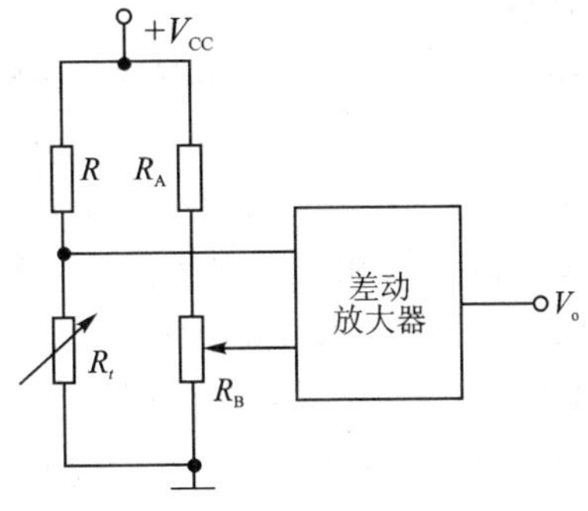

图7-28　热敏电阻线性化电路

3. 临界温度系数(CTR)型热敏电阻

如果V、Ge、W、P等氧化物在弱还原气氛中形成半玻璃状烧结体，还可以制成临界型(CTR)热敏电阻，它是负温度系数型，但在某个温度范围内阻值急剧下降，曲线斜率在此区段特别陡峭，灵敏度高，其色标标记为白色。此特性可用于自动控温和报警电路中。

4. 热敏电阻的主要参数

- 标称阻值 R_H：又称冷电阻，指在(25±0.2) ℃、零功率时的阻值。
- 材料常数 k：表征负温度系数(NTC)热敏电阻器材料的物理特性常数。k值取决于材料的激活能 ΔE，它们之间满足下面的函数关系式：

$$B_N = \frac{\Delta E}{k}$$

- 温度系数 α：热敏电阻的温度每变化1 ℃时电阻值的变化率叫做热敏电阻的电阻温度系数，即

$$\alpha = \frac{\Delta R/R}{\Delta T}$$

- 散热系数 H：又称耗散系数，指自身发热使温度比环境温度高出1 ℃所需的功率。
- 时间常数 τ：将热敏电阻在温度为 t_0 的环境稳定地移入温度为 t 的环境中，热敏电阻的温度升高 $0.632(t-t_0)$ 所需的时间。
- 最高工作温度 T_{max}：热敏电阻器在规定的技术条件下长期连续工作允许的最高温度。

7.4　热电式传感器的应用

7.4.1　流程控制

1. 石油化工

能源与环境问题的日益重要使氢能利用的重要性日渐明显。但氢气是易燃物质，当空气中氢气的体积分数为4%～75%时，遇到明火就会发生爆炸。高性能氢气传感器的开发是氢能利用的重要前提和保障。传统的氢气传感器存在很多不足，如对其他可燃气体具有广谱响应、体积和质量大、结构复杂、工作温度高、性能不稳定等。近来开发出一种新型的氢气传感器——热电薄膜氢气传感器，这种氢气传感器具有气体选择性佳、结构简单、灵敏度高、性能稳

定等特点，因而备受关注。

图 7－29 所示为热电薄膜氢气传感器核心部件的结构。热电薄膜氢气传感器是将半导体材料的 Seeback 效应和氢气在 Pt 催化剂作用下的氧化放热反应相结合，由温差电势信号得到环境中的氢气浓度。但其仍未解决传统的氢气传感器工作温度高的缺陷，使用时须在结构中安装加热器来获得理想的工作温度。

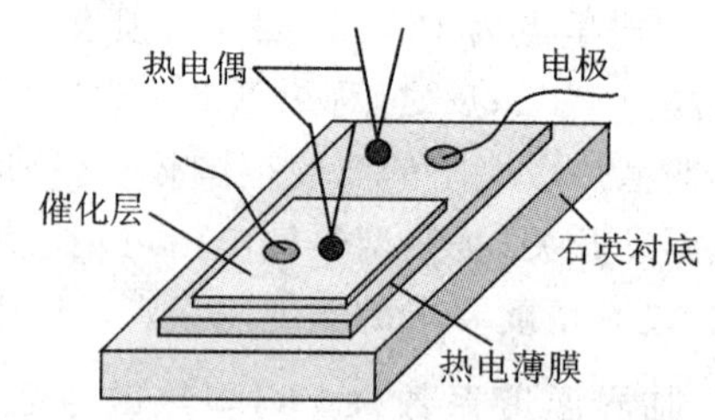

图 7－29　热电薄膜氢气传感器核心部件的结构

2. 食品行业

随着国家对药品、食品安全的重视，以及人民生活水平的提高，食品、药品等物品的冷藏存储、运输工作已经越来越受到政府和民众的关注，对温度冷链物流全程的监测与控制也产生了迫切的需求。现有的温度监控手段陈旧，可行性差，耗费人工成本较高，数据导出的工作量大，缺乏全面监控的可操作性。

目前，在监测生鲜食品质量和药品的物流管理以及生产流程管理中采用一种 RFID 温度标签技术，将温度变化记录在“带温度传感器的 RFID 标签”中，对产品的生鲜度、品质进行细致地、实时地管理，以简单、轻松地解决食品、药品流通过程中的变质问题。

图 7－30 所示为其系统功能图。RFID 冷链温度标签是一种智能化产品，实现无人监守、无线传感、智能记录，产品具备高稳定性和抗干扰性，全部按照工业等级标准进行设计生产。充分考虑冷链行业的低温、冷凝水雾环境要求，产品可以抗低温、水环境，并拥有很高的灵敏度。带温度传感器的 RFID 标签和专业的手持终端（温度标签数据采集器）一起作为套餐提供

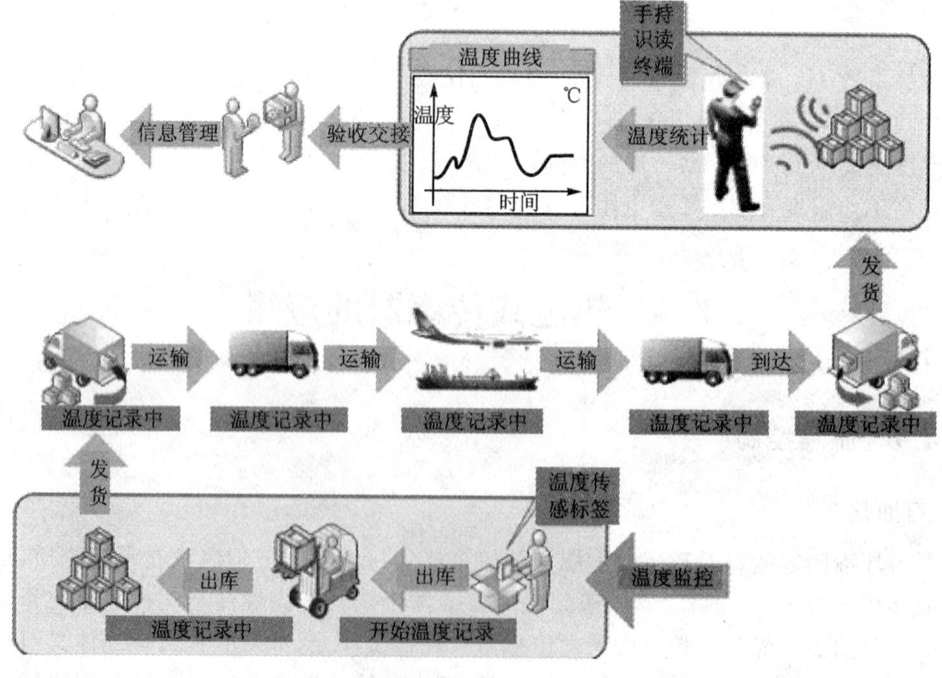

图 7－30　系统功能图

给用户，操作异常简单。RFID 标签可重复使用，内置高能锂电池供电，电池寿命长(3 年)，而且 RFID 存储量大，操作简便，远距离读写(最远 30 m)，不需人工干预，不需脱离物品。RFID 标签提供了 ID 码，同时可以关联记录冷藏车车牌号和货物标识，可连续记录温度数据，有准确时间记录，容易责任界定，方便信息追溯，可以快捷地把握生鲜度管理中最重要的运输途中的温度状况，促进流通过程中生鲜度管理的改善(改善出货方法、选定物流路线)。更可以与 GPS 联合使用，准确记录行车路线，可以配合 GIS 系统，合理调配冷链资源。

7.4.2　家用电器

现在广泛用于家电的一种传感器是非接触式红外温度传感器，又称热电堆，主要应用于空调、微波炉、烘干机、干衣机或需要确定房间内某指定区域温度的场所。

图 7－31 所示为热电堆示意图。热电堆的原理是塞贝克效应。它是将两种导电材料以一个接触点设计成导电线路。受外界影响，在这个接触点(热接点)和开口端(冷接点)之间产生温差，并且在热电偶的两端形成电压。采用 MEMS 技术，将热接点设在 1 μm 的膜片上，用来隔热，而冷接点则设置在芯片的三框架上，以便能保持在环境温度。通过在热接点的顶端放置吸收器，将被测物体的红外辐射转化为热能，造成温差。根据生成的电压计算出温差，再加上测出的环境温度(包括传感器的温度)，从而确定被测物体表面的温度。

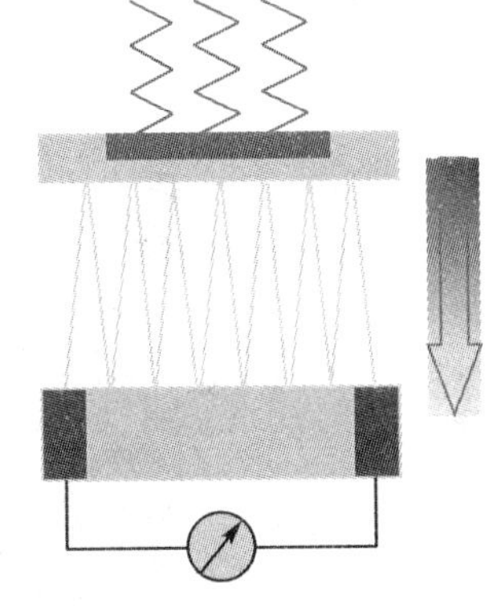

图 7－31　热电堆示意图

7.4.3　汽车电子

在混合动力/电动汽车中用到的传感器主要包括检测电池温度的传感器、监测电机的温度传感器，以及用于电池冷却系统的温度传感器等。混合动力/电动汽车的电池只有在精确定义的工作温度下才能提供最佳的能量输出，因此要求对电池温度进行可靠地监控和调节，以防止电池出现过热现象，最大限度地延长其工作寿命，目前大多数混合动力/电动汽车的电池设计都会采用 NTC 温度传感器，以便测量其温度。图 7－32 所示为混合动力/电动汽车电池均衡方案。

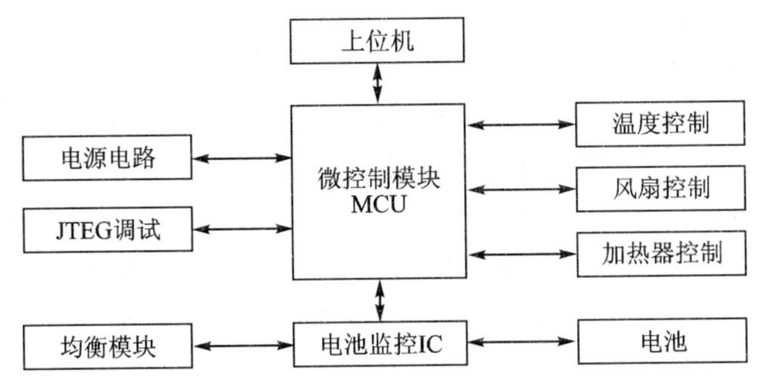

图 7－32　电池均衡方案

电动马达也是混合动力/电动汽车的另一个基本元件。为了确保马达的长寿命和发挥其

最佳性能，电动马达的温度也需要持续受到监控，尽可能精确地在温度高于 140 ℃的范围内工作，因而确定定子绕组的温度也是至关重要的，这是使马达可以在免受过热风险的情况下充分利用全部优势的唯一方法。为了测量定子的温度，还要求传感器应便于安装，且要确保传感器在安装和操作过程中免受机械压力的影响及具有高介电强度，后者可防止驱动器电流电路到测量电流电路之间产生飞弧现象。

7.4.4 空调系统

随着城市交通的发展，地铁在人们的生活中发挥着越来越重要的作用，地铁也因其快速、便捷、舒适的特点成为短距离出行的首选交通方式。相对于其他地面交通而言，由于地铁处于地下空间，整体较封闭，通风透气性差且人流量大，因此控制好站内的温湿度及通风状况处于人体适宜条件下尤为重要。图 7－33 所示为地铁内部环境。

图 7－33 地铁内部环境

出于对地铁温湿度、通风及消防安全等因素考虑，地铁中通常装有一套空调通风系统，目前最常用的是屏蔽门式系统。在该系统中，通常由温湿度传感器对环境的温度和空气湿度进行监测，将数据反馈到控制中心并由控制端发出指令，控制车站内空调温控和通风设备的工作状况。控制中心能根据温湿度传感器发回的数据，对车站的人流量和空气条件进行判断，在人流量较大和温度较高时，适当增加空调系统的工作频率和适当延长工作时间，而在人流量少的时段或者站台，则不需要长时间开启温度和通风设备。通过温湿度传感器对环境温湿度的监测，合理控制空调通风系统相关设备工作状态，不仅能保证地铁站舒适的环境状况，还能避免能源浪费，起到节能省电的作用。

7.4.5 医疗卫生

数字湿度/温度集成式传感器在专用医疗设备上有着特殊的用途。美国一家公司采用激光裁剪工艺，热固性聚合物电容检测元件开发的数字湿度/温度传感器系列，具有多层结构，适合大多数恶劣的应用环境，产品能够直接安装在空气流经处，可监测并控制气流的温度和湿度。在 CPAP 机、呼吸机及其他呼吸设备(如睡眠呼吸机和麻醉机)等医疗应用中，能同时精确地监控和管理温度以及湿度检测。在过去，实现这两种检测需要在单个电路板上安装两种不同的传感器以及所有必需的电子设备，然后在单元周围进行封装，数字/温度传感器只需要在相对湿度系列产品中将温度传感器和湿度传感器组合在一个封装内，使设计工程师能够使用单个包含所有信息、程序及 I/O(输入/输出)的预认证传感器组件。

2013 年末，一名 75 岁的法国男子成为世界首例接受人工心脏移植的患者。在生物材料和多种传感器技术的支持下，这颗人造心脏帮助他重新恢复自己进食等基本生活能力。Google 旗下的先进技术项目部，正联合英国智能医疗设备公司 Proteus 在研制一款新型可穿戴设备“智能药丸(SmartPills)”，可在服用者肠胃中检测各项身体数据。这些面积只有 1 mm^2 的药丸，集成微型无线发射器和传感器。使用时，智能药丸通过食道进入人体胃部，其本身不携带最易使电子设备体积变大的电池。另外，考虑到金属电池一般对身体有害，科学家把胃液作为电解质溶液用于发电。待到药衣被胃液融化，传感器就能和胃酸发生化学反应提供电能，以供传感器进行记录运算和无线传感器收发信息。图 7-34 所示为手术中使用的心脏。

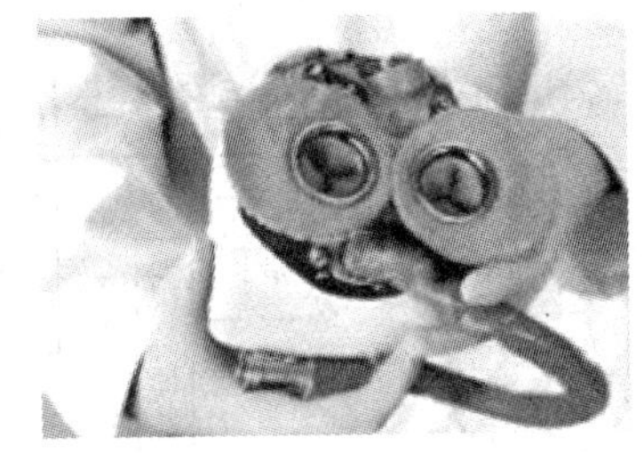

图 7-34 手术使用的心脏

7.4.6 测量与计量

1. 交流电压测量

在电压测量技术中，有时要求测量非正弦波电压有效值，进行波形换算较麻烦，另外对有些非正弦波的测量，如噪声电压的测量、失真度的测量等，若采用均(峰)值电压表测量，则难以换算为有效值。另外均(峰)值电压表检波为二极管检波，由于检波二极管的非线性及其频率特性等因素，致使 AC/DC 转换精度和频率范围都受到一定限制。而用温度传感器进行检波的交流电压测量电路，可克服上述检波器的不足。图 7-35 所示为用温度传感器进行检波的原理电路，又称转换型有效值检波器。

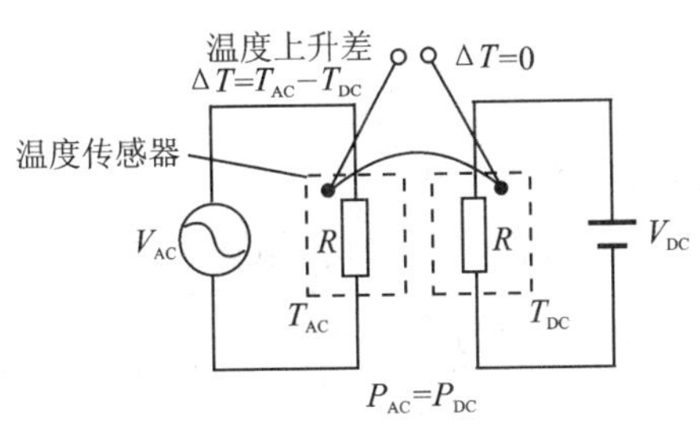

图 7-35 热转换型 AC/DC 转换原理

2. 多点温度测量系统

单总线技术是美国 Dallas 半导体公司近几年推出的新技术。它将地址线、数据线、控制线合为 1 根信号线，允许在这根信号线上挂接百个单总线芯片。图 7-36 所示为系统的硬件结构框图。该系统由五部分组成，核心器件是 AT89C2051。AT89C2051 是一种带 2 KB 闪烁可编程可擦除只读存储器的单片机，单片机的可擦除只读存储器可以反复擦除 100 次。

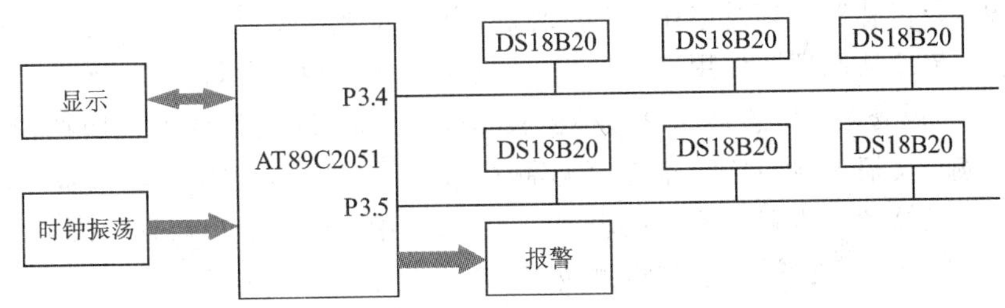

图 7-36 单总线多点温度测量系统

温度采集使用的是 Dallas 公司生产的芯片 DS18B20。DS18B20 有 4 个主要的数字部件：

① 64位激光ROM，用于存储器件特有的序列号；② 两个温度系数不同的温度振荡器，低温度系数的振荡器相当于标尺，高温度系数的振荡器相当于测温元件；③非易失性EEPROM存储器；④ 暂存器。图7-37所示为其内部结构图。

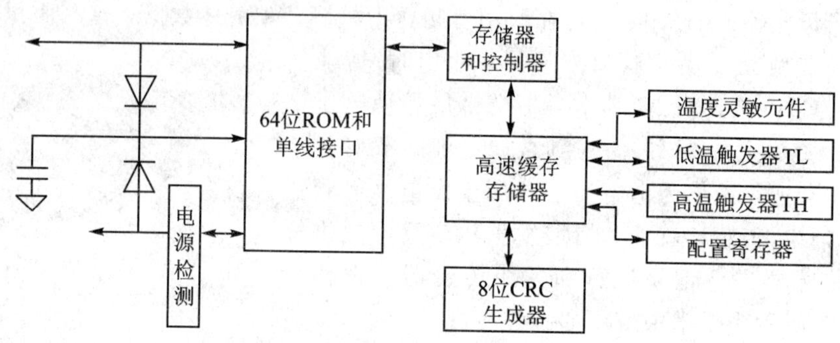

图7-37　DS18B20的内部结构

课后习题

1. 什么是热电势、接触电势和温差电势？

2. 简述热电偶的基本定律。

3. 分析热电阻传感器测量电桥之三线、四线连接法的主要作用。

4. 铂电阻温度计在100 ℃时电阻值为139 Ω，当它与热物体接触时，电阻值增至281 Ω，试确定气体的温度。设0 ℃时的电阻值为100 Ω。

5. 试比较热电阻与热敏电阻的异同。

参考文献

[1] 李晓莹. 传感器与测试技术[M]. 北京：高等教育出版社，2005.

[2] 梁福平. 传感器原理及检测技术[M]. 武汉：华中科技大学出版社，2010.

[3] 林春方. 传感器原理及应用[M]. 合肥：安徽大学出版社，2004.

[4] 苏家健. 自动检测与转换技术[M]. 北京：电子工业出版社，2009.

[5] 刘振廷. 传感器原理及应用[M]. 西安：西安电子科技大学出版社，2011.

[6] 朱蕴璞. 传感器原理及应用[M]. 北京：国防工业出版社，2005.

[7] 刘伟. 传感器原理及使用技术[M]. 北京：电子工业出版社，2009.

[8] 潘雪涛，温秀兰. 传感器原理与检测技术[M]. 北京：国防工业出版社，2010.

[9] 施湧潮，梁福平，牛春晖. 传感器检测技术[M]. 北京：国防工业出版社，2006.

[10] 李军，贺庆之. 检测技术及仪表[M]. 北京：中国轻工业出版社，1999.

[11] 周景润，郝晓霞. 传感器与检测技术[M]. 北京：电子工业出版社，2009.

[12] 刘爱华，满宝元. 传感器原理及应用技术[M]. 北京：人民邮电出版社，2010.

[13] 张建松，黄琥，栾伟玲，等. 用于新型热电薄膜氢气传感器的负载型Pt催化剂[J]. 石油化工，2006，35(12)：1145-1150.

[14] 精量电子深圳有限公司. 热电堆传感器在家用电器中的应用[J]. 研究·探讨，2007,6(6)：47-48.

[15] 田德永. 数字温度传感器在医疗行业中的应用[J]. 行业资讯，2014,33(4)：83-84.

[16] 陈忠华，陈忠军. 温度传感器在交流电压测量中的应用[J]. 基础自动化，2000,7(4)：59-60.

[17] 袁新娣，杨汉祥. 单总线温度传感器在多点温度测量系统中的应用[J]. 科技广场，2009,3(3)：189-191.

推荐书单

潘雪涛，温秀兰. 传感器原理与检测技术[M]. 北京：国防工业出版社，2010.

第 8 章　半导体传感器

半导体传感器是利用半导体材料易受外界条件影响的物理特性制成的传感器,其种类繁多,它利用近百种物理效应和材料的特性,具有类似于人眼、耳、鼻、舌、皮肤等多种感觉功能。

它的优点是灵敏度高,响应速度快,体积小,质量轻,便于集成化、智能化,能使检测转换一体化。半导体传感器的主要应用领域是工业自动化、遥测、工业机器人、家用电器、环境污染监测、医疗保健、医药工程和生物工程。半导体传感器按输入信息分为物理敏感、化学敏感和生物敏感半导体传感器三类。

8.1　霍尔传感器

霍尔传感器是根据霍尔效应制作的一种磁场传感器。霍尔效应是磁电效应的一种,这一现象是霍尔(A. H. Hall,1855—1938)于 1879 年在研究金属的导电机构时发现的。后来发现半导体、导电流体等也有这种效应,而半导体的霍尔效应比金属强得多,利用这现象制成的各种霍尔元件,广泛地应用于工业自动化技术、检测技术及信息处理等方面。霍尔效应是研究半导体材料性能的基本方法。通过霍尔效应实验测定的霍尔系数,能够判断半导体材料的导电类型、载流子浓度及载流子迁移率等重要参数。

8.1.1　霍尔效应和霍尔传感器

1. 霍尔效应

如图 8-1 所示,一块半导体薄片,其长度为 l,宽度为 b,厚度为 d,置于磁感应强度为 B 的磁场中,如果在其相对的两边通入电流 I,且电流与磁场垂直,则在半导体的两边将会产生一个电势差 U_H,这种现象就是霍尔效应,产生的电势差称为霍尔电压。利用霍尔效应制成的元件称为霍尔元件。半导体长度方向上的两个金属电极称为控制电极(或输入电极),沿该方向流动的电流 I 称为控制电流;宽度方向上的两个电极称为霍尔电极(或输出电极)。

霍尔效应是半导体中的自由电荷在磁场中受到洛伦兹力作用而产生的。

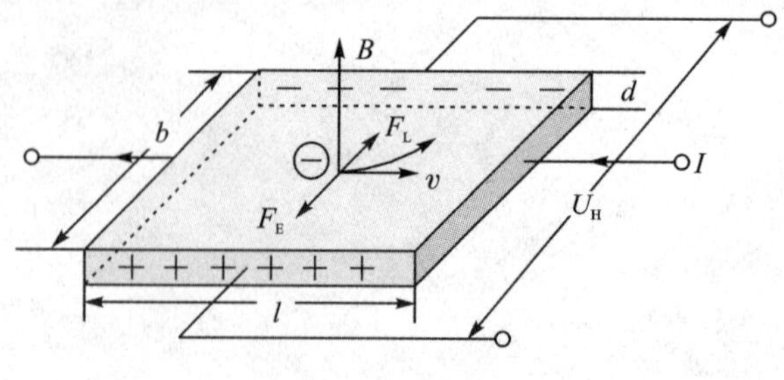

图 8-1　霍尔效应

若图 8－1 中的半导体材料为 N 型半导体，导体的载流子是电子，则当半导体中通以电流 I 时，在磁场作用下，电子将受到洛伦兹力 F_L 的作用，方向如图 8－1 中所示，其大小为

$$F_L = qvB \tag{8-1}$$

式中：q——载流子电荷；

v——载流子的运动速度；

B——磁感应强度。

在洛伦兹力的作用下，电子向一侧偏转，使该侧形成负电荷的积累，另一侧则形成正电荷的积累。这样，前、后两端面因电荷积累而建立了一个电场 E_H，称为霍尔电场。该电场对电子的作用力与洛伦兹力的方向相反，即阻止电荷的继续积累。当电场力与洛伦兹力相等时，达到动态平衡，这时有

$$qE_H = qvB$$

霍尔电场的强度为

$$E_H = vB \tag{8-2}$$

所以，霍尔电压 U_H 可表示为

$$U_H = E_H b = vBb \tag{8-3}$$

当材料中的载流子浓度为 n 时，由电流强度的定义，控制电流 I 可表示为

$$I = \frac{\mathrm{d}Q}{\mathrm{d}t} = bdvnq$$

即

$$v = \frac{I}{nqbd} \tag{8-4}$$

将式(8－4)代入式(8－3)得

$$U_H = \frac{1}{nqd} IB \tag{8-5}$$

取 $R_H = \frac{1}{nq}$，则式(8－5)可写成

$$U_H = R_H \frac{IB}{d} \tag{8-6}$$

R_H 被定义为霍尔元件的霍尔系数。显然，霍尔系数由半导体材料的性质决定，它反映材料霍尔效应的强弱。

设

$$K_H = \frac{R_H}{d} \tag{8-7}$$

则式(8－6)可写成

$$U_H = K_H IB \tag{8-8}$$

K_H 为霍尔元件的灵敏度，它表示一个霍尔元件在单位控制电流和单位磁感应强度时产生的霍尔电压的大小，单位是 V/(A · T)。

霍尔元件灵敏度 K_H 不仅取决于载流体材料的性质，而且取决于它的几何尺寸，即

$$K_H = \frac{1}{nqd} \tag{8-9}$$

由式(8－3)可以看出，霍尔电压的大小取决于载流体中电子的运动速度，它随载流体材料的不同而不同。材料中电子在电场作用下运动速度的大小常用载流子迁移率来表征。所谓载流子迁移率，是指在单位电场强度作用下，载流子的平均速度值，即

$$\mu = \frac{v}{E_I} \tag{8-10}$$

式中：μ——载流子迁移率；

E_I——两个控制电极端面之间的电场强度，它是由外加电压 U 产生的，即 $E_I=U/l$。

因此可以把电子运动速度表示为

$$v = \frac{\mu U}{l} \tag{8-11}$$

代入式(8-3)得

$$U_H = \frac{\mu U}{l} bB \tag{8-12}$$

由式(8-6)可以得到

$$U_H = R_H \frac{IB}{d} = \frac{R_H B}{d} \cdot \frac{U}{R} = \frac{R_H B}{d} \cdot \frac{U}{\rho l / bd} = \frac{R_H BUb}{\rho l} \tag{8-13}$$

式中：ρ——载流体的电阻率。

比较式(8-12)和式(8-13)，可得出 ρ 与霍尔系数 R_H 和载流子迁移率 μ 之间的关系为

$$R_H = \rho\mu \tag{8-14}$$

通过以上分析，可以得到以下几点：

① 若为 P 型半导体，其载流子是空穴，空穴浓度为 p，同理可得

$$U_H = \frac{IB}{ped} \tag{8-15}$$

② 霍尔电压 U_H 与材料的性质有关。

根据式(8-14)，材料的 ρ、μ 大，R_H 就大。虽然金属的 μ 很大，但 ρ 很小，不宜做成霍尔元件；绝缘材料的 ρ 很高，但 μ 很小，也不能做霍尔元件。故霍尔传感器中的霍尔元件都是由半导体材料制成的。

在半导体材料中，由于电子的迁移率比空穴的大，所以霍尔元件一般采用 N 型半导体材料。

③ 霍尔电压 U_H 与元件的尺寸有关。

根据式(8-7)，d 愈小，K_H 愈大，霍尔元件灵敏度愈高，所以霍尔元件的厚度都比较薄，薄膜霍尔元件的厚度只有 1 μm 左右。但 d 过小，会使元件的输入、输出电阻增加。

从式(8-12)还可发现，元件的长度比 l/b 对 U_H 也有影响。前面的公式推导都是以半导体内各处载流子作平行直线运动为前提的，这种情况只有在 l/b 很大时才成立。由于控制电极对内部产生的霍尔电压有局部短路作用，在两控制电极的中间处测得的霍尔电压最大，离控制电极很近的地方，霍尔电压下降到接近于零。为了减少短路影响，l/b 要大一些，一般 $l/b=2$。但如果 l/b 很大，反而会使输入功耗增加，从而降低元件的输出。

④ 霍尔电压 U_H 与控制电流及磁场强度有关

根据式(8-8)，U_H 正比于 I 和 B。当控制电流恒定时，B 愈大，则 U_H 愈大；当磁场改变方向时，霍尔电场也改变方向。同样，当磁场感应强度恒定时，增加控制电流，也可以提高霍尔电压的输出。

2. 霍尔元件

霍尔元件结构如图 8-2 所示，从矩形半导体基片长度方向上的两端面引出一对电极 a 和

b，用于施加控制电流，称为控制电极。在与这两个端面垂直的另两侧端面引出电极 c 和 d，用于输出霍尔电势，称为霍尔电极。在基片外面用金属或陶瓷、环氧树脂等封装作为外壳。

霍尔电极在基片上的位置及它的宽度 b 对霍尔电势数值影响很大。通常霍尔电极位于基片长度的中间，其宽度 b 远小于基片的长度 l，要求 $l/b>10$，如图 8-3 所示。

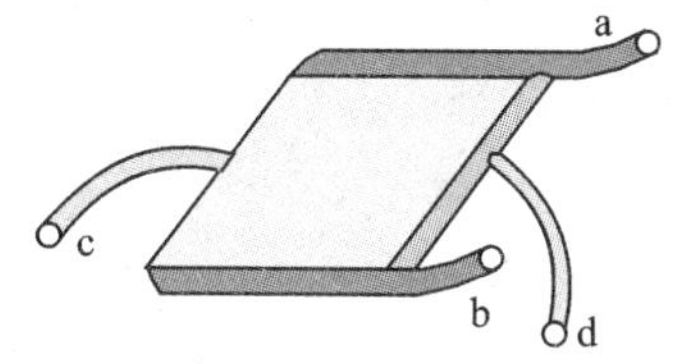

图 8-2　霍尔元件

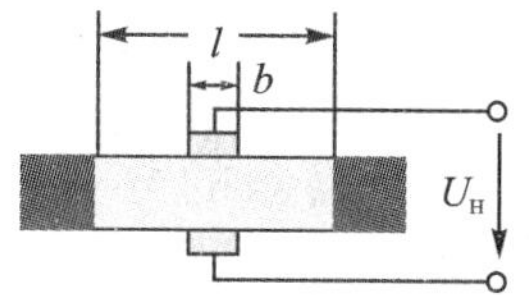

图 8-3　霍尔电极的位置

目前最常用的霍尔元件材料是锗(Ge)、硅(Si)、锑化铟(InSb)、砷化铟(InAs)、砷化镓(GaAs)和不同比例亚砷酸铟和磷酸铟组成的 $In(As_yP_{1-y})$ 型固溶体(其中 y 表示百分比)等半导体材料。其中 N 型锗容易加工制造，其霍尔系数、温度性能和线性度都较好。N 型硅的线性度最好，其霍尔系数、温度性能与 N 型锗相同。锑化铟对温度最敏感，尤其在低温范围内温度系数大，但在室温时其霍尔系数较大。砷化铟的霍尔系数较小，温度系数也较小，输出特性线性度好。$In(As_yP_{1-y})$ 型固溶体的热稳定性最好。砷化镓的温度特性和输出特性好，但价格较高。不同材料适合于不同的要求和应用场合，锑化铟适用于作为敏感元件，锗和砷化铟霍尔元件适用于测量指示仪表，N 型硅可将霍尔元件与集成电路制作在一起。图 8-4 所示为霍尔元件符号。

霍尔元件的测量电路很简单，如图 8-5 所示。控制电流 I 由电压源提供，其大小由可变电阻 R_P 调节。霍尔电势 U_H 加在负载电阻 R_L 上，R_L 代表测量放大电路的输入电阻。

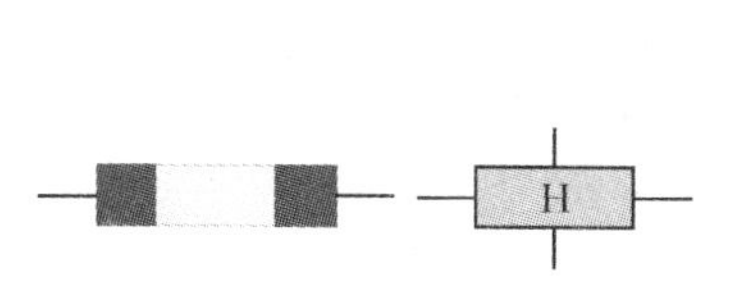

图 8-4　霍尔元件符号

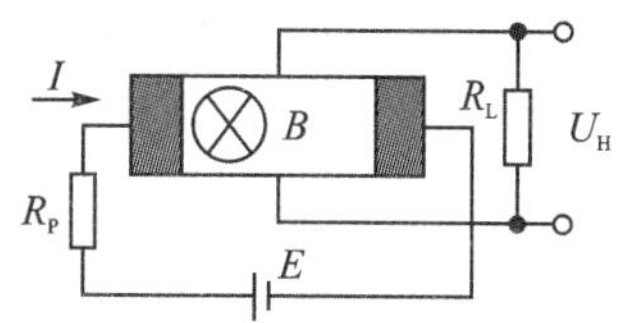

图 8-5　霍尔元件的测量电路

3. 霍尔传感器

由于霍尔元件产生的电势差很小，因此通常将霍尔元件与放大器电路、温度补偿电路及稳压电源电路集成在一个芯片上，称之为霍尔传感器。霍尔传感器也称为霍尔集成电路，其外形较小，图 8-6 所示为某种型号的霍尔传感器的外形图。

图 8-6　霍尔传感器外形图

国产霍尔元件型号命名方法如图 8-7 所示。

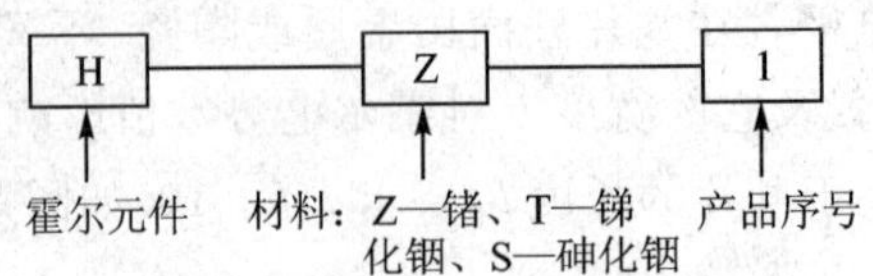

图 8-7　霍尔元件的命名方法

8.1.2　霍尔传感器的分类与特性

1. 霍尔传感器的分类

霍尔传感器分为线性型霍尔传感器和开关型霍尔传感器两种。

- 线性型霍尔传感器由霍尔元件、线性放大器和射极跟随器组成，它输出模拟量。
- 开关型霍尔传感器由稳压器、霍尔元件、差分放大器，斯密特触发器和输出级组成，它输出数字量。

2. 霍尔传感器的特性

(1) 线性型霍尔传感器的特性

输出电压与外加磁场强度呈线性关系，如图 8-8 所示，可见，在 $B_1 \sim B_2$ 的的磁感应强度范围内有较好的线性度，磁感应强度超出此范围时则呈现饱和状态。

(2) 开关型霍尔传感器的特性

如图 8-9 所示，其中 B_{np} 为工作点“开”的磁感应强度，B_{rp} 为释放点“关”的磁感应强度。当外加的磁感应强度超过动作点 B_{np} 时，传感器输出低电平，当磁感应强度降到动作点 B_{np} 以下时，传感器输出电平不变，一直要降到释放点 B_{rp} 时，传感器才由低电平跃变为高电平。B_{np} 和 B_{rp} 之间的滞后使开关动作更为可靠。

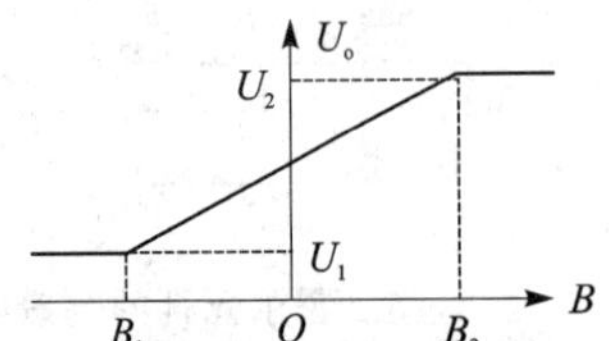

图 8-8　线性型霍尔传感器的特性曲线

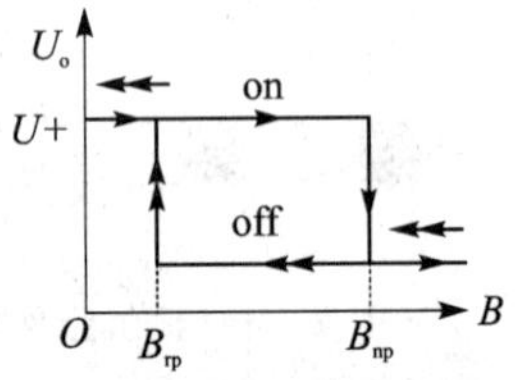

图 8-9　开关型霍尔传感器的特性

另外还有一种“锁键型”（或称“锁存型”）开关霍尔传感器，其特性如图 8-10 所示。

当磁感应强度超过动作点 B_{np} 时，传感器输出由高电平跃变为低电平，而在外磁场撤消后，其输出状态保持不变（即锁存状态），必须施加方向磁感应强度达到 B_{rp} 时，才能使电平产生变化。图 8-11 所示为用霍尔元件测电流工作原理示意图。

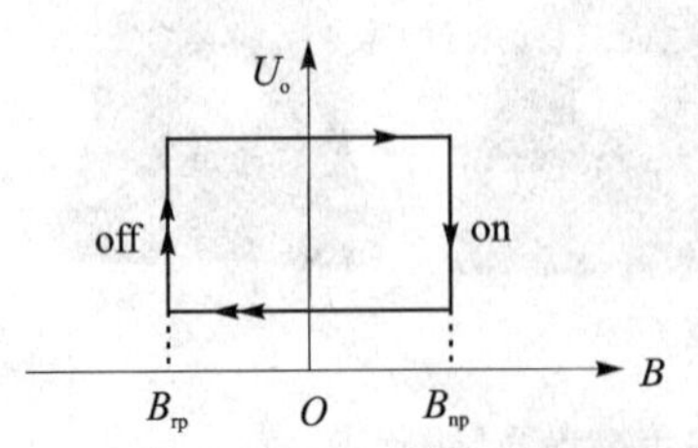

图 8-10　“锁存型”开关型霍尔传感器

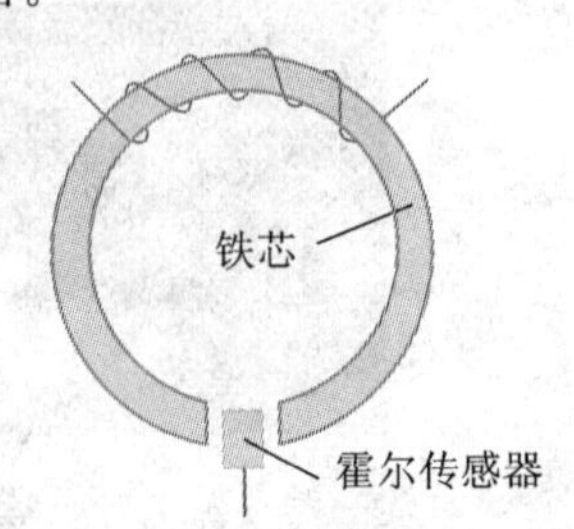

图8-11　霍尔电流传感器工作原理

8.1.3　测量误差与补偿方法

在实际应用时，霍尔元件存在多种影响其测量精度的因素，但造成测量误差的主要因素有两类：一类是半导体的固有特性；另一类为半导体制造工艺的缺陷，表现为零位误差和温度引起的误差。

1. 不等位电势及其补偿

霍尔元件的零位误差包括不等位电势、寄生直流电势和感应零电势，其中不等位电势 U_0 是最主要的零位误差，如图 8 - 12(a)所示。要降低 U_0 除了在工艺上采取措施以外，还需采用补偿电路加以补偿。

霍尔元件是四端元件，还可以等效为一个四臂电桥，如图 8 - 12(b)所示。其中 A、B 为霍尔电极，C、D 为激励电极，电极分布电阻分别用 R_1、R_2、R_3、R_4 表示，把它们看作电桥的四个桥臂。因此，所有能使电桥达到平衡的方法都可用于补偿不等位电势。

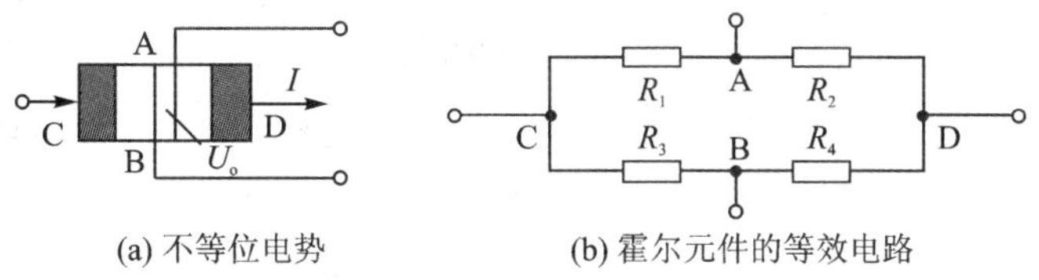

图 8 - 12　霍尔元件的不等位电势和等效电路

对霍尔元件的不等位电势的几种补偿电路如图 8 - 13 所示，图 8 - 13(a)是不对称补偿电路，这种电路结构简单、易调整，但工作温度变化后原补偿关系遭到破坏；图 8 - 13(b)、(c)是对称电路，因而在温度变化时补偿的稳定性要好一些，但这种电路减小了霍尔元件的输入电阻，增大了输出功率，降低了霍尔电势的输出。图 8 - 13(d)可用于交流供电的情况。

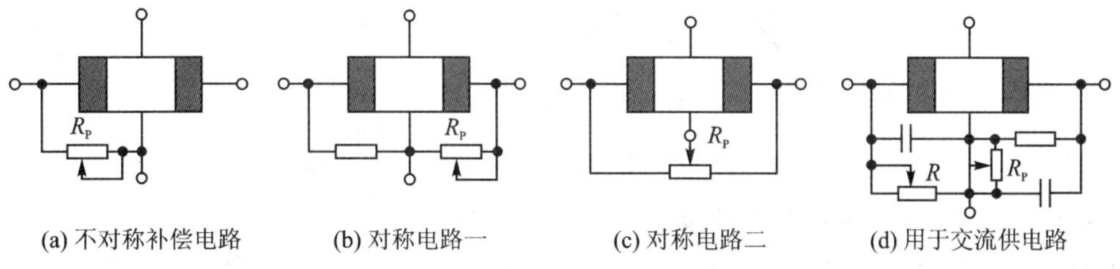

图 8 - 13　不等位电势补偿电路

2. 温度误差及其补偿

半导体材料的电阻率、迁移率和载流子浓度等都随温度变化，霍尔元件同一般半导体器件一样，对温度的变化很敏感，霍尔元件的性能参数如输入电阻、输出电阻、霍尔电势等都会随温度变化，这将给测量带来较大误差。为了减小由于温度影响带来的测量误差，除选用温度系数小的元件或采取恒温措施外，还可以采用适当的方法进行补偿。

(1) 采用恒流源供电和输入回路并联电阻

采用恒流源提供恒定的控制电流可以减小温度误差，但元件的霍尔灵敏度系数 K_H 也是温度系数，对于具有正温度系数的霍尔元件，可在元件控制极并联分流电阻 R_0 来提高 U_H 的温度稳定性，如图 8－14 所示。设 β 为霍尔元件输入电阻 r_0 的温度系数；α 为霍尔灵敏度系数 K_{H0} 的温度系数。选择合适的补偿分流电阻 R_0，使 $R_0=\beta r_0/\alpha$，则由于温度引起的误差可降至极小而不影响霍尔元件的其他性能。

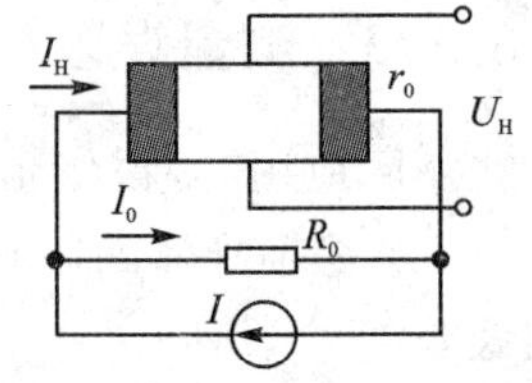

图 8－14　温度补偿电路

(2) 采用温度补偿元件(如热敏电阻、电阻丝等)

对于霍尔系数 R_H 随温度上升而减小的元件，可采用恒压源供电，在输入回路中串联一个负温度系数的热敏电阻 R_t，或并联一个正温度系数电阻丝。当温度升高时，R_t 阻值减小，控制电流增大，从而使温度误差得到补偿，如图 8－15(a)、(b)、(c)所示，其中霍尔元件为锑化铟，其霍尔输出具有负温度系数。图 8－15(d)所示为补偿霍尔输出具有正温度系数的温度误差。在装配时，热敏电阻应和霍尔元件尽量靠近封装在一起，以使它们的温度变化一致。

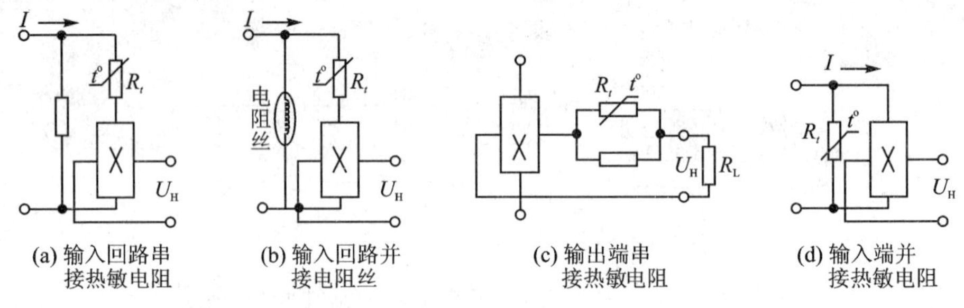

图 8－15　采用热敏元件的温度误差补偿电路

(3) 合理选取负载电阻 R_L 的阻值

霍尔元件的输出电阻 R_o 和霍尔电动势 U_H 都是温度的函数(设为正温度系数)，当霍尔元件接有 R_L 时，在 R_L 上的电压为

$$U_L=\frac{R_L U_{H0}[1+\alpha(t-t_0)]}{R_L+R_{o0}[1+\beta(t-t_0)]} \tag{8-16}$$

为了负载上的电压不随温度变化，应使 $dU_L/d(t-t_0)=0$，即

$$R_L=R_{o0}\left(\frac{\beta}{\alpha}-1\right) \tag{8-17}$$

式中：R_{o0}——温度为 t_0 时霍尔元件输出电阻。

可采用串、并联电阻的方法使上式成立来补偿温度误差，但霍尔元件的灵敏度将会下降。

(4) 采用桥路温度补偿的电路

图 8－16 所示是霍尔电势的桥路温度补偿的电路，霍尔元件的不等位电势 U_o 用 R_P 来补偿，在霍尔输出极上串联一个温度补偿电桥，电桥的三个臂为锰铜电阻，其中一臂为锰铜电阻并联热敏电阻 R_t。当温度变化时，由于 R_t 发生变化，使电桥的输出发生变化，从而使整个回路的输出得到补偿。仔细调整电桥的温度系数，可使在±40 ℃的温度变化范围内，传感器的输出与温度基本无关。

(5) 采用恒压源供电和输入回路串联电阻

当霍尔元件采用稳压电源供电，且霍尔输出开路状态下工作时，可在输入回路中串入适当的电阻来补偿温度误差。

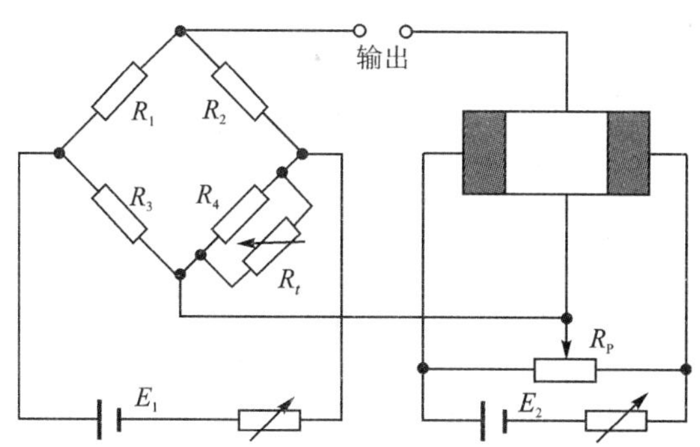

图 8-16　桥路温度补偿电路

(6) 采用软件修正补偿

将热敏元件与霍尔元件放在同一个温度环境中，测量霍尔电势和温度的变化数据，再利用曲线拟合的方法建立模拟曲线函数，通过微机软件修正霍尔电势的温度误差。用软件修正的方法，适合于用霍尔元件制造高精度智能检测仪表的场合。

8.1.4　霍尔传感器的应用

霍尔传感器广泛应用于工业测量、自动控制等领域，有以下 3 种应用方式：

- 当控制电流不变时，传感器输出正比于磁感应强度。因此，凡能转换成磁感应强度变化的物理量均可测量，如位移、加速度、角度和转速等，也可直接测量磁场。
- 当磁感应强度不变时，传感器输出正比于控制电流，可用来测量电流以及可转换为按电流变化的物理量。
- 当控制电流与磁感应强度都为变量时，传感器输出与两者乘积成正比，可用来测量能转换为乘法运算的物理量，如功率等。

1. 霍尔速度传感器

图 8-17 所示为 ABS 制动防抱死系统。ABS(Anti-locked Braking System)制动防抱死刹车系统，是一种具有防滑、防锁死等优点的汽车安全系统，它既有普通制动系统的制动功能，又能防止车轮锁死，制动防抱死系统在制动过程中防止车轮被制动抱死，提高制动减速度，缩短制动距离，能有效地提高汽车的方向稳定性和转向操纵能力，制动放抱死系统对汽车性能的影响主要表现在减少制动距离、保持转向操纵能力、提高行驶方向稳定性以及减少轮胎的磨损等方面，是目前汽车上最先进、制动效果最佳的制动装置。

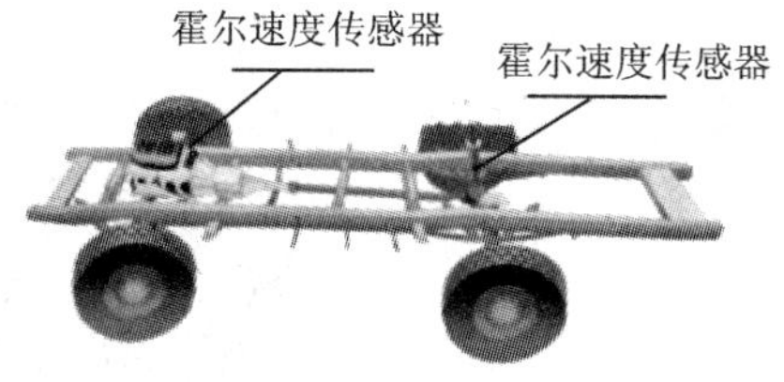

图 8-17　ABS 防抱死系统

ABS 系统由车轮速度传感器、液压控制单元和电控单元 ECU 等组成，在制动时，车轮速度传感器测量车轮的速度，当一个车轮有抱死的可能时，车轮减速度增加很快，车轮开始滑转。

如果该减速度超过设定的值，则控制器就会发出指令，让电磁阀停止或减少车轮的制动压力，直到抱死的可能消失为止。

图 8-18 所示为车轮转速系统。车轮速度传感器用来检测车轮转速，将速度信号传送给 ECU 决定是否开始进行防抱死制动，安装位置在车轮上。

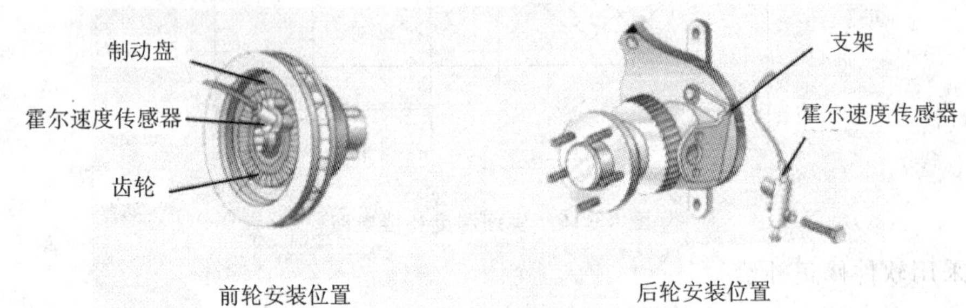

图 8-18 车轮转速系统

2. 霍尔旋转位置传感器

（1）交通运输的应用

在重载设备和其他车辆中，霍尔效应旋转位置传感器能够取代脚踏板与发动机之间的机械电缆连接。机械电缆会抻拉或腐蚀，需要定期维护和重新校准。取代机械电缆，能改善发动机控制系统的响应和车辆排放，提高可靠性并减少超重。这种电子油门系统比电缆连接系统更安全、更经济。图 8-19 所示为霍尼韦尔 RTY 系列旋转位置传感器用于脚踏板位置感应。

霍尔旋转位置传感器可以安装在毗邻脚踏板的地方，测量脚踏板被踩下的距离。驾驶员踩得越有力，脚踏板被压越低，便会有更多燃料和空气流向发动机，车辆也就开得越快。当驾驶员的脚松开踏板，霍尔效应旋转位置传感器能够感应踏板位置的变化，向发动机发送信号，减少通过节气门的燃料和空气，车辆便会响应此信号而减速。

（2）灌溉中枢控制

规模农业使用的灌溉喷洒系统是霍尔效应旋转位置传感器另一项新奇的应用。霍尔旋转位置传感器能检测洒水装置在进行灌溉作业时的角度范围，从而确认装置是正在定向喷洒还是 360°喷洒。这能减少水量消耗，提高作物产量。图 8-20 所示为农业灌溉控制。

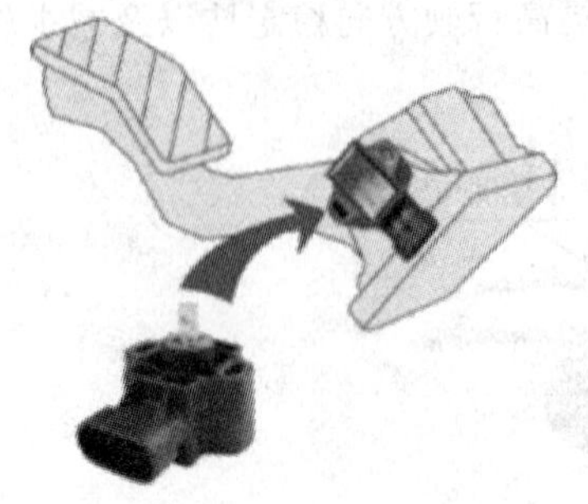

图 8-19 脚踏板位置感应

图 8-20 农业灌溉控制

(3) 阀门位置检测

霍尔旋转位置传感器可广泛用于工业生产加工过程中的阀门控制。油田、核电站、食品加工厂和饮料生产厂家都需要对阀门位置进行检测，霍尔效应旋转位置传感器可用在各种大型和小型阀门上进行位置检测，以确认阀门开关状态以及打开幅度的大小。图 8-21 所示为阀门位置检测。

(4) 暖通空调系统(HVAC)挡板控制

供暖、通风和空调系统可使用霍尔旋转位置传感器来控制挡板。处于打开状态的挡板既有可能把室外的冷空气送入室内，也有可能在室内开窗的情况下向室内输送暖气/冷气，这两种情况都会降低系统效能，并增加取暖/制冷的成本。霍尔旋转位置传感器和温度传感器搭配使用，能帮助楼宇管理者更好地控制 HVAC 系统，有效减少运转费用。图 8-22 所示为暖通空调系统(HVAC)挡板控制。

3. 垂直双霍尔传感器

图 8-23 所示为英飞凌科技发布的新型垂直双霍尔传感器 TLE4966V。TLE4966V 有两个输出信号：一个与磁体转动方向有关；另一个与磁极转子转动速度有关。这意味着，一个 TLE4966V 传感器模块可以提供以前需要两个传感器才能获得的所有相关信息。减掉一个独立封装的传感器模块，不仅可以简化 PCB 设计，还能将传感器成本平均降低 30%，将实验和制造时间最多缩短 50%。

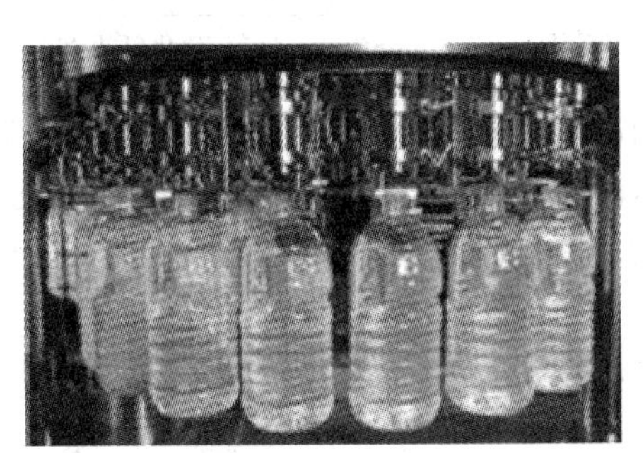

图 8-21　阀门位置检测

图 8-22　暖通空调系统(HVAC)挡板控制

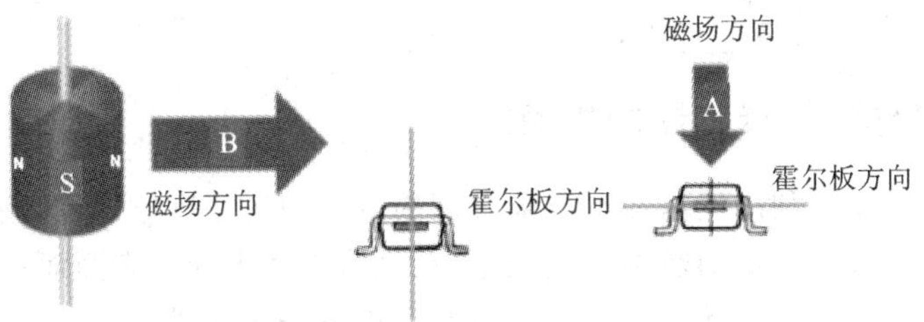

图 8-23　垂直双霍尔传感器 TLE4966V

一般来说，检测磁极转子的转动方向和速度需要两个霍尔探头。由于两个霍尔盘之间有距离，所以它们在任何给定时刻检测到的信号会稍有不同。这种不同被称为相位差。在转动方向改变时，相位差会导致极性改变。英飞凌公司的 TLE4966V 就能检测到这种变化，并提供相应的信号。

TLE4966V 的电流消耗只有 4～7 mA，因此非常适合能量敏感型车载电子系统，在后备箱门升降器、车窗升降器、天窗和电动座椅调整等领域都可以得到广泛应用。对于非汽车应用，该传感器也是适用于滚梯和电动百叶窗的绝佳解决方案。

8.2 气敏传感器

气敏传感器是用来测量气体的类别、浓度和成分的传感器。气敏传感器能将气体种类及其与浓度有关的信息转换成电信号（电流或电压）。根据这些电信号就可以获得待测气体的相关信息，从而可以进行检测、监控、报警。由于气体种类繁多，性质各不相同，气敏传感器检测这些气体的原理各异，所以气敏传感器的种类很多。按照构成材料分类，可将气敏传感器分为半导体和非半导体两大类。目前实际使用最多的是半导体气敏传感器。表 8－1 所列为半导体气敏元件的分类。

表 8－1　半导体气敏元件的分类

项　目	主要物理特性	类　型	气敏元件	检测气体
电阻型	电阻	表面控制型	SnO_2、ZnO 等烧结体、薄膜、厚膜	可燃性气体
		体控制型	$\alpha-Fe_2O_3$、$\gamma-Fe_2O_3$、CoC_3、TiO_2 等	可燃性气体，如氧气、酒精等
非电阻型	二极管整流	表面控制型	铂-硫化镉、铂-氧化钛等	氢气、一氧化碳
	晶体管特性		铂栅、钯栅 MOSFET	氢气、硫化氢

气敏传感器是暴露在各种成分的气体中使用的，由于检测现场温度、湿度的变化很大，又存在大量粉尘和油雾等，所以其工作条件较恶劣，而且气体对传感元件的材料会产生化学反应物，附着在元件表面，往往会使其性能变差。因此，对气敏元件有下列要求：

- 对被测气体具有较高的灵敏度；
- 对被测气体以外的共存气体或物质不敏感；
- 性能稳定，重复性好；
- 动态特性好，对检测信号响应迅速；
- 使用寿命长；
- 制造成本低，使用与维护方便等。

8.2.1 半导体气敏传感器的机理

半导体气敏传感器是利用气体在半导体表面的氧化和还原反应导致敏感元件阻值变化的原理制成的。当半导体器件被加热到稳定状态，在气体接触半导体表面而被吸附时，被吸附的分子首先在表面物理性自由扩散，失去运动能量，一部分分子被蒸发掉，另一部分残留分子产生热分解而固定在吸附处（化学吸附）。当半导体的功函数小于吸附分子的亲和力（气体的吸附和渗透特性）时，吸附分子将从器件夺得电子而变成负离子吸附，半导体表面呈现电荷层，如图 8－24 所示。

氧气等具有负离子吸附倾向的气体被称为氧化型气体或电子接收性气体。当半导体的功函数大于吸附分子的离解能时，吸附分子将向器件释放出电子，从而形成正离子吸附。具有正离子

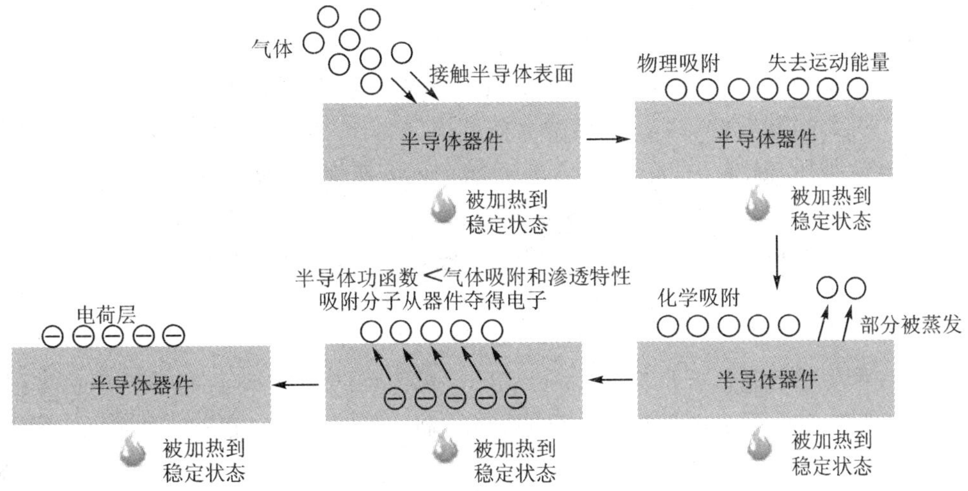

图 8-24　半导体气敏传感器原理

吸附倾向的气体有 H_2、CO、碳氢化合物和醇类，它们被称为还原型气体或电子供给性气体。

当氧化型气体吸附到 N 型半导体上、还原型气体吸附到 P 型半导体上时，将使半导体载流子减少，而使电阻值增大；当还原型气体吸附到 N 型半导体上、氧化型气体吸附到 P 型半导体上时，则载流子增多，使半导体电阻值下降。图 8-25 表示气体接触 N 型半导体时产生的器件阻值的变化情况。

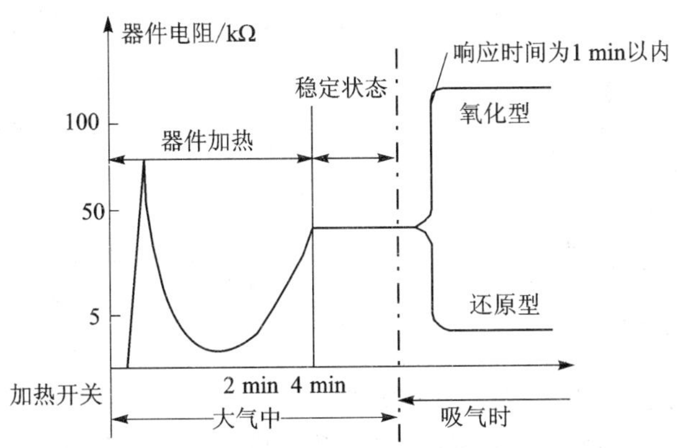

图 8-25　N 型半导体吸附气体时器件阻值的变化图

由于空气中的含氧量大体上是恒定的，因此氧的吸附量也是恒定的，器件阻值也相对固定。若气体浓度发生变化，则其阻值也将发生变化。根据这一特性，可以从阻值的变化得知吸附气体的种类和浓度。半导体气敏时间（响应时间）一般不超过 1 min。N 型材料有 SnO_2、ZnO 等，P 型材料有 MoO_2、CrO_3 等。

8.2.2　半导体气敏传感器及结构

1. 电阻型半导体气敏传感器

电阻型半导体气敏传感器在目前使用比较广泛。气敏传感器一般由气敏元件、加热器和

封装体三部分组成。从制作工艺来分，气敏元件可分为烧结型、薄膜型和厚膜型三种。

(1) 烧结型

图 8-26 所示为烧结型气敏元件。这类元件是将一定配比的敏感材料(SnO_2、InO)及掺杂剂(Pt、Pb)等以水或粘合剂调和，经研磨后使其均匀混合，然后将已均匀混合的膏状物滴入模具内，用加热、加压、温度为 700～900 ℃的传统制陶方法烧结而成。烧结时，埋入加热丝和测量电极，最后将加热丝和测量电极焊在管座上，加特制外壳构成器件。

目前最常用的是氧化锡(SnO_2)烧结型气敏传感器，它的加热温度较低，一般为 200～300 ℃，SnO_2 气敏半导体对许多可燃性气体，如氢、一氧化碳、甲烷、丙烷、乙醇等都有较高的灵敏度。

烧结型气敏传感器制作方法简单，寿命长。但由于烧结不充分，该种传感器机械强度不高，电性能一致性较差，而且电极材料一般采用铂电极，较贵重，所以其应用受到了一定限制。

(2) 薄膜型

薄膜型气敏元件的制作首先须处理基片(玻璃、石英或陶瓷)，焊接电极，之后采用蒸发互溅射方法在基片上形成一层氧化半导体薄膜(其厚度在 100 nm 以下)，其结构如图 8-27 所示。实验测试结果表明，SnO_2 和 ZnO 薄膜的气敏特性较好。

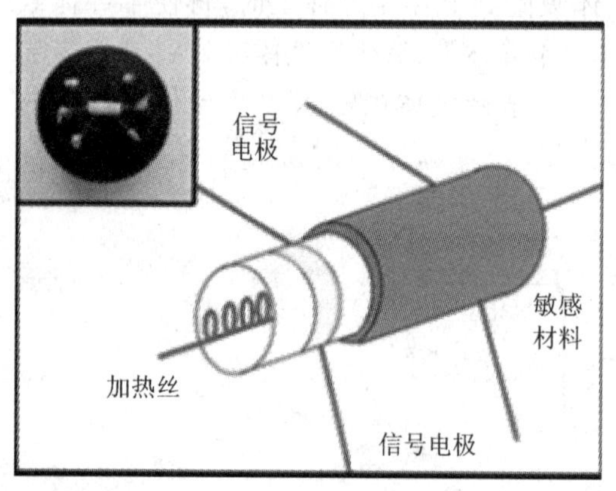

图 8-26 烧结型气敏器件

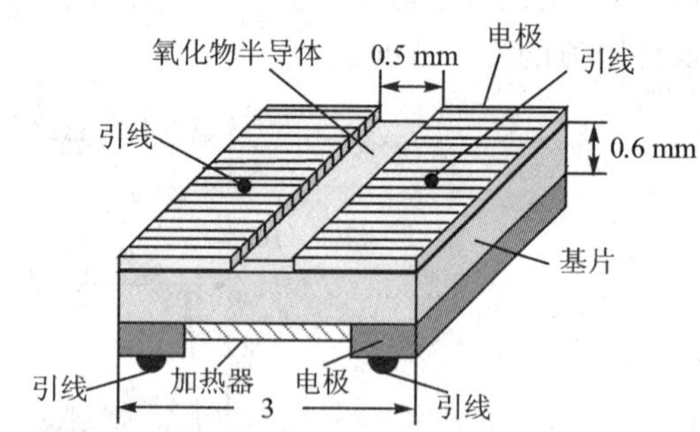

图 8-27 薄膜型气敏元件的结构

氧化锌(ZnO)薄膜型气敏元件以石英玻璃或陶瓷作为绝缘基片，通过真空镀膜，在基片上蒸镀锌金属，用铂或钯膜作引出电极，最后将基片上的锌氧化。氧化锌敏感材料是 N 型半导体，当添加铂作催化剂时，对丁烷、丙烷、乙烷等烷烃气体有较高的灵敏度，而对 H_2、CO_2 等气体灵敏度很低。当用钯作催化剂时，H_2、CO 有较高的灵敏度，而对烷烃类气体灵敏度低。因此，这种元件有良好的选择性，但工作温度较高，为 400～500 ℃。

薄膜型气敏元件具有较高的机械强度，而且具有互换性好、产量高、成本低等优点，但这种半导体薄膜为物理性附着，制成的传感器之间性能差异较大。

(3) 厚膜型

为保证元件一致性，1977 年发展了厚膜气敏元件。它是将 SnO_2 和 ZnO 等材料与 3%～15%(质量)的硅凝胶混合制成能印刷的厚膜胶，把厚膜胶用丝网印制到事先安装有铂电极的氧化铝(Al_2O_3)或氧化硅(SiO_2)等绝缘基片上，再经 400～800 ℃高温烧结 1 h 制成。其结构如图 8-28 所示。厚膜工艺制成的元件一致性较好，机械强度高，适于批量生产，所以是一种

有前途的产品。

以上三种气敏元件都附有加热器。在实际应用时，加热器能使附着在气敏元件上的油雾、尘埃等烧掉，加速气体的吸附，提高传感器的灵敏度和响应速度，一般加热温度控制在 200～400 ℃，具体温度视所掺杂质的不同而异。

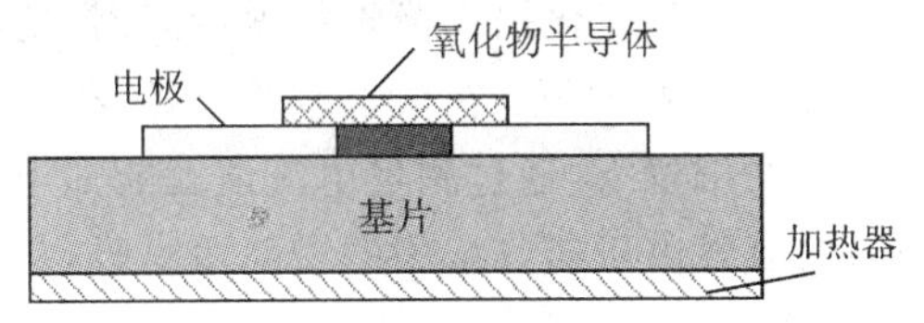

图 8－28　印制厚膜元件

加热方式一般分为直热式和旁热式两种，相应地形成了直热式和旁热式气敏元件，如图 8－29和图 8－30 所示。

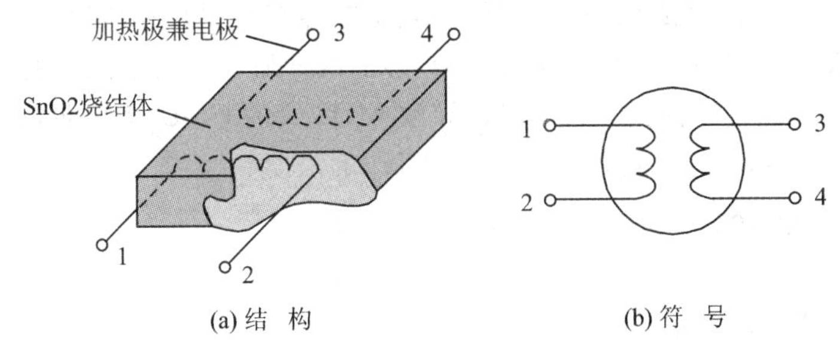

(a) 结　构　　(b) 符　号

图 8－29　直热式气敏元件结构及符号

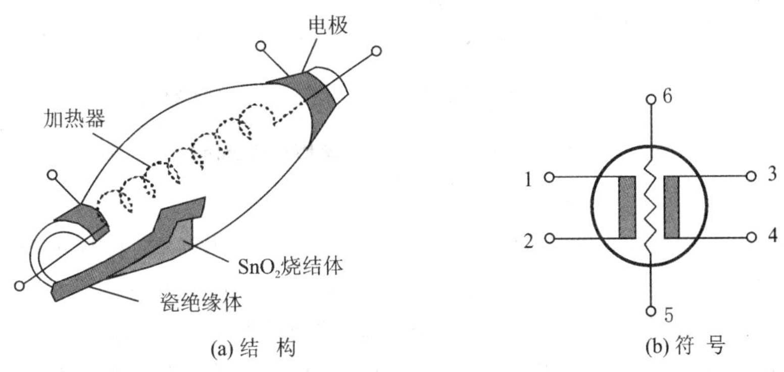

(a) 结　构　　(b) 符　号

图 8－30　旁热式气敏元件结构及符号

直热式气敏元件由芯片（敏感体和加热器）、基座和金属防爆网罩三部分组成。管芯体积一般都很小，加热丝直接埋在金属氧化物半导体材料内，兼作一个测量板。该结构制造工艺简单，但因其热容量小，稳定性差，测量电路与加热电路间易相互干扰，加热器与 SnO_2 基体间由于热膨胀系数的差异而导致接触不良，造成元件的失效，现已很少使用。

旁热式气敏元件是以陶瓷管为基底，在陶瓷管内放置高阻加热丝，在瓷管外涂梳状金电极，再在金电极外涂气敏半导体材料，经高温烧结而成。这种结构形式克服了直热式元件的缺点，使元件的稳定性有明显提高。

2. 非电阻型半导体气敏传感器

（1）二极管气敏传感器

如果二极管的金属与半导体的界面吸附有气体，而这种气体又对半导体的禁带宽度或金

属的功函数有影响,则其整流特性就会发生变化。在掺镉的硫化镉上,薄薄地蒸发一层钯薄膜,就形成了钯-硫化镉二极管气敏传感器,这种传感器可用来检测氢气。氢气对这种二极管整流特性的影响如下:在氢气浓度急剧增高的同时,正向偏置条件下的电流也急剧增大。所以在一定的偏置下,通过测量电流值就能知道氢气的浓度。电流值之所以增大,是因为吸附在钯表面的氧气由于氢气浓度的增高而解吸,从而使肖特基势垒降低的缘故。

(2) MOS二极管气敏器件

MOS二极管气敏元件制作过程是在P型半导体硅片上,利用热氧化工艺生成一层厚度为50～100 nm的二氧化硅(SiO_2)层,然后在其上面蒸发一层钯(Pd)金属薄膜,作为栅电极,如图8-31(a)所示。由于SiO_2层电容C_a固定不变,而Si和SiO_2界面电容C_s是外加电压的函数,如图8-31(b)所示,因此由等效电路可知,总电容C也是栅偏压的函数。其函数关系称为该类MOS二极管的C～U特性,如图8-31(c)曲线a所示。由于钯对氢气(H_2)特别敏感,当钯吸附了H_2以后,会使钯的功函数降低,导致MOS管的C～U特性向负偏压方向平移,如图8-31(c)曲线b所示。这一特性可用于测定H_2的浓度。

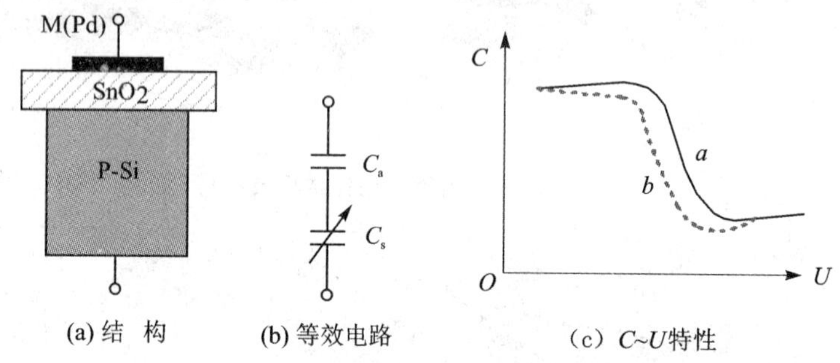

图8-31 钯MOS二极管结构和等效电路

(3) MOS场效应晶体管气敏器件

MOS场效应晶体管的结构,如图8-32所示。当H_2吸附在Pd栅极上时,会引起Pd的功函数降低。当栅极(G)、源极(S)之间加正向偏压U_{GS},且$U_{GS}>U_T$(阈值电压)时,则栅极氧化层下面的硅从P型变为N型。这个N型区就将源极和漏极连接起来,形成导电通道,即为N型沟道。此时,MOSFET进入工作状态。若此时,在源(S)漏(D)极之间加电压U_{DS},则源极和漏极之间有电流(I_{DS})流通。I_{DS}随U_{DS}和U_{GS}的大小而变化,其变化规律即为MOSFET的伏安特性。当$U_{GS}<U_T$时,MOSFET的沟道未形成,故无漏源电流。U_T的大小除了与衬底材料的性质有关外,还与金属和半导体之间的功函数有关。Pd-MOSFET气敏器件就是利用H_2在钯栅极上吸附后引起阈值电压U_T下降这一特性来检测H_2浓度的。

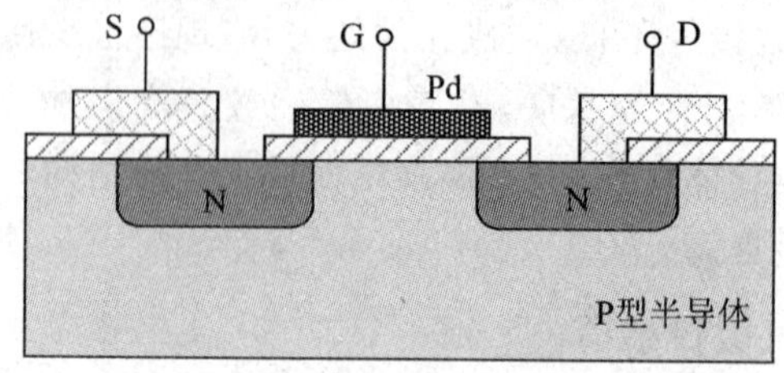

图8-32 钯-MOS场效应晶体管的结构

8.2.3　气敏传感器的应用

半导体气敏传感器由于具有灵敏度高、响应时间和恢复时间快、使用寿命长以及成本低等优点，从而得到了广泛的应用。最早用于可燃气体及瓦斯泄漏报警、有毒气体的检测、容器或管道的泄漏、环境监测、锅炉及汽车的排放监测与控制、工业过程的监测与自动控制热水器等方面。

1. 矿井中的应用

图 8-33 所示为矿井中气体检测方案。它包括传感器及外围电路、555 定时器电路、显示报警电路等 3 部分。传感器及外围电路封装于小型屏蔽容器内，固定于矿井墙壁上。QM-N5 气敏传感器采集矿井中气体的浓度，并输出相应的电压信号；经 555 定时器电路转变成数字信号，经温湿度补偿电路的判断与处理，如果是外界环境温湿度的变化引起阻值变化，继续扫描外界环境气体的浓度，并将气体浓度的值显示于 LED。当超过安全范围时给出报警，提醒矿井中的工作人员迅速撤离，并即时通风换气。

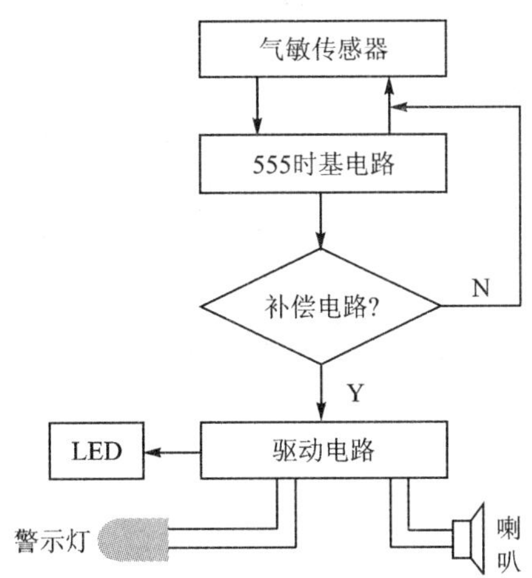

图 8-33　传感器检测方案示意图

2. 家用气体报警器

图 8-34 所示是一种简易家用气体报警电路。当室内可燃性气体的浓度增加时，气敏元件接触到可燃性气体而电阻值下降，导致流经测试回路的电流增加。当气敏元件的阻值下降到一定值后，流入蜂鸣器 BZ 的电流足以推动其工作而发出报警信号。本电路中的气敏元件可采用直热式气敏传感器 TGS109。

3. 消防领域的应用

智能气体传感器又称电子鼻，其工作原理是建立在模拟人的嗅觉形成过程基础上的，其组成如图 8-35 所示。

电子鼻可在多种气体共存和复杂混合气体中定量地对多种气体进行识别分析，灵敏度可达几个 ppb($1ppb=10^{-9}$)，具有智能、小型化等优点，具有广阔的应用前景。

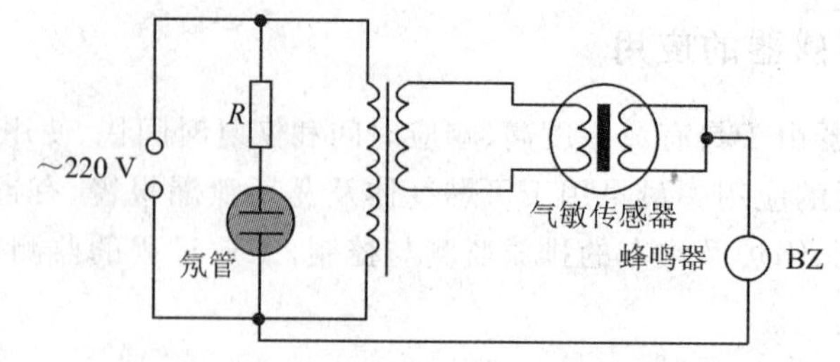

图 8－34　简易家用气体报警器电路

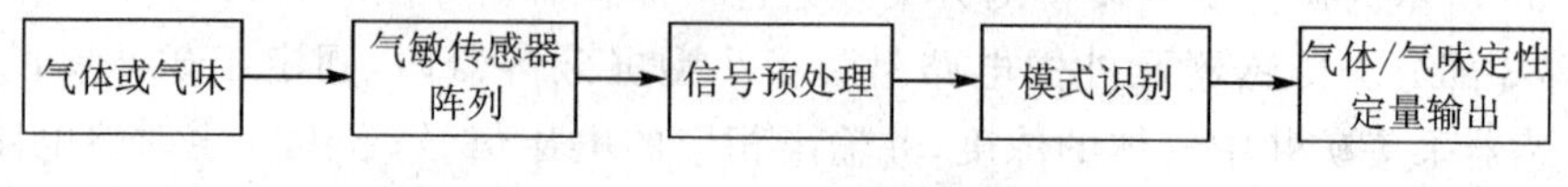

图 8－35　电子鼻的组成

8.3　湿敏传感器

湿敏传感器主要用于测量大气环境的湿度大小，在粮食仓存、食品防毒、温室种植、环境监测、仪表电器、交通运输、气象探测、军事装备等领域有着广泛的应用。

湿敏传感器是利用湿度敏感材料吸附效应直接吸附大气中的水分子，使材料的电学特性如电阻、电导、电容等发生变化，从而监测湿度的变化。理想的湿敏传感器应具有测量精度高、响应速度快、温度系数小、量程宽、测量范围广、稳定性好、耐水性好、抗污染能力强、价格低廉等特点。目前得到广泛研究和应用的湿敏传感器，大致可以分为电解质型、陶瓷型、半导体型和高分子型湿敏传感器四大类。

8.3.1　湿度及其表示方法

所谓湿度，是指大气中所含的水蒸气量。常用绝对湿度、相对湿度、露点等表示。绝对湿度是单位体积空气内所含水蒸气的质量，用每立方米空气中所含水蒸气的克数表示，即

$$H_a = \frac{m_a}{V} \tag{8-18}$$

式中：H_a——绝对湿度，单位为 g/m^3；

m_a——待测空气中水蒸气质量，单位为 g；

V——待测空气总体积，单位为 m^3。

相对湿度是表示空气中实际所含水蒸气的分压（P_W）和同温度下饱和水蒸气的分压（P_N）的百分比，即

$$H_T = \left(\frac{P_W}{P_N}\right)_T \times 100\%RH \tag{8-19}$$

通常用%RH 表示相对湿度。当温度和压力发生变化时，因饱和水蒸气发生变化，所以气体中水蒸气的气压即使相同，其相对湿度也会发生变化。一般地，空气湿度多用相对湿度表示。

水的饱和蒸气压是随着温度的降低而逐渐下降的。在同样的空气蒸气压下，空气的温度

越低，空气的水蒸气压与同温度下水的饱和蒸气压差值就越小。当空气的温度下降到某一温度时，空气中的水蒸气压将与同温度下的饱和水蒸气压相等。此时，空气中的水蒸气将有一部分凝聚成露珠。此时，相对湿度为 100%RH。这个温度称为露点温度。空气中水蒸气压越小，则露点就越低，因而可以用露点表示空气中湿度的大小。

8.3.2　氯化锂湿敏电阻

氯化锂(LiCl)是一种典型的无机电解质湿敏元件，它是利用电阻值随环境相对湿度变化的机理而制成的测湿元件。其感湿原理为：不挥发性盐(如氯化锂)溶解于水，结果降低了水的蒸气压，同时使得盐的浓度降低，电阻率增加。利用这个特性，在条状绝缘基板(无碱玻璃)的两面，用化学沉积或真空蒸镀法制作一对金属电极，在浸渍按一定比例配制的氯化锂-聚乙烯醇混合溶液，表面再加上多孔性保护膜即可形成一层感湿膜，感湿膜可随空气中湿度的变化而吸湿或脱湿。感湿膜的电阻随空气相对湿度的变化而发生变化，当空气中湿度增加时，感湿膜中盐的浓度降低，氯化锂湿敏电阻随湿度上升而电阻值减小。通过对感湿膜的电阻进行测量，即可获知环境的湿度大小。氯化锂湿敏电阻的结构如图 8－36 所示。

从微观角度看，氯化锂是离子晶体，在高浓度的氯化锂溶液中，Li 和 Cl 仍以正负离子的形式存在，而溶液中的离子导电能力与溶液的浓度有关。当溶液置于一定温度的环境中时，若环境的相对湿度高，溶液将因吸收水分而浓度降低；反之，环境的相对湿度低，则溶液的浓度就高。氯化锂湿敏元件的电阻值与湿度特性曲线如图 8－37 所示。

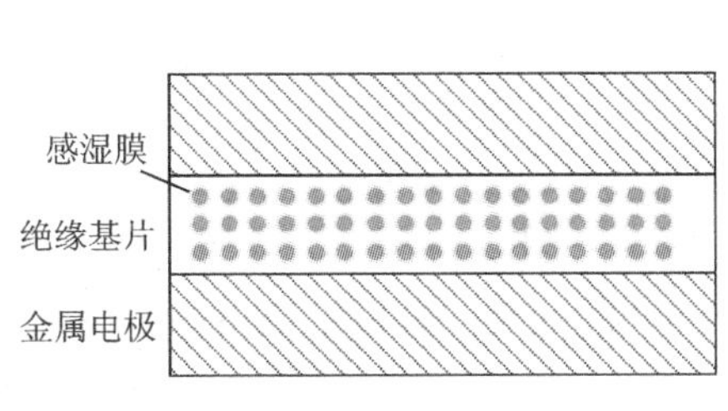

图 8－36　氯化锂湿敏电阻结构

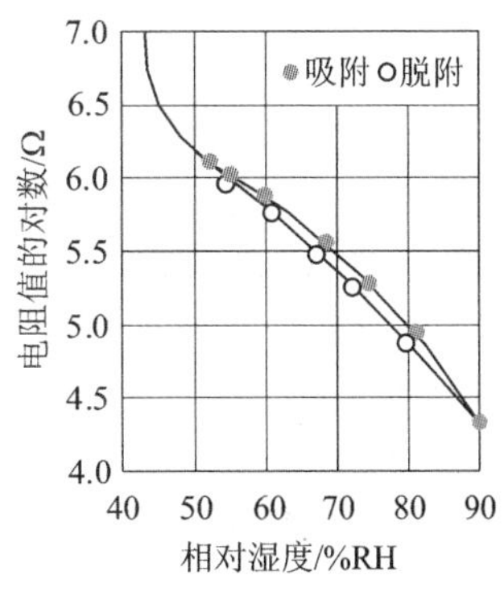

图 8－37　氯化锂湿度-电阻特性曲线

由图 8－37 可知，在 50%～80%相对湿度范围内，电阻与湿度的变化为线性关系。浓度不同的氯化锂湿敏传感器，适用于不同的相对湿度范围。浓度低的氯化锂湿敏传感器对高湿度敏感，浓度高的氯化锂湿敏传感器对低湿度敏感。一般单片湿敏传感器的敏感范围仅在 30%左右，为了扩大湿度测量的线性范围，可以将多个含量不同的氯化锂湿敏传感器组合使用，如将测量范围分别为 10%～20%、20%～40%、40%～70%、70%～90%、80%～99%的五种元件配合使用，可以实现对整个湿度范围的湿度测量。

氯化锂湿敏元件的优点是灵敏、准确、可靠，滞后小，不受测量环境风速影响，检测精度高达±5%。但是其缺点也很多，如在高湿的环境中潮解性盐的浓度会被稀释；耐热性差，不能用于露点以下测量，在结露状态下容易损坏，使用寿命较短等。

1. 登莫式

登莫式湿敏传感器是在聚苯乙烯的圆管上用两条相互平行的钯引线作为电极，以聚乙烯醇(PVA)作为胶合剂，在聚苯乙烯管上涂一层经过适当碱化处理的聚苯乙烯醋酸盐和氯化锂水溶液的混合液，形成均匀薄膜。若只用单个传感器件，其检测范围狭窄。因此，将含量不同的几种传感器组合在一起使用，使其测量范围达到20%～90%的相对湿度。其结构如图8-38所示。

2. 浸渍式

浸渍式湿敏传感器是在基片材料直接浸渍氯化锂溶液构成的。这传感器的浸渍基片材料为天然树皮，在基片上浸渍氯化锂溶液。与登莫式相比，避免了在高湿度下产生的湿敏膜误差，由于基片材料的表面积较大，所以这种传感器具有小型化的特点，适应于微小空间的湿度检测，可使其测量范围达到较大的相对湿度。其结构如图8-39所示。

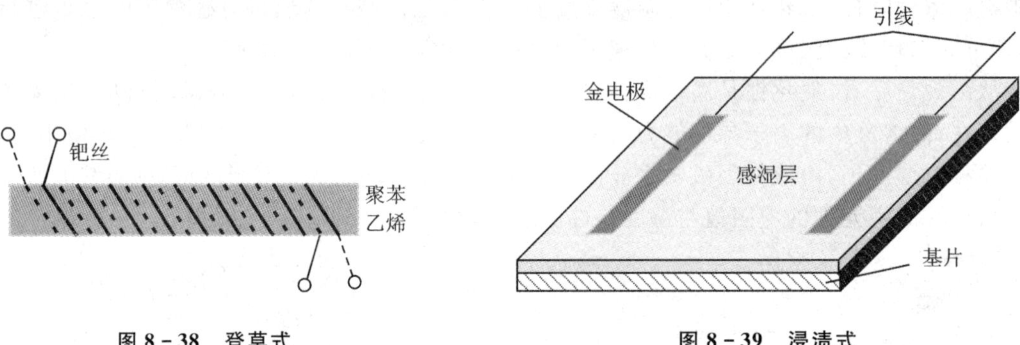

图8-38　登莫式　　　图8-39　浸渍式

8.3.3　半导瓷湿敏电阻

通常，用两种以上的金属氧化物半导体材料混合烧结而成为多孔陶瓷，这些材料有 $ZnO-LiO_2-V_2O_5$ 系、$Si-Na_2O-V_2O_5$ 系、$TiO_2-MgO-Cr_2O_3$ 系和 Fe_3O_4 等，前三种材料的电阻率随湿度增加而下降，故称为负特性湿敏半导体陶瓷，最后一种材料的电阻率随湿度增加而增大，故称为正特性湿敏半导体陶瓷。

1. 负特性湿敏半导瓷的导电机理

由于水分子中的氢原子具有很强的正电场，当水在半导瓷表面吸附时，就有可能从半导瓷表面俘获电子，使半导瓷表面带负电。如果该半导瓷是P型半导体，则由于水分子吸附使表面电动势下降，将吸引更多的空穴到达其表面，于是，其表面层的电阻下降，如图8-40(a)所示。若该半导瓷为N型，则由于水分子的附着使表面电动势下降，如果表面电动势下降较多，不仅使表面层的电子耗尽，同时吸引更多的空穴达到表面层，有可能使到达表面层的空穴浓度大于电子浓度，出现所谓的表面反型层，这些空穴称为反型载流子，如图8-40(b)所示。它们同样可以在表面迁移而表现出电导特性。因此，由于水分子的吸附，使N型半导瓷材料的表面电阻下降。由此可见，不论是N型还是P型半导瓷，其电阻率都随湿度的增加而下降。

图8-41所示为几种典型的负特性金属氧化物湿敏半导瓷的湿敏特性。它们的电阻值随着湿度的增加可以下降3～4个数量级。

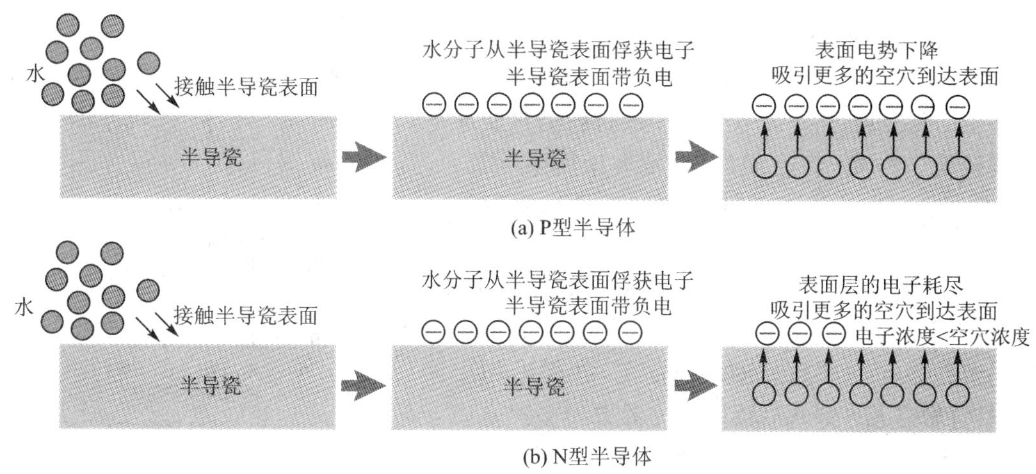

图 8-40　负特性湿敏半导瓷导电机理

2. 正特性湿敏半导瓷的导电机理

正特性湿敏半导瓷材料的结构、电子能量状态与负特性材料有所不同。当水分子附着在半导瓷的表面使电动势变负时，导致其表面层电子浓度下降，但这还不足以使表面层的空穴浓度增加到出现反型程度，此时仍以电子导电为主，如图 8-42 所示。于是，表面电阻将由于电子浓度下降而加大，这类半导瓷材料的表面电阻将随湿度的增加而加大。如果对某一种半导瓷，它的晶粒间的电阻并不比晶粒内电阻大很多，那么表面层电阻的加大对总电阻并不起多大作用。不过，通常湿敏半导瓷材料都是多孔的，表面电导占比例很大，故表面层电阻的升高必将引起总电阻值的明显升高。但是由于晶体内部低阻支路仍然存在，正特性半导瓷总电阻值的升高没有负特性材料的阻值下降那么明显。

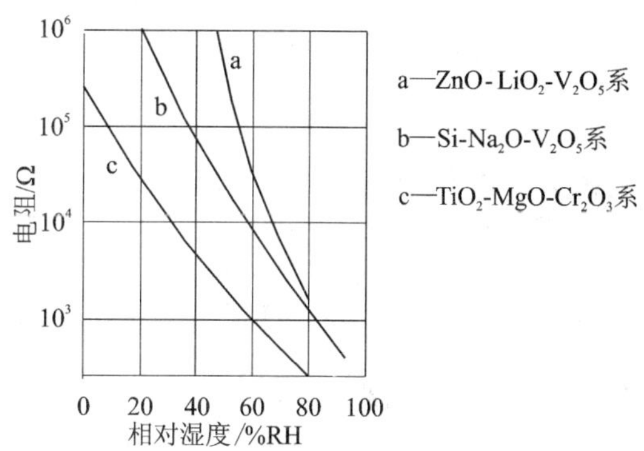

图 8-41　几种负特性半导瓷的湿敏特性

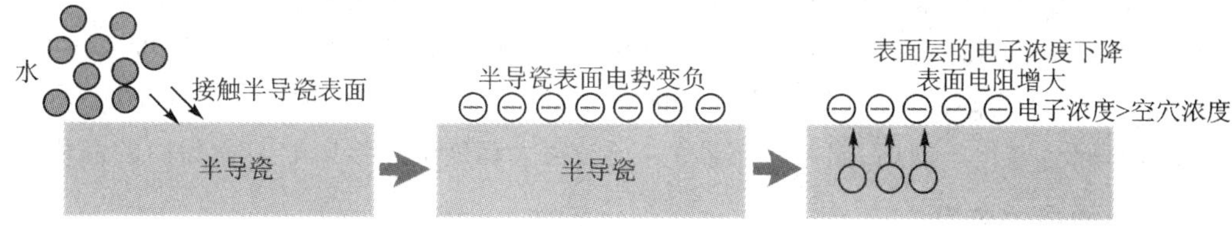

图 8-42　正特性湿敏半导瓷导电机理

图 8-43 给出了 Fe_3O_4 正特性半导瓷湿敏电阻的阻值-湿度特性关系曲线。其电阻率随着湿度增加而增大。

3. 典型半导瓷湿敏电阻

(1) $MgCr_2O_4-TiO_2$ 湿敏元件

氧化镁复合氧化物-二氧化钛湿敏材料通常制成多孔陶瓷型“湿-电”转换器件，它是负特性半导瓷，$MgCr_2O_4$ 为 P 型半导体，其电阻率低，阻值温度特性好。

(2) $ZnO-Cr_2O_3$ 陶瓷湿敏元件

$ZnO-Cr_2O_3$ 湿敏元件的结构是将多孔材料的金电极烧结在多孔陶瓷圆片的两表面上，并焊上铂引线，然后将敏感元件装入有网眼过滤的方形塑料盒中用树脂固定。$ZnO-Cr_2O_3$ 传感器能连续稳定地测量湿度，而无须加热除污装置，因此功耗低，体积小，成本低，是一种常用的测湿传感器。

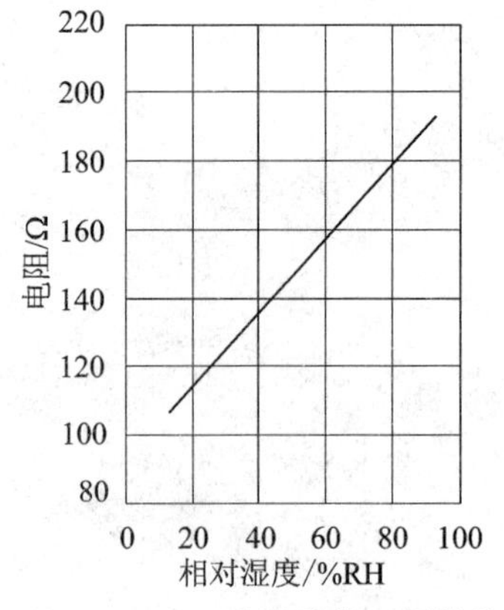

图 8-43　Fe_3O_4 半导瓷的正湿敏特性

(3) Fe_3O_4 湿敏器件

Fe_3O_4 湿敏器件由基片、电极和感湿膜组成。Fe_3O_4 湿敏器件在常温、常湿下性能比较稳定，有较强的抗结露能力，测湿范围广，有较为一致的湿敏特性和较好的温度-湿度特性，但器件有较明显的湿滞现象，响应时间长。

8.3.4　湿敏传感器的应用

湿敏传感器已经广泛用于各种场合的湿度监测、控制与报警、工业制造、医疗卫生、林业和畜牧业等各个领域。

1. 在衣柜和葡萄酒酒柜中的应用

目前，湿敏传感器成功应用于多功能衣柜控制中。多功能干衣柜控制组成系统主要包括以下几部分：

- 去湿机系统，主要由压缩机、湿敏传感器、冷凝器、蒸发器、节流器、排气管、吸气管等组成闭路循环机等组成；
- 风机；
- 消毒装置。

一般来说，湿敏传感器要求的湿度精度范围为±5%，即可满足一般性要求。

此外，湿敏传感器还可以应用于葡萄酒柜湿度控制中。葡萄酒柜，一般的湿度要求是控制在 50%～80%RH 之间。其中，湿度主要影响木塞，湿度太低，木塞变得干燥，影响密封效果；湿度太高，酒标会老化。因而，湿敏传感器的控制，很大程度上直接影响了葡萄酒的品质。

2. 在植物中的应用

Parrot Flower Power 通过蓝牙与智能手机或平板连接(目前只支持 iOS 设备)，可监测植物生长的土壤湿度、肥料水平、环境温度以及土壤湿度。产品的外观设计很讨喜，伪装成树杈的样式降低了使用过程中与植物本身的违和感，三种颜色都偏向植物色系，不得不说，这家法国公司在设备外观的设计上确实比同类型产品更具浪漫情怀。设备整体分为上下两个部分：下半部分插在土壤里监控土壤水分和肥料水平，上半部分的树杈露在土壤外收集阳光和温度

数据。设备本身仅使用一节 7 号 AAA 电池，可持续续航约 60 天。设备每 15 分钟会收集一次植物数据，并在连接时上传至智能手机和云端，设备内置闪存中的数据可以保存 80 天。图 8－44 所示为 Parrot Flower Power 外形。

3. 在手机中的应用

诺基亚剑桥研究中心日前开发出新的石墨烯技术，能够生产世界上最快的湿度传感器，如图 4－45 所示。据了解，湿度传感器的响应速度与其本身的厚度有关。传感器厚度越小，响应速度也就越快。凭借石墨烯的 2D 结构和它对于水分子的超渗透性，诺基亚开发出了厚度仅为 15 nm 的透明柔性传感器。

图 8－44　Parrot Flower Power 外形

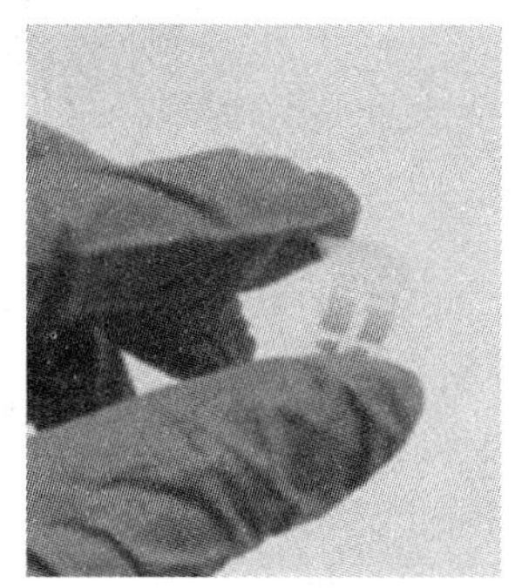

图 8－45　新型湿敏传感器

诺基亚称这种新型传感器的响应及恢复速度不超过 100 ms，是史上最快的。消息称该公司已经提交了数个与此相关的专利。

目前与湿度传感有关的应用或智能手机功能已经逐渐出现，但发展还相对缓慢。诺基亚新技术一旦能够实际应用在 Lumia 手机上，相信会对行业起到促进的作用。

8.4　半导体传感器的现状与发展趋势

半导体传感器使用半导体材料，利用半导体材料对周围环境的敏感性制成各种传感器，除上述磁敏、色敏、离子敏、气敏、湿敏等半导体传感器外，还有力敏，热敏、温度敏、生物敏等种类繁多的传感器。

长期以来，传感器材料和器件的开发和利用，主要是面向工业、国防和科技事业。到 20 世纪后期，则逐渐向与人类的生存状况密切相关的环境、生态、直接与人体和生命相关的医学领域扩展，如可对癌症、心血管疾病等进行早期诊断的纳米材料制成的、极为灵敏的生物和化学传感器，用来检测 CO、NO_2 和其他有毒气体的半导体 SnO_2 传感器，对温室的温度、湿度、光照和 CO_2 浓度及对农药残留物进行检测与监控的传感器等。这些新领域很有可能成为新世纪传感器材料与技术发展的另一个主要方向。

8.4.1　商业电子

在 USPTO 公布的两个专利申请中，苹果公司描述了可内置在便携设备如 iPhone、iPad

和"腕表"设备中的环境传感器组合。图 8－46 所示为 iWatch，其内部有温度、湿度、气压传感器等。

图 8－46　iWatch

苹果公司提交的题为"带环境传感器电子设备"的申请文件，涉及支持多个传感器的一种元件。这种粘在电子接口如柔性印刷电路上的环境传感器，包括接收温度、气压、湿度和声音等数据的传感器。印刷电路以一种让该元件至少部分留出一个开口，允许声音、空气和其他环境物质与系统传感器接触的方式，粘在设备底盘上。

虽然在某种程度上暴露在空气中，但苹果公司的产品采用了一体化的刚性支撑结构保护传感器不被破坏。文件提到，增加这些额外的传感器将需要更多的接口，可能粘上更多的灰尘或有害物质。为解决这个问题，这个传感器阵列包含了耳麦，因此可以安装在现有音频接口上。传感器组合收集的信息将由设备的 CPU 处理，并在屏幕上显示供用户使用。

第二份专利申请题为"带温度传感器的电子设备"，苹果公司描述了可并入设备按钮中的另一类型传感器。将热敏传感器安装于可在设备底盘上移动的按钮元件上。例如，iPhone 5S 音量控制螺线管就是很好的候选元件，开关等其他可操作部件也可能被用来安装传感器。热敏传导金属或其他材料可能用于制造按钮等，然后将温度数据传到粘在下面的传感器。

该系统可测量任何与按钮接触的物质，包括空气和用户手指。这些数据可用于告诉设备温度太高或太低，并在屏幕上显示用户皮肤的温度，可配置到智能手表中作为温度计使用。

8.4.2　自动驾驶汽车

自动驾驶汽车依靠人工智能、视觉计算、雷达、监控装置和全球定位系统协同合作，让电脑可以在没有任何人类主动的操作下，自动安全地操作机动车辆。它主要包括视频摄像头、雷达传感器以及激光测距器来了解周围的交通状况，并通过一个详尽的地图(通过有人驾驶汽车采集的地图)对前方的道路进行导航。自动驾驶汽车中应用到图像传感器、方向传感器、距离传感器等半导体传感器，是物联网技术应用之一，也是未来汽车发展的一个方向。图 8－47 所示为自动驾驶汽车系统框图。

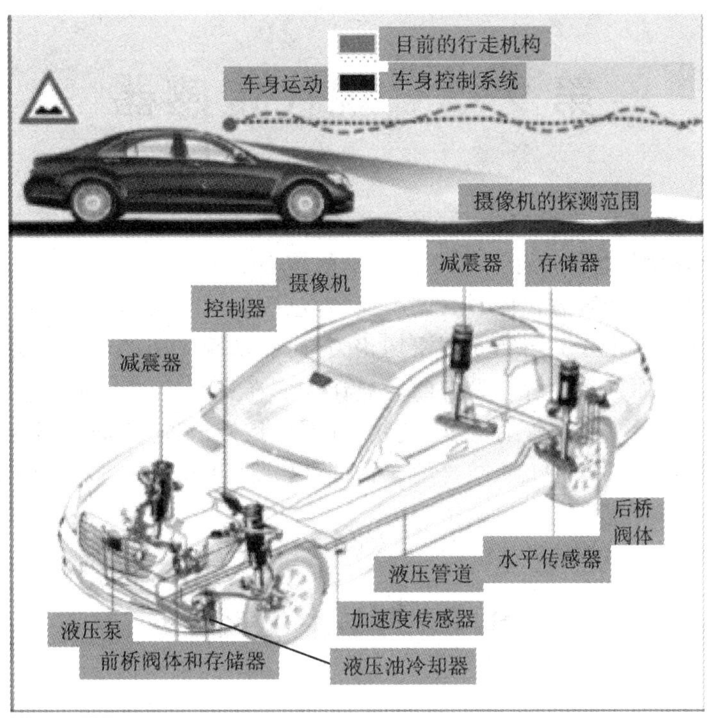

图 8－47　自动驾驶汽车系统框图

课后习题

1. 霍尔元件在一定电流的控制下，其霍尔电势与哪些因素有关？
2. 简述霍尔元件零位补偿方法。
3. 半导体气敏传感器可分成哪几类？简述 P 型半导体气敏传感器的工作原理。
4. 什么是绝对湿度和相对湿度？
5. 简述负特性湿敏半导体的导电原理。

参考文献

[1] 刘爱华，满宝元. 传感器原理及应用技术[M]. 北京：人民邮电出版社，2010.

[2] 周真，苑慧娟. 传感器原理与应用[M]. 北京：清华大学出版社，2011.

[3] 张培仁. 传感器原理、检测及应用[M]. 北京：清华大学出版社，2012.

[4] 施湧潮，梁福平，牛春晖. 传感器检测技术[M]. 北京：国防工业出版社，2006.

[5] 郭爱芳，王恒迪. 传感器原理及应用[M]. 西安：西安电子科技大学出版社，2007.

推荐书单

刘爱华，满宝元. 传感器原理及应用技术[M]. 北京：人民邮电出版社，2010.

第9章　现代传感器

以物联网为基础技术，在此之上，发展智慧交通、智慧医疗等一系智慧化生活体系。而物联网又称传感网，现代传感器应用将是智慧生活的核心之一。

智慧生活是由一系列智慧化体系共同组成的，包括车联网、智慧交通、智慧建筑、智慧城市等。而这些智慧体系的构建又与物联网密切相关，而物联网应用的最基本元素则是各类或大或小的现代传感器。而且现在智能设备的发展让人们在日常生活中越来越感到便利。例如，温度、湿度、紫外线、无线电波、辐射盐度、气候、自动售货机消毒、清洁机器人等都可以通过传感器管理。而传感器是科学和工程结合的产物，所以其发展既依赖于科学的新现象和新规律，又依赖于新技术和新工艺。

9.1　厚膜传感器

9.1.1　厚膜技术

厚膜技术（Thick-Film Technology）又称厚膜微电子技术、厚膜混合集成技术或厚膜混合集成电路（HIC）等。它是一种利用丝网漏印工艺将制成酱料的电子材料按照一定图案印刷、烧结到绝缘基片上，形成具有特定功能的电路或器件的微电子技术。

厚膜是指在基片上用印刷烧结技术所形成的厚度为几微米到几十微米的膜层。在厚膜技术领域无特别说明时，通常为无机陶瓷膜。按厚膜的性质和用途，所用的浆料有五类：导体、电阻、介质、绝缘和包封浆料。

厚膜传感器是采用厚膜浆料、印刷、烧结及集成化等工艺技术研制的传感器，以厚膜浆料、印刷、烧结、集成及相关检测技术方法研究为主线，以物理学、微电子学、材料科学、固体化学等为基础，多学科交叉进行敏感材料的应用基础及新型传感器研究。

厚膜技术与半导体技术、薄膜技术相比，具有以下优点：

- 易于和半导体 IC 结合，实现“二次集成”，微型化，体积小，集成度高；
- 连接与焊点小，耐冲击振动，抗辐射，可靠性高，耐恶劣环境；
- 设备投入少，工艺简单，生产成本低，设计与生产周期较短；
- 基片的热导率高，组件有较大的功率负载能力，使用大功率和高压电路。

厚膜微电子在很多方面都有应用，如在高压、大功率电路方面，优势明显，不可替代；能与半导体技术、薄膜技术相辅相成、迅速发展；广泛用于军工、通信、手机、汽车、仪器仪表、彩电等；特别是小型化、微型化、集成化要求高的航空航天军用整机。

结合前面几章描述的传统传感器原理，利用厚膜技术可以生产的新型传感器如下：

- 厚膜力敏传感器（压阻式、电容式）；
- 厚膜气敏传感器（气敏元件）；

- 厚膜温度传感器(热敏元件);
- 厚膜湿敏传感器(湿敏元件);
- 厚膜光敏传感器(光敏元件);
- 厚膜磁敏传感器(磁敏元件)。

9.1.2 主要应用

1. 厚膜电容式微位移传感器

厚膜电容式微位移传感器用于检测 PZT(压电陶瓷)驱动产生的实时位移,为纳米环境中的机器人化操作提供可行的方法和技术支撑。对 PZT 位移量的检测是通过应力传感的方法,以 PZT 形变-力传感-位移量的传递模式来实现的。

厚膜电容式微位移传感器测试系统主要由厚膜电容传感器、CAV414 信号处理电路、封装外壳、气源四部分组成。测试系统结构框图如图 9-1 所示。

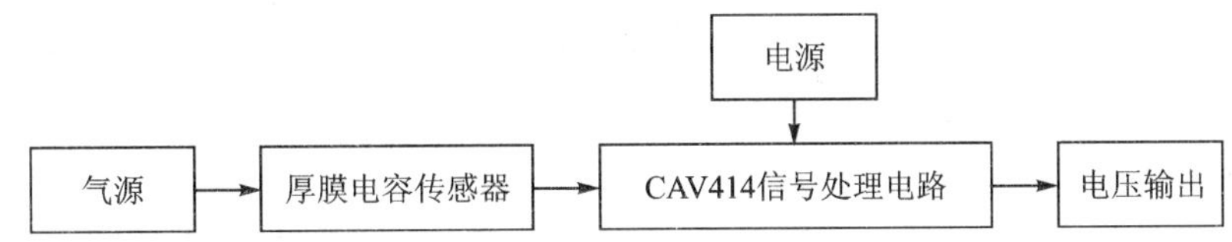

图 9-1　测试系统结构框图

CAV414 的基本功能为测量一个电容相对于另一个参考电容的变化量,并将相对电容转化为相应的电压输出,电压输出大小即反映出电容的变化量。CAV414 测量电路原理框图如图 9-2 所示。

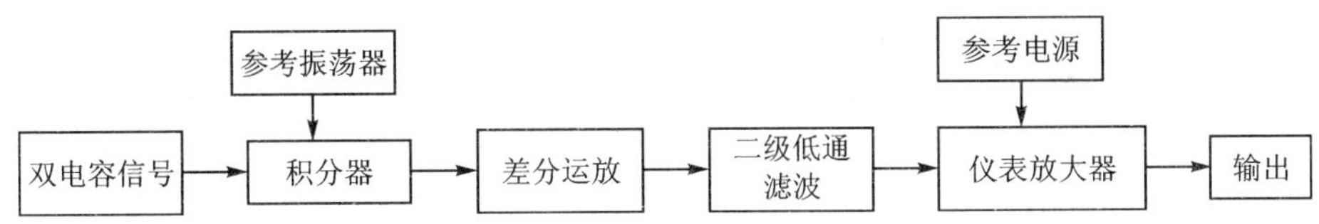

图 9-2　电容测量原理框图

2. 基于厚膜传感器的空气质量检测仪性能及应用研究

常规点式环境监测仪器虽然应用已较为成熟,但是在日益密集的交通环境网络下,大规模的布设监测点位,无论从可操作性角度还是从经济角度,都有很多局限性。因此,需要一种能可靠、可操作性强且经济实用的空气质量监测仪器来满足道路交通空气质量监测的需要。

图 9-3　ETL 3000 道路空气质量监测

ETL 3000 空气质量监测仪可以同时检测空气中多种污染气体,其测量精度达到 10^{-9} 量级,并适合在室外环境实用。图 9-3 所示为 ETL 3000 应用于道路空气质量监测。该监测仪是基于新型的固态厚膜传感器技术,具有很好的准确度和精度,其基本配置为 CO、NO_2 和 O_3 三个测量因子,还可以选择增加 C_6H_6 测量模块。同时,仪器配置湿度、温度测量单元以及 GSM 无线传输模块，可以远程下载实时监测数据。

另外，ETL 3000 监测仪，结构轻巧，设备集成性较好，外壳坚固不易破坏，并且可防雨，安装方便，适合应用于城市交通污染物道路监测。

9.2 MEMS 传感器

9.2.1 概念与结构

MEMS 是微电子机械系统(Micro Electro Mechanical Systems)的缩写。MEMS 技术是建立在微米/纳米技术基础上的 21 世纪前沿技术，是指对微米/纳米材料进行设计、加工、制造、测量和控制的技术。MEMS 的特点是集微型机构、微型传感器、微型执行器以及信号处理和控制电路直至接口、通信和电源等于一体的微型器件或系统。

利用 MEMS 加工技术将基于各种物理效应的机电敏感器件和处理电路集成在一个芯片上的传感器称为 MEMS 传感器(或微型传感器)。如图 9-4 所示，主要由微型机光电敏感器和微型信号处理器组成。

前者功能与传统传感器相同，区别是用 MEMS 工艺实现传统传感器的机光电元器件。后者功能是对敏感元件输出的数据进行各种处理，以补偿和校正敏感元件特性不理想和影响量引入的失真，进而恢复真实的被测量。

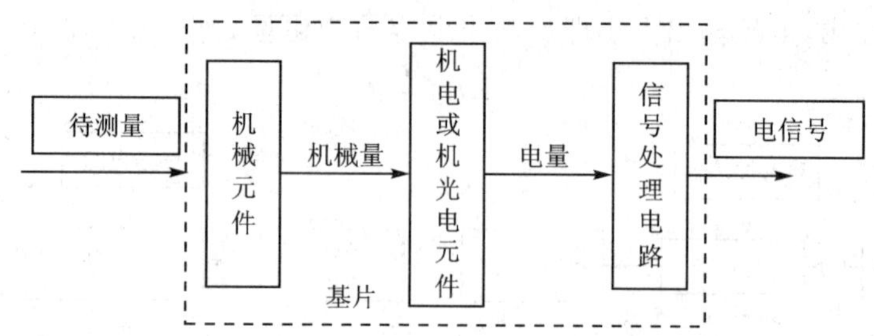

图 9-4 MEMS 传感器原理图

MEMS 传感器主要用于控制系统。利用 MEMS 技术工艺将 MEMS 传感器、MEMS 执行器和 MEMS 控制处理器都集中在一个芯片上，则所构成的系统称为 MEMS 芯片控制系统。图 9-5 所示为 MEMS 控制系统。微控制处理器的主要功能包括 A/D 和 D/A 转换，数据处理和执行控制算法。微执行器将电信号转换成非电量，使被控对象产生平动、转动、声、光、热等动作。系统接口单元便于与高层的管理处理器通信，以适合远程分布测控。

9.2.2 主要应用

MEMS 传感器已经存在几十年了，并成功地渗透到一些大规模应用的市场，如医疗压力传感器和安全气囊加速度计等。尽管取得了这些成功，但 MEMS 传感器很大程度上还是局限于这些零散的应用。受到汽车电子和消费类电子市场的驱动，这种状况在下一个 10 年中有望得到改变。

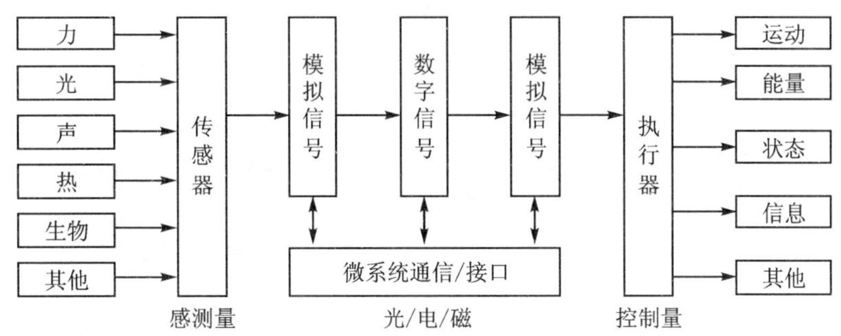

图 9-5　MEMS 控制系统原理框图

1. 军事领域

军事领域一般都是科技实力运用的极致，MEMS 在军事领域方面也是无处不在，其应用如下：

- 武器制导和个人导航芯片上的惯性导航组合；
- 超小型、超低功率无线通信（RF MEMS）的机电信号处理；
- 军备跟踪、环境监控、安全勘测的无人指导分布式传感器系统；
- 小型分析仪器、推进和燃烧控制的集成微流量系统；
- 武器安全、保险和引信；
- 有条件保养的嵌入式传感器和执行器；
- 高密度、低功耗的大规模数据存储器件；
- 敌友识别系统、显示和光纤开关的集成微光学机械器件；
- 飞机分布式空气动力学控制和自适应光学的主动、共形表面。

微型无人机可以说是 MEMS 传感器应用的强力代表。图 9-6 所示为乔治亚理工研究院在美国高级研究计划局和美国研究实验室的创新技术计划资助下，在不断精化往复式化学肌肉（RCM，Reciprocating Chemical Muscle）设计而研制的一种仿生学微型无人机。其翼展为 12.7 cm，质量为 50 g，推力为 0.127 N，飞行速度为 57～114 km/h，飞行距离为 60～120 km，25 g 甲烷/h。

若将微型无人驾驶飞机运用于军事中，则可以减少人员伤亡，完成士兵难以进行的侦查任务，提高武器作战的消费比，降低军费开支，为今后信息站打下基础。微型无人驾驶飞机拥有小、轻、廉价、功能强几大特点。它具有以下作用：

- 低空侦察、通信；
- 近敌电子干扰；
- 携高能炸药攻击敌雷达和通信中枢；
- 战场毁伤评估和生化武器的探测；
- 城市作战，侦察、探测、查找敌对分子、窃听；
- 边境巡逻、毒品禁运；
- 通信中继；
- 环境研究；
- 自然灾害的监视与支援；

➢ 大型牧场和城区检测。

2. 汽车领域

MEMS 传感器在汽车工业中的主要应用是压力和惯性传感器。例如胎压传感器，美国国会在 TREAD Act 法案的引言中强制命令为所有的交通车辆安装压力传感器，要求传感器在侦测到轮胎充气不足时，在 20 min 内向司机发出警告。在 2008 年生产的所有模型车、小型货车、卡车和运动型车（SUV）上都将具备这项功能。图 9－7 所示为胎压传感器在轮胎中的应用。

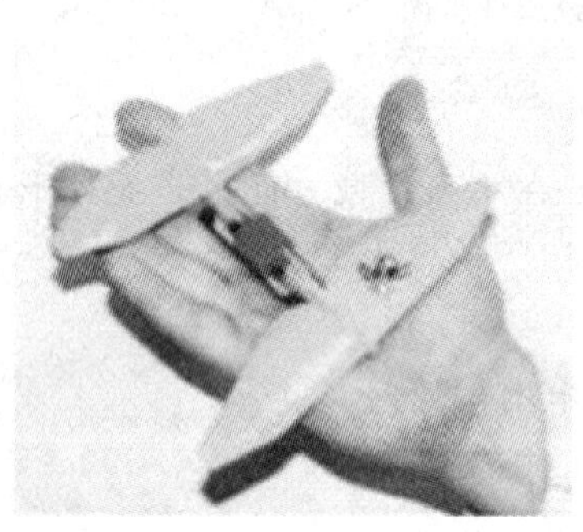

图 9－6 乔治亚技术研究院的化学肌肉扑翼机

图 9－7 胎压检测传感器

胎压传感器能实时检测轮胎胎压，保证行车安全，避免发生以下状况：

➢ 爆胎：胎压低于标准值的 25％，爆胎几率增加 3 倍；高于标准值的 25％，爆胎几率增加 1 倍。
➢ 降低刹车性能：胎压过高，胎面和地面接触面积减少，摩擦力减少，会延长刹车距离。
➢ 增加油耗：胎压过低，胎面和地面接触面积增加，摩擦力增大，阻力也增大，油耗增加。
➢ 缩短轮胎寿命：胎压过高，胎面中间会过渡磨损；胎压过低，胎面两边会过渡磨损，都会让轮胎提前报废。

MEMS 惯性传感器和加速度计主要应用于汽车中的安全气囊、倾翻侦测、电子动态控制系统、导航、安全系统和灵活性背负系统。陀螺仪应用于稳定控制系统、抗倾翻系统和 GPS 导航系统。其中，电子动态系统使用了陀螺仪、加速度计和转向角辨向器，以侦测司机意图与车辆实际动作之间的差异，一旦出现意外，系统将介入对车辆实现控制。

3. 消费电子

纤薄设计是手机、MP3 和 MP4 播放器以及便携 PC 机等电池供电产品的发展趋势。而且，多轴传感器已成为消费电子设备的必备配置，让消费者能够从任何物理位置激活任何功能。在便携产品中，还没有固定的 MEMS 传感器应用参考框架。图 9－8 所示为三轴陀螺仪。

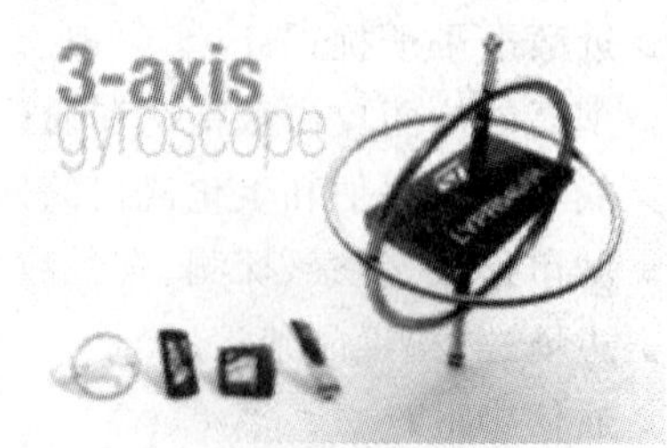

图 9－8 三轴陀螺仪

处于 MEMS 技术发展最前沿的意法半导体开始在一个封装内整合多个传感器：加速计、陀螺仪、地

磁计，这个解决方案可提升包括运动监测在内的各种应用的功能性和性能。集成传感器可实现自主系统和自动化系统，监测特定条件并将其转化成操作，无需或只需用户很小程度地介入。

在手机、游戏机、个人导航系统等便携移动设备内，一个能够精确地测量三个正交轴向角速率的传感器可实现360°角的速率检测，高精度识别3D手势和动作。此外，一个3轴加速度计配合一个陀螺仪，可让设计人员研发惯性测量单元，跟踪人体、汽车和其他物体的运动类型、速度和方向并提供相关的完整信息。

9.3　生物传感器

9.3.1　定　义

微型生物传感器(Micro Biological Sensors)多种多样，其中对生物分子相互作用的研究，即BIA(Biomolecular Interaction Analysis)需要对特定分子间的结合程度和结合过程进行分析，是当前生物科学的重要检测手段。

生物传感器由生物识别元件和信号转换器组成，能够选择性地对样品中的待测物发出响应，通过生物识别系统和电化学或其他传感器把待测物质的浓度转为电信号，根据电信号大小定量地测出待测物质的浓度。生物传感器是应用生物活性材料(如酶、蛋白质、DNA、抗体、抗原、生物膜等)与物理或化学换能器有机结合的一门交叉学科，是发展生物技术必不可少的一种先进的检测与监控方法，也是物质在分子水平的快速、微量分析方法。图9-9所示为生物传感器一般结构。

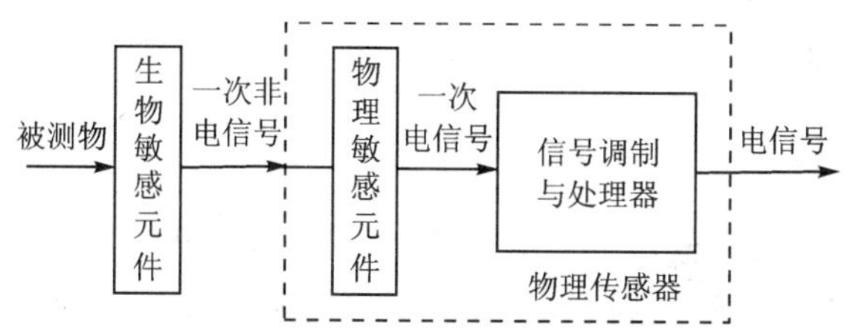

图9-9　生物传感器的一般结构

生物传感器是生物技术群的一个领域，也是典型的多学科交叉生长点，涉及生命科学、物理、化学、信息科学等众多学科和技术。由于生物传感器具有操作简便、快速、准确、易于联机及重复使用等特点，在生命科学研究、医学生物工程临床诊断与分析、生物工艺过程检测与监控、环境质量检测、食品科学、化学化工过程分析及分析化学研究等许多方面都有广泛的应用前景。

9.3.2　生物传感器的基本原理

生物传感器的工作原理是待测物质经扩散作用进入固定化生物敏感膜层，经感受器的分子识别，发生生物化学反应，产生的信息继而被相应的化学或物理换能器转化为可定量和可处理的电信号或光信号，再经信号放大系统处理后，在仪表上显示或记录下来。传感器的性能主

要取决于选择性、换能器的灵敏度及其响应时间、可逆性和寿命因素。生物传感器的基本组成和工作原理见图 9-10。

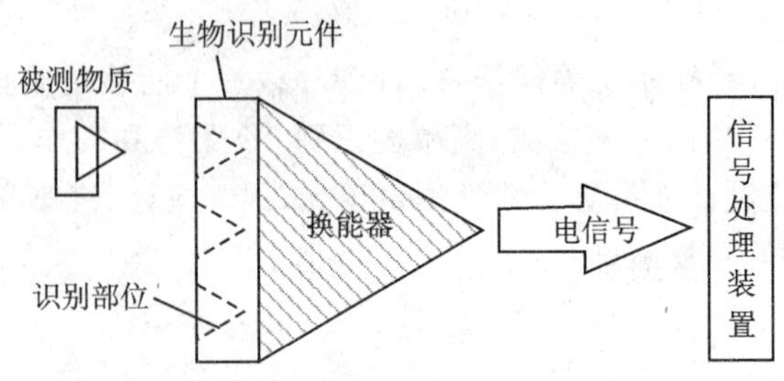

图 9-10　生物传感器的基本组成和工作原理

生物识别元件又称生物敏感膜，是利用生物体内具有奇特功能的物质制成的膜，它与被测物质相接触时伴有生化反应，可以进行分子识别。生物识别元件是生物传感器的关键元件，它直接决定着传感器的功能与质量。由于选材不同，可以制成酶膜、全细胞膜、组织膜、免疫膜、细胞器膜、复合膜等。各种膜的生物物质如表 9-1 所列。

表 9-1　生物传感器的生物敏感膜

生物敏感膜	生物活性材料
酶膜	各种酶类
全细胞膜	细菌、真菌、动植物细胞
组织膜	动植物组织切片
免疫功能膜	抗体、抗原、酶标抗原等
细胞器膜	线粒体、叶绿体

9.3.3　应用实例

1. DNA 生物传感器

基因疾病是当前威胁人类健康的主要因素，许多基因疾病目前还无法治疗，如众多的癌症、艾滋病、帕金森氏综合征、糖尿病等，还有一些传播速度快、感染率高的细菌、病毒，如果在发病或大面积传播之前被发现，那么就有希望控制和治愈。通过使用 DNA 生物传感器，能及时、快速准确地诊断和发现病体。同时还可以快速地分析病体的致病原理，进而制备抗体。图 9-11 所示为美国 Purdue University 的研究人员利用叠加合成碳纳米技术制成的高微生物传感器，这将有利于糖尿病或其他疾病患者进行精确诊断。而且，该项技术还可以用于统计特定的药物对病人是否具有药物的有效性。

2. 癌症生物传感器

图 9-12 所示为 Purdue University 研究者发明的一种超灵敏生物传感器（Flexure-FET），可以对癌症和病人个性化用药涉及的生化反应进行早期及时检测。Flexure-FET 结合了机械传感器和电子传感器，前者可以识别出生物活性分子量及尺寸，后者可以利用电荷对分子进行鉴定。这种新式传感器可以对带电荷和不带电荷的生物分子进行检测，比一般传感器的检测范围更广，敏感度高数百倍。Flexure-FET 有以下两种潜在的应用前景：

- 个体化医疗，可以精确地记录病人的蛋白质和 DNA 信息，并且提供更为精确的诊断和治疗建议；
- 癌症和其他疾病的早期检测。

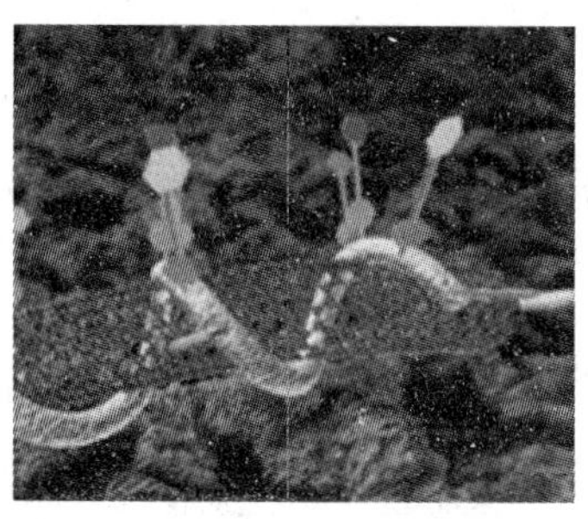

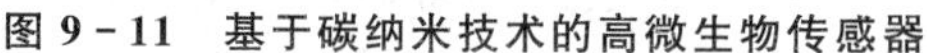

图 9－11　基于碳纳米技术的高微生物传感器

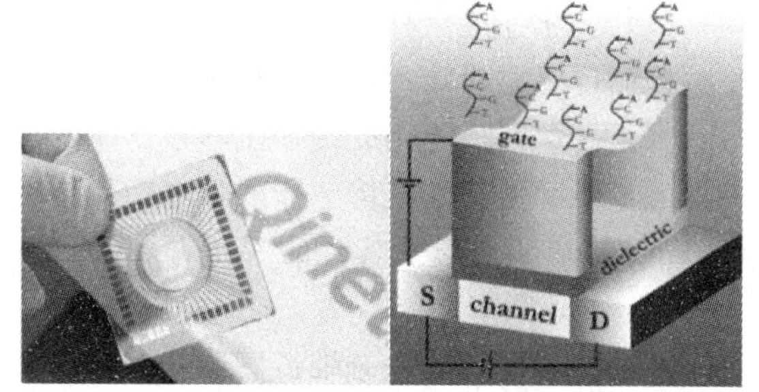

图 9－12　Flexure－FET

9.4　模糊传感器

9.4.1　定义及基本功能

1. 定　义

模糊传感器是 20 世纪 80 年代末发展起来的一种新型智能传感器，它是模糊逻辑在传感器技术中的应用。

目前，模糊传感器尽管尚无严格统一的定义，但一般认为模糊传感器是以数值测量为基础，并能产生和处理与其相关的测量符号信息的装置。因此可以说，模糊传感器是在经典传感器数值测量的基础上经过模糊推理与知识集成，以自然语言符号的描述形式输出的传感器，可见信息的符号表示和符号信息系统是研究模糊传感器的基石。

图 9－13 所示为模糊传感器的简化结构。模糊传感器主要由传统的数值测量单元和数值测量单元-符号转换单元组成，其核心部分是数值-符号转换单元。

模糊传感器是一种智能测量设备，由简单选择的传感器和模糊推理器组成，将被测量转换为适于人类感知和理解的信号。由于知识库中存储了丰富的专家知识和经验，因此它可以通过简单、廉价的传感器测量相当复杂的现象。

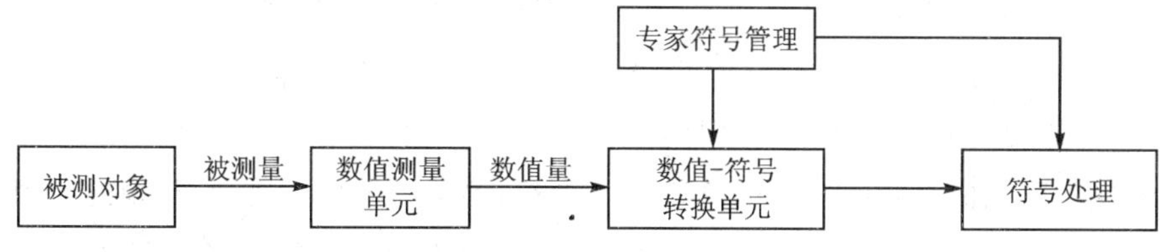

图 9－13　模糊传感器的简化结构

2. 基本功能

模糊传感器作为一种智能传感器，它应该具有智能传感器的基本功能，即学习、推理、联想、感知和通信功能。

(1) 学习功能

模糊传感器特殊和重要的功能是学习功能。人类知识集成的实现、测量结果的高级逻辑表达都是由学习功能完成的。能够根据测量任务的要求学习有关知识是模糊传感器与传统传感器的重要区别。模糊传感器的学习功能是通过有导师学习(Supervised)算法和无导师自学习(Unsupervised)算法实现的。

(2) 推理联想功能

模糊传感器可分为一维传感器和多维传感器。一维传感器接受外界刺激时，可以通过训练时记忆联想得到符号化测量结果。多维传感器接受多个外界刺激时，可通过人类知识的集成进行推理，实现时空信息整合与多传感器信息融合，以及符合概念的符号化表示等。推理联想功能需要通过瑞丽结构和知识库来实现。

(3) 感知功能

模糊传感器与一般传感器一样，可以感知由传感元件确定的被测量，但根本区别在于前者不仅可输出数值量，而且还可以输出语言符号量。因此，模糊传感器必须具有数值-符号转换器。

(4) 通信功能

传感器通常作为大系统中的子系统进行工作，因此模糊传感器应该能与上级系统进行信息交换，因而通信功能是模糊传感器的基本功能。

9.4.2 应用实例

目前，模糊传感器已被广泛应用，而且已进入平常百姓家，如模糊控制洗衣机中布量检测、水位检测、水的浑浊度检测，电饭煲中的水、饭量检测，模糊手机充电器等。另外，模糊距离传感器、模糊温度传感器、模糊色彩传感器等也是国外专家们研制的成果。随着科技的发展以及科学分支的相互融合，模糊传感器也应用到了神经网络、模式识别等体系中。

1. 在煤矿瓦斯监测中的应用

煤矿井下安全监测向来是煤矿生产的重中之重，然而，传统的测量方法力求被测量的数值准确性，其测量结果的表示是一种数值符号描述，对于一些专业数据，非专业人员可能根本不懂其含义。但随着现代控制技术的发展，出现了一种基于模糊思想的智能传感器，在实际并不需要准确地知道测量结果的应用中，可以用人们熟悉的语言描述。图 9-14 所示为煤矿井中瓦斯监测系统框图。

2. 在焦炉集气管压力控制系统中的应用

焦炉集气管压力值是焦化行业的重要技术指标，关系到炼焦的质量、焦炉的使用寿命和焦炉对环境的污染。采用模糊传感器的原理，成功地控制了两座焦炉共用一套鼓冷系统的集气管压力。图 9-15 所示为控制系统结构图。

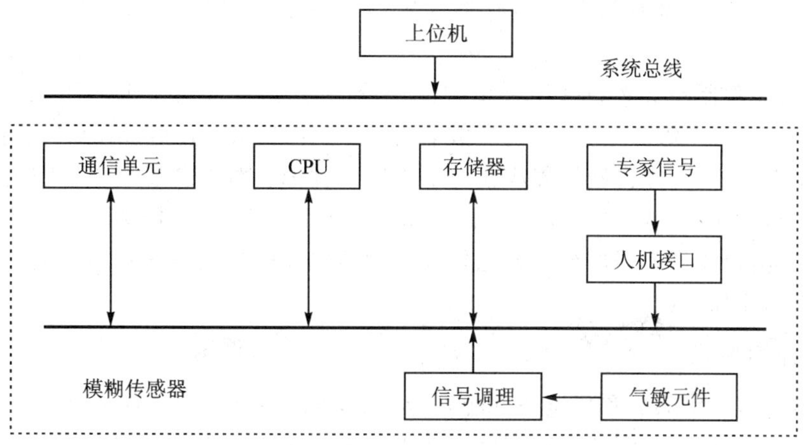

图 9-14　瓦斯监测系统框图

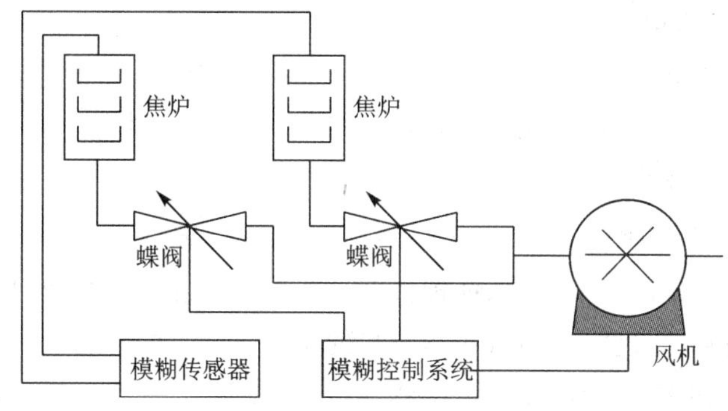

图 9-15　焦炉集气管压力控制系统结构图

9.5　智能传感器

随着大规模集成电路技术和微机械加工技术的迅猛发展，微传感器向集成化、智能化方向发展奠定了基础，传感器的功能形成了突破，其输出不再是单一的模拟信号，而是经过微处理器处理后的数字信号，有的甚至带有控制功能。技术发展表明：数字信号处理器(DSP)将推动众多新型下一代产品的发展，其中包括带有模拟-AI(人工智能)能力的“智能传感器”。最近几年，传感器智能化是传感技术发展的主要趋势。

9.5.1　定义与功能

智能传感器的概念最早是由美国宇航局在研发宇宙飞船过程中提出来的，并于 1979 年形成产品的。宇宙飞船上需要大量的传感器不断向地面或飞船上的处理器发送温度、位置、速度和姿态等数据信息，即使使用一台大型计算机也很难同时处理如此庞大的数据，更何况飞船的体积、质量又有限制，不能携带大型计算机，于是引入了分布处理的智能传感器概念。其思想是赋予传感器智能处理功能，以分担中央处理器集中处理功能。同时，为了减少智能处理器数量,通常不是一个传感器而是多个传感器系统配备一个处理器,且该系统处理器配置网络接口。

目前,智能传感器的定义为基于人工智能理论,利用微处理器实现智能处理功能的传感器。它是将一个或多个敏感元件、精密模拟电路、数字电路、微处理器(MCU)、通信接口、智能软件系统相结合的产物,并将硬件集成在一个封装组件内。智能传感器不仅具有视觉、听觉、嗅觉、味觉功能,且应具有记忆、学习、思维、推理和判断等“大脑”的能力。前者由传统的传感器来完成,后者由智能处理器进行。智能处理器对传感器输出的数字信号进行智能处理。主要的智能处理功能如下:

1. 自动补偿功能

根据给定的传统传感器和环境条件的先验知识,处理器利用数字计算方法,自动补偿传统传感器硬件线性、非线性和漂移以及环境影响因素引起的信号失真,以最佳地恢复被测信号。计算方法用软件实现,以达到软件补偿硬件缺陷的目的。

2. 自计算和处理功能

根据给定的间接测量和组合测量数学模型,智能处理器利用补偿的数据可计算出不能直接测量的物理量数值。利用给定的统计模型可计算被测对象总体的统计特性和参数。利用已知处理器可重新标定传感器特性。

3. 自学习与自适应功能

传感器通过对被测量样本值学习,处理器利用近似公式和迭代算法可认知新的被测量值,即有再学习能力。同时,通过对被测量和影响量的学习,处理器利用判断准则自适应地重构结构和重置参数,如自选量程、自选通道、自动触发、自动滤波切换和自动温度补偿等。

4. 自诊断功能

因内部和外部因素影响,传感器性能会下降或失效,分别称为软、硬件故障。处理器利用补偿后的状态数据,通过电子故障字典或有关算法可预测、检测和定位故障。

5. 其他常用功能

包括用于数据交换通信接口功能、数字和模拟输出功能及使用备用电源的断电保护功能等。

9.5.2 结构和实现

根据上述的功能分析,智能传感器的一般功能结构如图 9-16 所示。图中没有标出影响量的传感器功能模块。

智能传感器的实现方式有以下三种:

1. 模块化集成方式

将敏感元件、调理电路和微处理器都做带标准接口的模块,将模块集成并配备有关的智能处理软件。这种方式最经济、快速。

2. 单芯片集成方式

利用微电子、微机械加工技术将智能传感器的硬件集成在一个芯片上,这种方式使智能传

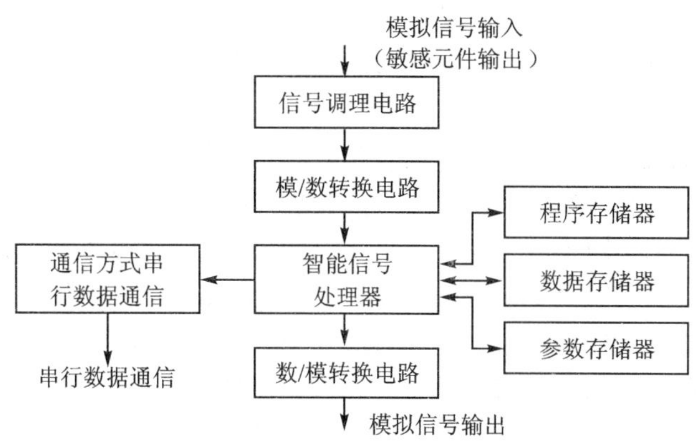

图 9-16　智能传感器一般功能结构原理图

感器达到微型化、结构一体化，从而提高了精度、稳定性和可靠性。若敏感元件构成阵列并配备相应的图像处理软件，则可实现二维和三维图形、图像传感器，这种智能传感器达到了它的最高级形式。

3. 多芯片集成方式

根据需要和可能，将系统的各功能部件或模块分别集成在两个或多个芯片上，并将芯片以不同的方式组合在一个基片上，且封装在一个外壳里。多芯片集成适合更复杂系统集成，或对给定的系统可降低集成工艺设备要求。

9.5.3　应用与方向

1. 应　用

世界上第一个智能传感器是美国霍尼韦尔(Honeywell)公司在 1983 年开发的 ST3000 系列智能压力传感器。它具有多参数传感（差压、静压和温度）与智能化的信号调理功能，如图 9-17 所示。

图 9-18 所示为飞思卡尔半导体(Freescale Semiconductor)公司推出的 MM912J637 智能电池传感器 IBS(Intelligent Battery Sensor)，可用于测量车载铅酸电池电压、电流及温度等参数并计算电池状态。

图 9-17　第一个智能传感器

图 9-18　MM912J637 智能电池传感器

该器件采用了 16 位二阶 ΣΔ 模拟-数字转换器 ADC、可编程增益放大器 PGA、可编程唤醒电流定时器等技术，能够对电池电压、差分电流和温度等数据进行实时监控与精确测量，让

司机充分掌控电池状态，从而减少元件故障，确保车辆的燃油经济性水平。

智能传感器具体主要应用在以下几个方面：

(1) 复合敏感方面

智能传感器具有复合功能，能够同时测量多种物理量和化学量，给出能够较全面反映物质运动规律的信息。如美国加利弗尼亚大学研制的复合液体传感器，可同时测量介质的温度、流速、压力和密度。美国 EG&GIC Sensors 公司研制的复合力学传感器，可同时测量物体某一点的三维振动加速度、速度、位移等。

(2) 自动补偿、自动适应方面

漏血监测、为避免对管路内部液体的污染和检测器件的污损，采用非接触的光电方式来检测。在液体管路两端安装光电传感器，使光路穿过管路中的液体，运用透射比浊法，利用血液在凝血过程中浊度突然升高的原理来实现检测目的。另外，智能传感器模块中利用 A/D 转换值的缓变情况可以实现报警点基准值的自动跟踪，从而实现自动补偿和自动适应。

(3) 数据采集和实时监控方面

智能传感器在各个领域的应用越来越广泛。这种设备的第一个应用就是在无人控制的环境中进行数据(如自然储备、地震地质结构数据)采集。对于比较恶劣的环境和人不宜到达的场所非常适用，如荒岛上的环境和生态监控、原始森林的防火和动物活动情况监测、污染区域以及地震和火灾等突发灾难现场的监控。智能传感器也可用于城市的交通监测、大型车间原材料和仓库货物进出情况的监测以及机场、大型工业园区的安全监测。

(4) 计算、数据处理及控制方面

在小型水电站监控系统的应用中，以现场总线技术为基础，以微处理器为核心，以数字化通信为传输方式的现场总线智能传感器与一般智能传感器相比，需有以下功能：

- 共用一条总线传递信息，具有多种计算、数据处理及控制功能；
- 取代 4～20 mA 模拟信号传输，实现传输信号的数字化，增强信号的抗干扰能力；
- 采用统一的网络化协议，成为 FCS 的节点，实现传感器与执行器之间信息交换；
- 系统可对之进行校验、组态、测试，从而改善系统的可靠性；
- 接口标准化，具有即插即用特性。

而智能传感器与仪表的应用，可将测量、报警、保护、控制集于一身，简化系统结构，降低系统的复杂性，提高系统的可靠性和稳定性。

(5) 仿生能力方面

在一个封装中，把一只微机械压力传感器与模拟用户接口、8 位模/数转换器(SAR)、微处理器(摩托罗拉 69HC08)、存储器和串行接口(SPI)等集成在一个芯片上。其前端的硅压力传感器是采用体硅微细加工技术制作的。制备硅压力传感器的工序既可安排在集成 CMOS 电路工艺流程之前，亦可在之后。这种智能压力传感器的技术和市场都已成熟，已广泛用于汽车(机动车)所需的各式各样的压力测量和控制单元中，诸如各种气压计、喷嘴前集流腔压力、废气排气管、燃油、轮胎、液压传动装置等。智能压力传感器的应用很广，不局限于汽车工业。

汽车动力系统中具有自检测能力的智能微加速度传感器，是一种较早期(1996 年前后)的但已相当实用的传感器，可用于汽车的自动制动和悬挂系统。

(6) 故障诊断与容错控制方面

传统控制技术难以在故障情况下对矿井提升机的复杂控制系统实现有效的控制，在提升

机控制系统中采用集成智能传感器容错控制方案来实现提升机的容错控制，以保证提升机在传感器故障情况下，系统仍能稳定、可靠地运行，增强系统的可靠性，避免事故的发生。

(7) 气体传感器方面

由智能传感器和现场总线构成的现场总线控制系统，采用三层线性网络结构。以太网层实现各舱室工作站向指挥舱传输数据。PROFIBus 现场总线网络层采用屏蔽双绞线连接。AS－I接口网络层用于传感器和执行器的联网通信。各舱室主站通过 PROFI Bus－DP 总线以令牌方式与智能传感器传输数据，各舱室艇员通过主站控制底层设备，实现对本舱的执行器件的监控。

2. 发展方向

(1) 发展趋势

大规模集成电路技术方面的快速发展将使具有学习能力的、高度集成的先进传感系统得到进一步的发展和完善；神经网络与光导并行处理方式将有效地克服智能化传感器在适应性与金属线传输方面的限制。

(2) 发展重点

第一，应用机器智能的故障探测和预报。任何系统在出现错误并导致严重后果之前，必须对其可能出现的问题作出探测或预报。目前非正常状态还没有准确定义的模型，非正常探测技术还很欠缺，急需将传感信息与知识结合起来，以改进机器的智能。

第二，正常状态下能高精度、高敏感性地感知目标的物理参数；而在非常态和误动作的探测方面却进展甚微。因此，对故障的探测和预测具有迫切需求，应大力开发与应用。

第三，目前传感技术能在单点上准确地传感物理或化学量，然而对多维状态的传感却有困难。如环境测量，其特征参数广泛分布且具有时空方面的相关性，也是迫切需要解决的一类难题。因此，要加强多维状态传感的研究与开发。

第四，目标成分分析的远程传感。化学成分分析大多基于样本物质，有时目标材料的采样又很困难。如测量同温层中臭氧含量，远程传感不可缺少，光谱测定与雷达或激光探测技术的结合是一种可能的途径。没有样本成分的分析很容易受到传感系统和目标组分之间各种噪音或介质的干扰，而传感系统的机器智能有望解决该问题。

第五，用于资源有效循环的传感器智能。现代制造系统已经实现了从原材料到产品的高效、自动化生产过程，当产品不再使用或被遗弃时，循环过程既非有效，也非自动化。如果再生资源的循环能够有效且自动地进行，则可有效地防止环境的污染和能源紧缺，实现生命循环资源的管理。对一个自动化的高效循环过程，利用机器智能去分辨目标成分或某些确定的组分，是智能传感系统一个非常重要的任务。

9.6　多功能传感器

9.6.1　定　义

从测量功能角度，传统的传感器是将一个被测非电量转换成一个电量。通常情况下一个

传感器只能用来探测一种物理量，但在许多应用领域中，为了能够完美而准确地反映客观事物和环境，往往需要同时测量大量的物理量。由若干种敏感元件组成的多功能传感器则是一种体积小巧而多种功能兼备的新一代探测系统，它可以借助于敏感元件中不同的物理结构或化学物质及其各不相同的表征方式，用单独一个传感器系统来同时实现多种传感器的功能。随着传感器技术和微机技术的飞速发展，在 20 世纪末就已经可以生产出来将若干种敏感元件组装在同一种材料或单独一块芯片上的一体化多功能传感器。图 9－19 为多功能传感器概念示意图。

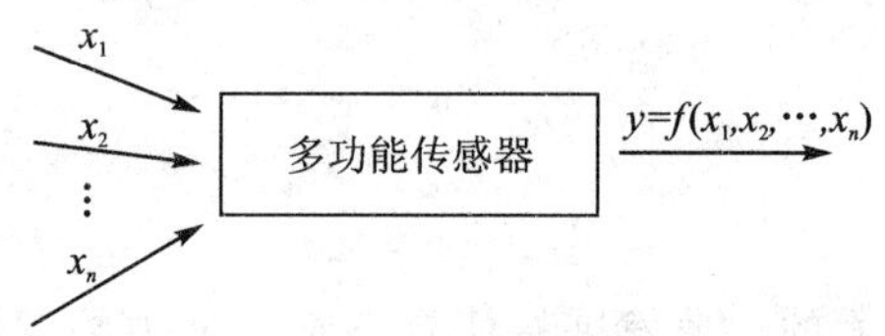

图 9－19　多功能传感器概念示意图

9.6.2　结构模型

主要的执行规则和结构模式有以下几种：

- 多功能传感器系统由若干种各不相同的敏感元件组成，可以用来同时测量多种参数。譬如，可以将一个温度探测器和一个湿度探测器配置在一起制造成一种新的传感器，这种新的传感器就能够同时测量温度和湿度。
- 将若干种不同的敏感元件精巧地制作在单独的一块硅片中，从而构成一种高度综合化和小型化的多功能传感器。由于这些敏感元件是被封装在同一块硅片中的，它们无论何时都工作在同一种条件下，所以很容易对系统误差进行补偿和校正。
- 借助于同一个传感器的不同效应可以获得不同的信息。以线圈为例，它所表现出来的电容和电感是各不相同的。
- 在不同的激励条件下，同一个敏感元件将表现出来不同的特征。而在电压、电流或温度等激励条件均不相同的情况下，由若干种敏感元件组成的一个多功能传感器的特征可想而知将会是千差万别的。

9.6.3　应用实例

1. 仿生传感器

各种类型的仿生传感器是较热门的研究领域，而且在感触、刺激以及视听辨别等方面已有最新研究成果问世。从实用的角度考虑，多功能传感器中应用较多的是各种类型的多功能触觉传感器，譬如人造皮肤触觉传感器就是其中之一。图 9－20 所示为一种布满传感器的透明塑料薄片，可作为医学植入器或者假肢和机器人的“感官皮肤”。

塑料质地电路比羽毛还轻，仅有 1 μm 厚，非常柔韧，可以作为植入器放置在人体中，且很难感受到它们的存在，例如放置在手背或者贴在嘴唇上。传感器系统由 PVDF 材料、无触点皮肤敏感系统以及具有压力敏感传导功能的橡胶触觉传感器等组成。

2. MEMS 非接触式温度传感器

由于普通用于人感传感器的热电传感器无法检测静止不动的人物，所以难以检测人数及人物所处位置。图 9－21 所示为欧姆开发的能够检测静止人物，具有 90°广视野范围并可实现高精度区域温度检测，用于人感传感器的 16×16 单元型 MEMS 非接触式温度传感器。

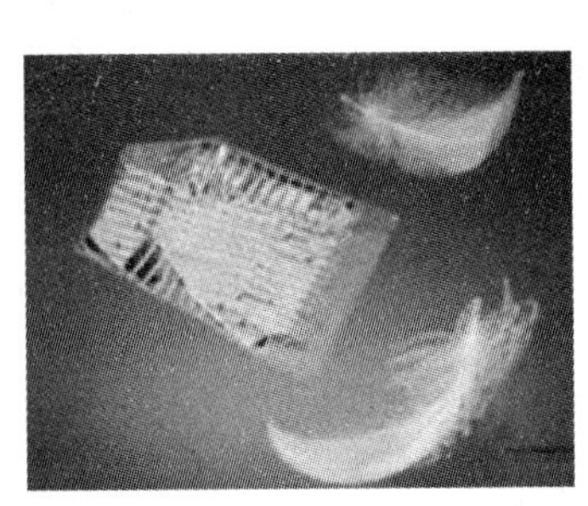

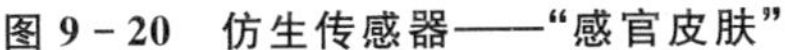

图 9－20　仿生传感器——“感官皮肤”

图 9－21　MEMS 非接触式温度传感器

MEMS 非接触式温度传感器是通过应用 MEMS 技术的热电堆将对象物体发出的红外线能源变为热能，并通过两种金属接点之间温差所形成的热电动势来测量温度的。由于热电堆所转换的热能大多数都会通过空气散失，因此在金属接点之间难以形成较大的温差，致使热电动势变小，无法提高灵敏度。但通过采用真空封装，即可避免将热电堆转换的热能散失在空气中，使金属接点之间的温差变大，从而可实现更高的灵敏度。

9.7　模型传感器

模型传感器是用模型描述实际传感器特性和过程非传感器，或定义为能建立模型的传感器。模型的实际事物和过程(简称对象)的等效表示形式，可以是实物模型、数学模型、数据模型或程序模型等。传感器数学模型便于利用数学手段分析传感器性能和系统建模，为优化设计提供基础。例如，利用求导和微分可分析其灵敏度和稳定性，并寻求最佳结构参数值等。网络模型便于模拟实验分析和设计传感器及其组成的系统性能特性。程序模型便于使用计算机分析、仿真设计传感器和系统。数据模型用于上述模型的验证和参数估计。利用逆模型可补偿实际传感器性能不理想和外界环境引起的信号失真，补偿的最终目的是提高传感器的精度和扩展传感器的动态范围和频响范围等。

9.8　未来传感器的四大领域

随着材料科学、纳米技术、微电子等领域前沿技术的突破以及经济社会发展的需求，四大领域可能成为传感器技术未来发展的重点。

1. 可穿戴式应用

据美国ABI调查公司预测，2017年可穿戴式传感器的数量将会达到1.6亿。以谷歌眼镜（见图9-22）为代表的可穿戴设备是最受关注的硬件创新。谷歌眼镜内置多达10余种传感器，包括陀螺仪传感器、加速度传感器、磁力传感器、线性加速传感器等，实现了一些传统终端无法实现的功能，如使用者仅需眨一眨眼睛就可完成拍照。当前，可穿戴设备的应用领域正从外置的手表、眼镜、鞋子等向更广阔的领域扩展，如电子肌肤等。日前，东京大学已开发出一种可以贴在肌肤上的柔性可穿戴式传感器。该传感器为薄膜状，单位面积质量只有3 g/m^2，是普通纸张的1/27左右，厚度也只有2 μm。

2. 无人驾驶

美国IHS公司指出，推进无人驾驶发展的传感器技术应用正在加快突破。在该领域，谷歌公司的无人驾驶车辆项目开发取得了重要成果，通过车内安装的照相机、雷达传感器和激光测距仪，以每秒20次的间隔，生成汽车周边区域的实时路况信息，并利用人工智能软件进行分析，预测相关路况未来动向，同时结合谷歌地图来进行道路导航。谷歌无人驾驶汽车（见图9-23）已经在内华达、佛罗里达和加利福尼亚州获得上路行使权。奥迪、奔驰、宝马和福特等全球汽车巨头均已展开无人驾驶技术研发，有的车型已接近量产。

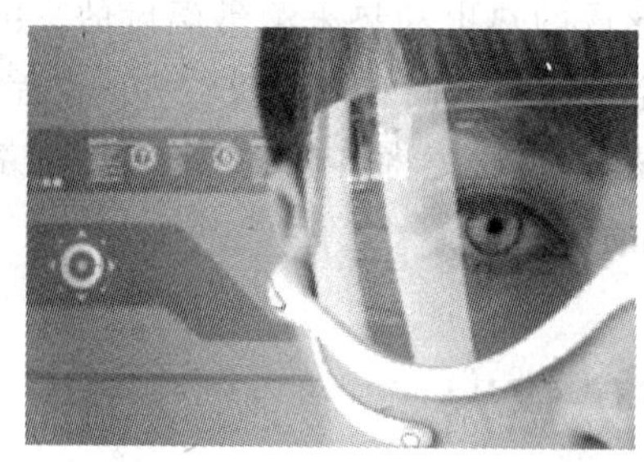

图9-22 谷歌眼镜

图9-23 谷歌无人驾驶汽车

3. 医护和健康监测

国内外众多医疗研究机构，包括国际著名的医疗行业巨头在传感器技术应用于医疗领域方面已取得重要进展。图9-24所示为能监测健康和运动状况的智能腕带。罗姆公司目前正在开发一种使用近红外光（NIR）的图像传感器，其原理是照射近红外光LED后，使用专用摄像元件拍摄反射光，通过改变近红外光的波长获取图像，然后通过图像处理使血管等更加鲜明地呈现出来。一些研究机构在能够嵌入或吞入体内的材料制造传感器方面已取得进展。例如美国佐治亚理工学院正在开发具备压力传感器和无线通信电路等的体内嵌入式传感器，该器件由导电金属和绝缘薄膜构成，能够根据构成的共振电路的频率变化检测出压力的变化，发挥完作用之后就会溶解于体液中。

4. 工业控制

2012年，GE公司在《工业互联网：突破智慧与机器的界限》报告中提出，通过智能传感器将人机连接，并结合软件和大数据分析，可以突破物理和材料科学的限制，并将改变世界的运

行方式。报告同时指出，美国通过部署工业互联网，各行业可实现 1%的效率提升，15 年内能源行业将节省 1%的燃料(约 660 亿美元)。2013 年 1 月，GE 公司在纽约一家电池生产企业共安装了 1 万多个传感器，用于监测生产时的温度、能源消耗和气压等数据，而工厂的管理人员可以通过 iPad 获取这些数据，从而对生产进行监督。图 9－24 所示为工业监控过程示意图。

此外，荷兰壳牌、富士电机等跨国公司也都在该领域采取了行动。

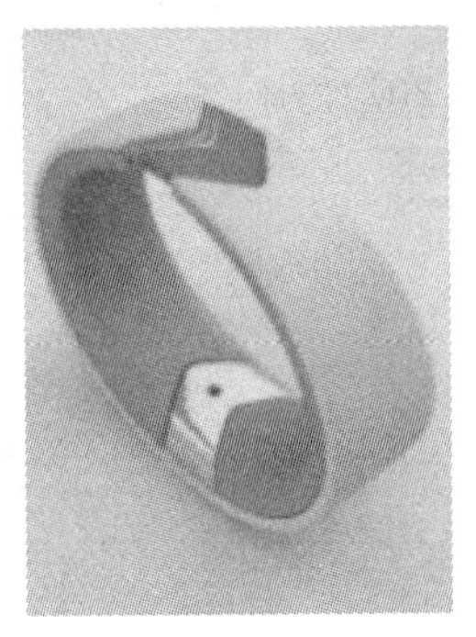

图 9－24　智能腕带

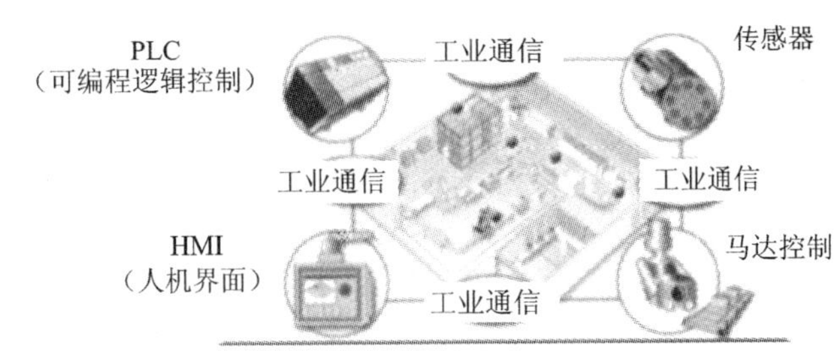

图 9－25　工业监控过程示意图

课后习题

1. MEMS 传感器的定义是什么？它有哪些特点？
2. 简述具有现代传感器性质的实例。
3. 简述自己对未来传感器发展的理解。

参考文献

[1] 刘爱华，满宝元. 传感器原理及应用技术[M]. 北京：人民邮电出版社，2010.
[2] 周真，苑慧娟. 传感器原理与应用[M]. 北京：清华大学出版社，2011.
[3] 张培仁. 传感器原理、检测及应用[M]. 北京：清华大学出版社，2012.
[4] 熊剑平，孔德义，马以武，等. CAV414 在厚膜电容式微位移传感器测试系统中的应用[J]. 仪表技术，2010，10(10)：67-70.
[5] 王东方，高松，包权，等. 基于厚膜传感器的空气质量监测仪性能及应用研究[J]. 中国环境监测，2009，25(6)：49-54.
[6] 邓长辉. 传感器与检测技术[M]. 大连：大连理工大学出版社，2012.
[7] 董文宾，徐颖. 生物工程分析[M]. 北京：化学工业出版社，2009.
[8] 余成波，聂春燕，张佳薇. 传感器原理与应用[M]. 武汉：华中科技大学出版社，2010.
[9] 刘萍，任有良，狄燕清. DNA 生物传感器研究综述[J]. 商洛学院学报，2011，25(2)：35-41.

[10] 付华，王涛，杨崔．模糊传感器在煤矿瓦斯监测中的应用[J]．传感器与微系统，2009,28(1)：115-117.

[11] 周斌，田地，权勇，等．模糊传感器在集气管压力控制上的应用研究[J]．仪器仪表学报，2005,26(8)：231-232.

推荐书单

张培仁．传感器原理、检测及应用[M]．北京：清华大学出版社，2011.